森林遺伝育種学

井出雄二・白石　進　編

文永堂出版

表紙デザイン：中山康子（株式会社ワイクリエイティブ）
写　真　提　供：戸丸信弘（表紙），丸山　毅（裏表紙）

序

　今日，森林といったとき，多くの人々はその環境に対する貢献を意識するだろう．陸域生態系において最も豊かな生物多様性を包含する森林は，まさに地球がまとった生物の衣といえる．この，厚い衣によって地球の環境は守られ，私たち人類に限りない恵を与えてくれる．しかし，歴史的に見ると森林と人類の関係は決して麗しいものではなかった．太古より，人間は森林を木材資源と見なし，燃料や建築資材として略奪を尽くしてきた．それは，河川の氾濫や気候の変化をもたらし，人類は理不尽な森林破壊の手ひどいしっぺ返しを受けることとなった．メソポタミアの古代文明は，森林の枯渇とともに滅んだという．そうした時代を経て，今日，世界的に見れば，森林の意義や価値は大きく見直されているといってよいだろう．誰もが，森林の大切さを認識し，略奪の対象だと公言する人はいないだろう．しかし，現実は違っている．古代さながら，いや，それに比べるべくもない広大な森林が毎年地球上から消滅している．今日，世界はかつてない人口の増加と経済のグローバル化にさらされている．こうした中で，途上国における過剰な木材の利用や林地の他の土地利用への転換が，森林減少の元凶とされている．こうした状況を前に，理性を持って森林に接し，賢く利用し保全していくことが，現代人に課せられた大きな課題である．

　森林は，樹木を骨格に成り立つ高層マンション群のようなものである．その空間構造こそがさまざまな生物を育み，水資源の涵養，地球温暖化の防止など，いわゆる森林の多面的機能といわれるものを実現している．しかも，それは無機質なコンクリートのマンションではない．それ自体が，生命としての営みを続け，世代交代を繰り返しながら，将来にわたって持続していく力を持っている．こうした持続性が人間活動によって妨げられるとき，森林は破滅の道を歩むことになる．それゆえ，われわれ人間は，森林の本質をよりよく理解して，共存していく道を求めなければならない．木材は，再生産可能な資源であるという．それとて

も，人間が賢く森林と付き合っていくことができればの話だということを，忘れてはならない．

　ところで，近年，私たちは森林理解の手立てとして，素晴らしいツールを身に着けた．それは，遺伝分析の手法である．それによって，これまで解き明かすことのできなかった，森林や樹木の歴史，森林生態系の維持機構などが次々と明らかにされてきた．同時に，個々の遺伝子の機能の理解も進み，こうした知識を実際の森林の利用や保全に役立てることが，できるかどうか，森林学は試されているといってよいだろう．これまで，天然林保全と人工林経営とは相反するもののように語られることが多かったが，今日の森林の状況を見ると，両者を同時に満足すべき解を求める必要がある．本書では，読者に，遺伝と育種の知識に基づいた，新たな森林管理への道を探ってもらうことを目的に，人工林の生産性を高めるための「林木育種」の考え方と近年蓄積が進んだ「生態遺伝」や「バイオテクノロジー」分野の情報を同時に紹介した．本書がいささかでも，新しい森林学へ貢献できれば幸いである．

　最後に，多忙な中ご執筆頂いた著者の皆様，遅々として進まない編集作業を忍耐強く見守っていただき出版を支援して下さった，文永堂出版の鈴木康弘氏に感謝する．

　　2012 年 8 月　　　　　　　　　　　　　　編集者　井 出 雄 二

　　　　　　　　　　　　　　　　　　　　　　　　　　白 石　　進

執　筆　者

編　集　者

井　出　雄　二　　東京大学大学院農学生命科学研究科

白　石　　　進　　九州大学大学院農学研究院

執筆者（執筆順）

井　出　雄　二　　前　掲

原　田　　　光　　愛媛大学農学部

渡　辺　敦　史　　九州大学大学院農学研究院

戸　丸　信　弘　　名古屋大学大学院生命農学研究科

津　村　義　彦　　（独）森林総合研究所森林遺伝研究領域

井　鷺　裕　司　　京都大学大学院農学研究科

近　藤　禎　二　　（独）森林総合研究所林木育種センター

白　石　　　進　　前　掲

久保田　正　裕　　（独）森林総合研究所林木育種センター関西育種場

藤　澤　義　武　　（独）森林総合研究所林木育種センター

星　　　比呂志　　（独）森林総合研究所林木育種センター

篠　原　健　司　　（独）森林総合研究所

二　村　典　宏　　（独）森林総合研究所生物工学研究領域

丸　山　　　毅　　（独）森林総合研究所生物工学研究領域

伊ヶ崎　知　弘　　（独）森林総合研究所生物工学研究領域

毛　利　　　武　　（独）森林総合研究所生物工学研究領域

目　　次

まえがき　−森林遺伝と林木育種の重要性−　………………………（井出雄二）…1

第1章　森林の遺伝的管理………………………………………（井出雄二）…3

前　文…………………………………………………………………………… 3

1．森林の遺伝的理解の歴史…………………………………………………… 4

　　1）樹種の選択……………………………………………………………… 4

　　2）個体の選択と遺伝的劣化……………………………………………… 4

　　3）初期の人工林における種苗…………………………………………… 5

　　4）林木育種の成立………………………………………………………… 6

　　5）遺伝的多様性の理解…………………………………………………… 7

　　6）森林の遺伝的管理……………………………………………………… 7

2．天然林の遺伝的管理……………………………………………………… 10

　　1）種内の遺伝的多様性………………………………………………… 10

　　2）遺伝的多様性の保全………………………………………………… 10

　　3）天然林施業と遺伝的多様性………………………………………… 12

3．人工林の遺伝的管理……………………………………………………… 13

　　1）林木育種の目標……………………………………………………… 13

　　2）樹種や種子産地の選択……………………………………………… 13

　　3）選　抜　育　種……………………………………………………… 14

　　4）森林施業の中での遺伝的改良……………………………………… 15

　　5）人工林における遺伝的多様性……………………………………… 15

　　6）人工林の生態系影響………………………………………………… 16

第2章　遺伝学の基本 ……………………………………… 19

前　文 …………………………………………………… （原田　光）… 19

1. 遺伝子の本体と遺伝の仕組み ……………………… （渡辺敦史）… 20

1）近代遺伝学の幕開け（メンデルの法則）……………………… 20

2）遺伝メカニズムの本質をつかむために（染色体と DNA）……………… 24

3）連鎖と連鎖地図 …………………………………………………… 26

4）二重らせん構造の発見と生命の設計図としての DNA ……………… 31

5）暗号の解読 ………………………………………………………… 34

6）形質の差異を生み出す DNA の変異 ……………………………… 37

7）遺伝子の発現と遺伝子機能の解明に向けて ……………………… 39

2. 集団の遺伝 ……………………………………………… （原田　光）… 41

1）任意交配集団 ……………………………………………………… 41

2）遺伝子座間の平衡 ………………………………………………… 44

3）近 親 交 配 ………………………………………………………… 45

4）遺伝的浮動 ………………………………………………………… 49

5）突然変異と移住 …………………………………………………… 53

6）自 然 選 択 ………………………………………………………… 55

3. 量的形質の遺伝 ………………………………………… （原田　光）… 59

1）量的形質とは何か ………………………………………………… 59

2）量的形質の遺伝的基礎 …………………………………………… 60

3）集団平均と育種価 ………………………………………………… 62

4）分散の分割と遺伝率 ……………………………………………… 64

5）遺伝率の推定 ……………………………………………………… 65

6）人為選択 …………………………………………………………… 68

7）QTL マッピング ………………………………………………… 69

第3章　天然林の遺伝的変異 …………………………… 75

前　文 …………………………………………………… （戸丸信弘）… 75

1. 種内の遺伝的変異　―中立変異― ……………… （戸丸信弘・津村義彦）… 76

1）遺伝的変異の定量化 ……………………………………………… 77

目　　次　　**ix**

　２）樹木における集団内と集団間の遺伝的変異…………………………　84

　３）日本の天然林構成樹種のアロザイム変異………………………………　87

　４）長命な樹木における遺伝的変異の一般的傾向に寄与する要因…………　87

　５）天然林のアロザイム変異とマイクロサテライト変異の比較…………　92

　６）系　統　地　理…………………………………………………………　93

２．種内の遺伝的変異　－適応的変異－……………（津村義彦・戸丸信弘）…95

　１）適応的変異の創出………………………………………………………　95

　２）適応的変異の検出方法…………………………………………………　97

　３）実際に検出された適応的変異………………………………………… 101

　４）適応形質と有用形質の選抜と利用………………………………… 104

３．集団内の遺伝的動態……………………………………（井鷺裕司）… 104

　１）森林における遺伝的動態の重要性…………………………………… 104

　２）送受粉と種子散布解析………………………………………………… 105

　３）親　子　解　析………………………………………………………… 107

　４）花粉親の識別………………………………………………………… 108

　５）マイクロサテライトマーカーで明らかになった森林内の遺伝的動態… 111

　６）人為撹乱の影響……………………………………………………… 115

４．種間の遺伝的変異………………………………………（津村義彦）… 118

　１）種　の　定　義………………………………………………………… 119

　２）種間の系統，進化　………………………………………………… 120

　３）種間雑種と浸透交雑………………………………………………… 121

　４）近縁種間の遺伝的変異の比較……………………………………… 123

　５）日本産樹木の系統…………………………………………………… 125

　６）種分化の分子メカニズム…………………………………………… 129

５．遺伝的多様性の保全…………………………………………（井出雄二）… 130

　１）遺伝的多様性の保全とは何か……………………………………… 130

　２）遺伝的多様性の減少あるいは喪失………………………………… 131

　３）遺伝的多様性への脅威……………………………………………… 132

　４）遺伝的多様性保全の方策…………………………………………… 133

　５）森林施業と遺伝的多様性保全……………………………………… 136

第4章　林木育種 ………………………………………………… 141

前　文 ………………………………………………… （近藤禎二）… 141

1．林木育種の発展 ………………………………………… （白石　進）… 142
　1）林業と林木育種 ………………………………………………… 142
　2）育種対象樹種 …………………………………………………… 144
　3）育種目標 ………………………………………………………… 144
　4）わが国の林木育種史 …………………………………………… 145
　5）計画（組織）的な育種 ………………………………………… 146

2．林木育種の基礎と基本戦略 …………………………… （白石　進）… 148
　1）林木育種の特殊性 ……………………………………………… 148
　2）選抜と増殖 ……………………………………………………… 149
　3）将来世代の林木育種 …………………………………………… 155
　4）遺伝資源 ………………………………………………………… 157

3．実生林業とクローン林業 ……………………………… （白石　進）… 159
　1）林業品種 ………………………………………………………… 159
　2）地域品種と挿し木品種 ………………………………………… 160
　3）クローン林業 …………………………………………………… 163
　4）クローン林業の得失 …………………………………………… 165
　5）育種によるリターンとリスク ………………………………… 166

4．林木育種の体系 ………………………………………… （近藤禎二）… 167
　1）林木の育種法 …………………………………………………… 167
　2）育種種苗の増殖 ………………………………………………… 175
　3）育種種苗の供給 ………………………………………………… 186

5．林木育種の統計学 …………………………………… （久保田正裕）… 188
　1）試験地の設計 …………………………………………………… 188
　2）供試する材料の選択と計測の方法 …………………………… 192
　3）得られたデータの解析 ………………………………………… 193

6．林木育種の実際 ………………………………………… （藤澤義武）… 199
　1）成長量の改良 …………………………………………………… 200
　2）材質の改良 ……………………………………………………… 203

目　　次　*xi*

　　3）病虫害への抵抗性の改良‥‥‥‥‥‥‥‥‥‥‥‥‥‥‥‥‥208
　　4）気象害への抵抗性の向上‥‥‥‥‥‥‥‥‥‥‥‥‥‥‥‥‥215
　　5）花粉症対策品種の育成‥‥‥‥‥‥‥‥‥‥‥‥‥‥‥‥‥‥219
　7．ジーンバンク‥‥‥‥‥‥‥‥‥‥‥‥‥‥‥‥（星比呂志）‥220
　　1）ジーンバンク事業‥‥‥‥‥‥‥‥‥‥‥‥‥‥‥‥‥‥‥‥221
　　2）森林遺伝資源の保存‥‥‥‥‥‥‥‥‥‥‥‥‥‥‥‥‥‥‥222
　　3）ジーンバンク事業の成果‥‥‥‥‥‥‥‥‥‥‥‥‥‥‥‥‥229

第5章　樹木のバイオテクノロジー‥‥‥‥‥‥‥‥‥‥‥‥‥‥237

前　文‥‥‥‥‥‥‥‥‥‥‥‥‥‥‥‥‥‥‥‥‥‥（篠原健司）‥237
　1．ゲノム研究‥‥‥‥‥‥‥‥‥‥‥‥‥‥‥‥‥（二村典宏）‥238
　　1）遺伝子工学の基礎‥‥‥‥‥‥‥‥‥‥‥‥‥‥‥‥‥‥‥‥238
　　2）ゲノム配列解析の手法‥‥‥‥‥‥‥‥‥‥‥‥‥‥‥‥‥‥240
　　3）樹木におけるゲノム研究の進展‥‥‥‥‥‥‥‥‥‥‥‥‥‥247
　2．樹木の組織培養技術‥‥‥‥‥‥‥‥‥‥‥‥‥‥（丸山　毅）‥253
　　1）組織培養研究のあらまし‥‥‥‥‥‥‥‥‥‥‥‥‥‥‥‥‥253
　　2）個体再生技術‥‥‥‥‥‥‥‥‥‥‥‥‥‥‥‥‥‥‥‥‥‥254
　　3）育種への貢献‥‥‥‥‥‥‥‥‥‥‥‥‥‥‥‥‥‥‥‥‥‥261
　3．遺伝子組換え技術‥‥‥‥‥‥‥‥‥‥（伊ヶ崎知弘・毛利　武）‥263
　　1）遺伝子組換えの手法‥‥‥‥‥‥‥‥‥‥‥‥‥‥‥‥‥‥‥263
　　2）遺伝子組換え植物の利用‥‥‥‥‥‥‥‥‥‥‥‥‥‥‥‥‥267
　　3）遺伝子組換え樹木の開発状況‥‥‥‥‥‥‥‥‥‥‥‥‥‥‥268
　　4）実用化に向けた技術開発‥‥‥‥‥‥‥‥‥‥‥‥‥‥‥‥‥277
　　5）安全性の評価‥‥‥‥‥‥‥‥‥‥‥‥‥‥‥‥‥‥‥‥‥‥279
　4．今後の展望‥‥‥‥‥‥‥‥‥‥‥‥‥‥‥‥‥（篠原健司）‥280

あとがき‥‥‥‥‥‥‥‥‥‥‥‥‥‥‥‥‥‥‥‥‥（白石　進）‥285

参考図書‥‥‥‥‥‥‥‥‥‥‥‥‥‥‥‥‥‥‥‥‥‥‥‥‥‥287
索　　引‥‥‥‥‥‥‥‥‥‥‥‥‥‥‥‥‥‥‥‥‥‥‥‥‥‥289

xii 目 次

コラム 「樹木についての遺伝的理解の過程－スギの地理的変異－」 ………… 8
コラム 「適応と中立」 …………………………………………………… 58
コラム 「花粉症と閾値形質」 …………………………………………… 67
コラム 「遺伝マーカー」 ………………………………………………… 78
コラム 「エゾマツ類（*Picea jezoensis*）の系統地理」 ………………… 94
コラム 「単一花粉粒の遺伝解析（single-pollen genotyping）」 ………… 116
コラム 「ヒメバラモミの保全事業」 …………………………………… 135
コラム 「スギ精英樹の中の三倍体」 …………………………………… 171
コラム 「材質に関する指標」 …………………………………………… 202
コラム 「マツ材線虫病と抵抗性育種」 ………………………………… 211
コラム 「樹木のレッドデータ種とその保全」 ………………………… 227
コラム 「森林生物遺伝子データベース（ForestGEN）とその利用」 …………252

まえがき　－森林遺伝と林木育種の重要性－

　現在の地球環境は生物の存在によって初めて安定的に維持されている．特に，森林は CO_2 の固定機能により，多くの生物に対して有機物を供給するとともに大気の安定化に寄与している．また，さまざまな環境形成および維持の機能を有しており，多様な生物の生息場所として，きわめて重要な役割を担っている．すなわち，森林は地球環境および生物相の維持にとって不可欠な存在といえる．

　地球上には約40億 ha の森林が存在するが，それらはさまざまな地域にそれぞれ異なる生態系を形成して存在している．このように，広範な森林が形成されるのは，地域環境に適応して生育可能な多様な樹木種が存在することによる．それらの種が，将来にわたって存在し，森林が安定的に維持されていくためには，何よりも森林生態系が維持，再生されていくプロセスが満足されることが必要であり，その条件の1つとして，種内の遺伝的多様性が保たれることがあげられる．なぜなら，種内の遺伝的多様性は，その種がさまざまな環境に適応して生息していくための柔軟性を提供し，種の健全な更新を保障するからである．性成熟に長期を要し繁殖時以外に移動不可能な樹木では，種内の遺伝的多様性は特に重要である．

　一方，森林は有史以前より木材を中心にさまざまな資源を人類に提供し続けてきており，今日でも，全世界で毎年40億 m^3 に及ぶ木材が伐採利用されている（FAO，2007）．それに対して，人工林は1億3,000万 ha，全森林面積の3.3％ほどしか存在せず，木材需要のほとんどは，依然として天然林に依存しているのが現状である．木材は今後とも人間にとって重要な資源として，その消費が大きく減少することがないように思われる．木材利用のための伐採だけでなく，都市化や農地開発などさまざまな要因によって森林の減少は続いており，森林減少を阻止することは不可能なことのようにも思われる．

　ところで，木材は再生産可能な資源であり，適切な森林管理をすれば，繰り返

し木材を生産することが可能であるとされている．われわれが利用する木材の多くを人工林や適切に管理された天然林に求めることができれば，森林の減少や劣化をいささかでも食い止めることができるだろう．そのための方法の1つとして，林木の遺伝的改良による人工林の生産性向上に大きな期待が持たれている．また，天然林の利用においても，繰り返し利用することによる森林の劣化を防ぐうえで，生態的配慮に加えて，繁殖，更新に深く関わる遺伝的多様性に対する配慮が不可欠である．

すなわち，今日求められている森林管理のさまざまな場面において，樹木の遺伝的多様性や遺伝子そのものに対する知識は，その活動をより効果的なものとするうえで不可欠な情報であり，また，実践のためのツールとして重要な位置を占めるものと期待される．

これまで，わが国における林木の遺伝研究は，林木育種を進めるための基本的情報の集積を目的として行われてきた面と，森林の生態や樹木の進化などを解明する基礎学問あるいはそのプロセスを保全するための保全遺伝学として行われてきた面とがあり，相互の関連は乏しい状態にあった．しかし，今日，森林全体を見渡したとき，天然林の保全と人工林の改良の間には，画然とした境界があるわけではなく，そこには総合的な森林の保全と利用という，人類に課せられた大きな課題が存在するだけのように思われる．分子遺伝学の発達により，個別の機能遺伝子から種分化までの統一的な理解が可能になってきている．

本書は，そうした背景を踏まえ，遺伝情報に基づいた森林管理という考え方を基本に，森林生態系における遺伝的多様性の実態と保全，林木育種による人工林の生産性向上について，解説することを目的としている．

第1章

森林の遺伝的管理

●●● 　樹木は，燃料，住居など人々の生活に不可欠な資材であり続けてきたが，長い間栽培化から取り残されてきた．人口増加や産業の発達によって大量の木材を消費し，資源の枯渇が生じたときに初めて「資源としての森林を管理する」という考え方が生まれ，伐採規制や植林が始まった．

　農作物や家畜では栽培，飼育という行為を通じて，人々は種内の個体や集団間での遺伝的な性質の違い（遺伝的多様性）に気付き，その違いの積極的利用によって高度な生物生産を実現してきた．樹木でも，植林が普遍的になるとともに，遺伝的多様性の利用が始まった．樹木は，世代時間が長い，栽培化が進んでいないなど農作物とは異なる特徴を持っているが，そうした特徴に適合した独特な育種法が考案され成果をあげている．今日の人工林経営において，育種種苗を用いることは基本である．

　さらに，20世紀後半の分子遺伝学や集団遺伝学の発達により，樹木の遺伝についての理解は急速に進んだ．その結果，森林の利用や保全を図るうえで，樹木の遺伝的多様性を維持することの重要性が広く認識されるようになった．天然林，人工林を問わず，今日の森林管理において樹木の遺伝的多様性を考慮することは不可欠である．

　このように，個体や集団の遺伝的性質を見きわめて森林を育てていくという行為は，森林を遺伝的に管理することに他ならない．本章では，「森林の遺伝的管理」の歴史とこれからの方向性について概説する．　●●●

1．森林の遺伝的理解の歴史

1）樹種の選択

　人間が森林から樹木を採取して何らかの目的に利用しようとする場合，まず考えるのは目的にかなった性質を有する樹種を選択することであろう．現在でも鍬や鋤といった農機具の柄にはカシ類を使うことが多いが，カシ類のこのような使い方は弥生時代の石斧以来のものである．こうした種レベルでの選択は，人類誕生以来，木材を利用するあらゆる場面で行われてきた．このような利用により，森林の種構成は大きく変化したと考えられる．実際，熱帯林などでは，過去の人間による利用の結果，種多様性が増加しているとされる例がいくつも知られている．

2）個体の選択と遺伝的劣化

　有性繁殖する種では，多かれ少なかれ個体による性質の違いが存在するので，人々は同じ樹種であっても用途に照らしてより使いやすい個体を選んで採取する．そのため，森林には人間が使いにくい個体だけが残されることになる．その性質が遺伝子によって決まるものであれば，人間の利用がその樹種の遺伝的構成を変化させ，世代を経るに従って次第に使いにくい個体の割合が増加すると考えられる．長い森林の更新サイクルの中でこのような事実を検証することは簡単ではないが，いくつかの観察によってその確からしさを確認できる．

　例えば，スウェーデンのヨーロッパアカマツでは，通直で成長のよい個体を数百年にわたり選択的に伐採し続けたことにより，伐採の歴史の長い地域ではあばれ木が多く通直な個体はまれであり，伐採の歴史の短い地域では通直な個体の割合が多い[1]．また，カリブ海諸島では，16 世紀からマホガニーの優良材を産出していたが，濫伐により 18 世紀には資源が枯渇してしまった．ここでも，大きく形質の優良な個体ばかりを伐採したために，今日では広い範囲にわたって矮性でやぶ状の個体しか見られない[2]．このような変化を良木択伐による遺伝的劣化と呼ぶ[1]．図 1-1 は，林分内の一定以上の形質を備えた個体を伐採，収穫したあ

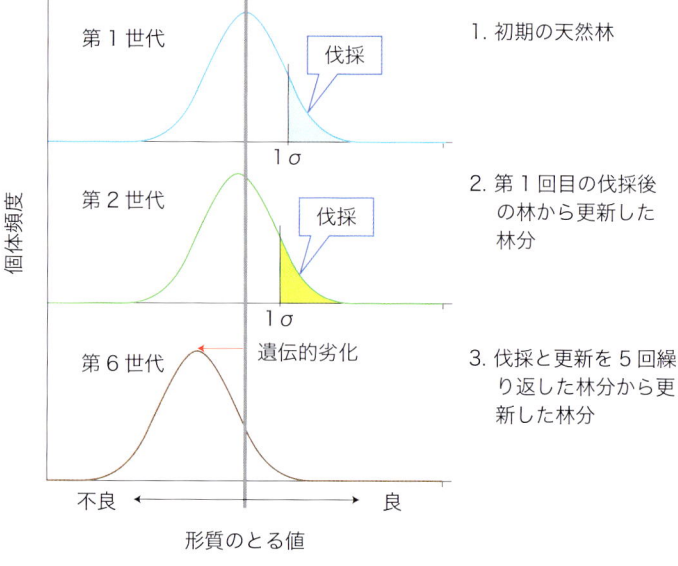

図1-1 毎世代，ある形質について標準偏差以上の値をとる個体を
すべて伐採したとした場合の世代ごとの個体頻度変化の概念
図
世代ごとに個体がすべて入れかわると仮定．Lindquist, B.(1946)の考え方を参考に作
成．

とに残った個体同士の交配によって生じた実生林分における，個体の形質の分布
を模式的に示したものである．このような伐採により，着目する形質についての
林分平均は前の世代よりも少しずつ小さくなっていき，同様の伐採が数世代繰り
返されると初めの状態から大きく低い値をとるようになる．

3）初期の人工林における種苗

　伐採により天然林が減少してくると，必要とする木材を植林によって供給しよ
うという動きが生じてくる．わが国では，古墳時代から戦国時代にかけて大量の
木材を必要とする大規模な建築物の造営や土木工事が行われ，江戸時代の初めま
でには天然林の木材資源は相当に減少していたと考えられている．そうした状況
を背景に，16世紀には一部地域で針葉樹の植林が始まっている．また，ヨーロッ
パにおいても中世の農牧地の拡大とその後の産業革命による木材の大量消費に
より森林は著しく減少し，同様の時期に初期の造林が行われている．日本，ヨー

ロッパとも造林の技術は 18 世紀から 19 世紀にかけて成熟していったが，造林用の種苗の遺伝的な性質を確認して使用するというようなことまでは行われていなかった．しかし，農業では経験的に種子や苗の性質が収穫を左右することが広く認識されていたので，林木にあっても，望ましい性質を示す個体を母樹として種子を採取し苗木を育てることが，江戸時代の農書（例えば，宮崎安貞の『農業全書』，1696；興野隆雄の『太山の左知』，1849 など）では推奨されていた．

4）林木育種の成立

　ヨーロッパでは，20 世紀初頭に Mendel, G. J. の遺伝に関する法則が広く知られるようになり，農業分野ではそれに基づく育種が飛躍的に発展した．林木でもさまざまな形質が遺伝するものであることが認められるようになったが，1 世代に要する時間が長く遺伝的性質の見きわめが難しいことなどから，農業で行われたような育種は進まなかった．一方，広域にわたる造林の広がりによって，種子の産地によって成長や性質が異なることが明らかになった．そこで，いろいろな産地から取り寄せた種子を造林予定地域に植栽して，その生育を比較する「産地試験」の結果に基づいて，使用する種苗の産地を決めるという考え方が定着していった．わが国でも明治初期の大造林時代に全国的にスギの植林が拡大した結果，多くの不成績事例が報告され，種子や苗木の性質が重要であるとの認識が高まった．

　ヨーロッパにおいてはさらに，種子生産を安定化させるための採種園や良木の選抜による集団の改良などが発案され，やがて林木種苗の遺伝的改良法としての「林木育種」が方法論として確立していった．そして，その初期の集大成として 1946 年にスウェーデンの Lindquist, B. により『Den skogliga rasforskningen och praktiken』[1,注] が著され，今日の林木育種の基本的な考え方が整理された．1950 年代になると，第二次世界大戦後の木材需要の高まりを背景に，世界各国で林木育種が展開される時代となった．育種プログラムの多くは，樹種および産地の選択と個体の選抜を中心に進められた．今日では，継続的に改良を行っていくためのさまざまな考え方が提案され実行されている．こうした過程において，

　注）英語版「Genetics in Swedish Forestry Practice」（1948 年）．日本語版「スウェーデンの実地林育種」（戸田良吉訳，1954 年）．

主要な造林樹種に関して組織的な産地試験と実生集団内の個体変異に関する研究が精力的に行われ，それにより樹木の種内変異の理解が深まっていった．

5）遺伝的多様性の理解

1970 年代には，新たな遺伝的多様性の検出方法として，針葉樹の精油成分であるテルペン類の組成の分析や代謝を司る酵素の多型（アイソザイム変異）の分析などが行われるようになった．アイソザイム変異については，1980 年代に入って，遺伝子支配が確実な泳動産物（アロザイム）のみを取り扱う方法が確立され，再現性のある検討が可能になったため，わが国でもスギやヒノキ，マツなど林業樹種に関する研究が積極的に進められた．初期には，在来品種や選抜個体のクローン識別などが主な目的とされたが，徐々に集団遺伝学的解析がなされるようになり，林木集団の遺伝的分化についての議論が可能になった．こうした遺伝子に関する研究は，その後飛躍的な発展を遂げた DNA の分析に受け継がれ，樹木の分子遺伝学や生態遺伝学として確立していった（☞ コラム「樹木についての遺伝的理解の過程－スギの地理的変異－」）．

6）森林の遺伝的管理

遺伝子の分析は，林業的に重要な種ばかりでなくさまざまな種に適用できる手法であるので，1980 年代以降多くの樹木について遺伝的多様性に関する情報の蓄積が飛躍的に進んだ．同時期に，世界規模での生物多様性の危機が叫ばれ始めたこととあいまって，その保全に向けた議論が活発に行われるようになった．特に，森林はさまざまな生物の生息場所として，その保全の重要性が強く意識される時代になり，その基盤となる樹木の遺伝的多様性の保全についての認識も高まった．今日，森林生態系保全を考えるうえで樹木の遺伝的多様性に関する情報は不可欠であり，そうした情報に基づいた森林管理を追求すべき時代となっている．

ところで，わが国で「森林の遺伝的管理」という言葉が用いられたのは，戸田良吉[3] が「林木育種は，森林の生理生態的管理の体系である造林学に対して，森林を遺伝的に管理する技術体系」としたのが初めである．一方，天然林に関しては，千葉茂・酒井寛一[4] により「天然林の遺伝的管理をどうすればいいか」

コラム 「樹木についての遺伝的理解の過程－スギの地理的変異－」

スギは，生育地によってオモテスギとウラスギに区別され，それぞれ性質が異なるとされてきた．この遺伝的背景を求めてさまざまな研究が行われてきた．

1913：寺崎　渡が，太平洋側と日本海側でスギの形質に差があることを指摘した[5, 6]．

1941：中井猛之進が京都大学芦生演習林に自生する，下枝が下垂し，この枝から発根して増殖する性質を持ったスギを，変種アシウスギとして発表した[7]．

1947：村井三郎は，青森県に設定されたスギの種子産地別試験地で 37 産地の 7 年生の実生の針葉形態を測定して，太平洋側と日本海側で違いがあるとした[8]．しかし，人工林由来の産地がかなり含まれていた（A）．

1952：岩田利治と草下正夫は，ウラスギの代表としてアキタスギ（秋田県）を，オモテスギの代表としてヤナセスギ（高知県）を取りあげ，その形態の特徴を示した．また，アシウスギをウラスギの極端型とした[9]．

　　◆アキタスギ：葉は多少湾曲して開出する．角度は狭い．下枝は下垂し長く残存し，ときには伏条により新幹を形成することがある．樹冠の先端はかなり高齢のものでも尖る．

　　◆ヤナセスギ：葉はほとんど直角に開出し，下枝は下垂すること少なく，早く枯れ脱落する．樹冠の先端は早くより鈍となり円くなる．

1987：安江保民らは，57 ヵ所の天然林において，葉の精油成分（ジテルペン）の構成を調べ，3 タイプに分類した[10]．太平洋側には主にカウレンタイプが，日本海側にはスクラレンタイプが多く分布した．秋田県や島根県などには，カウレンタイプとフィログラデンタイプが分布した（B）．

- 日本海側タイプ
- 太平洋側タイプ
- × 論文中に人工林と書かれている産地および明らかに天然分布のない地域

A. 針葉形態による区分
（村井，1947）

- スクラレンタイプ
- カウレンタイプ
- フィログラデンタイプ

B. 精油成分による区分
（安江ら，1987）

2007：津村義彦らは，29 ヵ所の天然林において，148 の DNA マーカーを使って，集団の遺伝的な関係を調べた[11]．太平洋側のスギ天然林は 1 つのグループにまとまった．一方，日本海側では 3 個のグループに分かれた（C）．また，STRUCTURE 解析という方法でも集団のタイプ分けを行ったが，東北や四国，屋久島では明瞭な差が見られるのに対して，その他の地域では明瞭な差が見られなかった（D）．

オモテスギとウラスギの区別は存在するといえるが，その遺伝的な構造は単純ではなさそうだ．分布変遷や環境適応，人工林の歴史などが複雑に関係しているのだろう（井出雄二）．

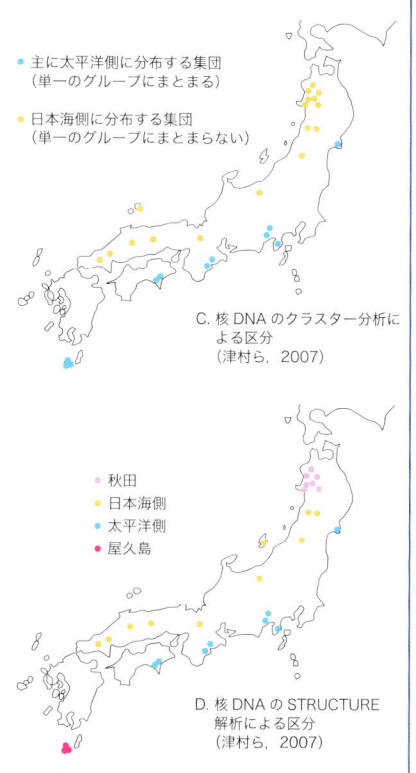

● 主に太平洋側に分布する集団
　（単一のグループにまとまる）

● 日本海側に分布する集団
　（単一のグループにまとまらない）

C. 核 DNA のクラスター分析による区分
　（津村ら，2007）

● 秋田
● 日本海側
● 太平洋側
● 屋久島

D. 核 DNA の STRUCTURE
　解析による区分
　（津村ら，2007）

という論考が著されている．これらにおける主な論点は，林業生産の中で遺伝的多様性をいかに利用していくかということにあった．しかし，今日の森林には高い木材生産機能だけではなく，生態系の骨格としての森林の持つ機能の健全な維持も強く求められている．この2つの機能を，遺伝的多様性をキーワードとして統一的に理解し，森林を管理していくための遺伝的管理の構築が求められている．

2．天然林の遺伝的管理

1）種内の遺伝的多様性

　近年の森林に関する集団遺伝学や植物系統地理学の知見の蓄積は目覚ましい．それらの考え方や成果は第3章において詳しく説明されるが，ここでは天然林の遺伝的な側面を概略説明しておくこととする．

　普通，有性繁殖する生物では種内に遺伝的多様性が存在し，それらが個体ごとの性質の違いや集団ごとの性質の違いの源になっている．こうした遺伝的多様性は，さまざまな形質を司る遺伝子座における対立遺伝子の種類の違いに基づくものであり，これらの種類や集団に含まれる頻度によって，個体や集団の性質が特徴付けられる．それぞれの集団にどのような遺伝子がどのような頻度で含まれるかは，その生物がその繁殖場所で繰り返してきた世代の長さやその場所に到達するに至った過程，世代ごとの繁殖の様子などによって決まる．

2）遺伝的多様性の保全

　天然林生態系では，それを構成する樹木種は，地域の撹乱体制の中で更新を繰り返しながら遺伝的多様性が世代を超えて維持されている．つまり，遺伝的多様性の維持のためには，種の世代交代が確実かつ十分な頻度で行われ，十分多くの個体が繁殖に参加することが重要である．ところが，今日では世界のあらゆる森林において人間活動の影響は不可避である．そこで，森林の人為影響の程度に応じた生態系管理とそれにリンクした遺伝的多様性の保全が求められ，それを実現するための遺伝的管理技術が必要となっている．

今日でも，世界的に見ると天然林からの木材生産が人工林からのそれに比べて圧倒的に多い．一方で，天然林生態系の生物多様性維持をはじめとするさまざまな機能の重要性は広く認識されており，その保全が重要であるという考え方も普遍的である．図1-2に天然林および人工林の管理レベルと遺伝的多様性との関係を概念的に示した．天然林は全く管理されていないか人工林に比べてきわめて低い管理レベルにあると考えるのが一般的である．十分に広く自由な更新が可能な天然林では，自然のプロセスに従ってその遺伝的多様性も世代を超えて十分に保存されうるので，極力人為影響を排除しそのプロセスを保全することが重要である．

しかし，現実にはこのような天然林はまれであり，多くはその一部あるいは大部分が人工林や他の土地利用に置きかえられている．天然林の伐採による森林面積の減少や分断化が，樹木種の遺伝的多様性の減少をもたらしているという報告は多い．このような地域では，さまざまな樹種が過不足なく更新することは不可能であり，積極的な管理を行わなければ天然林はその遺伝的多様性を維持することはできない．具体的には，保存林分を設定して保護するだけでなくその地域の外側への積極的な拡大更新を図ることなどが求められる．現地での更新が不可能な場合には，現地以外に集団を保存する必要もある．

そうした管理を実現するために必要な情報として，種内の遺伝的多様性の地理

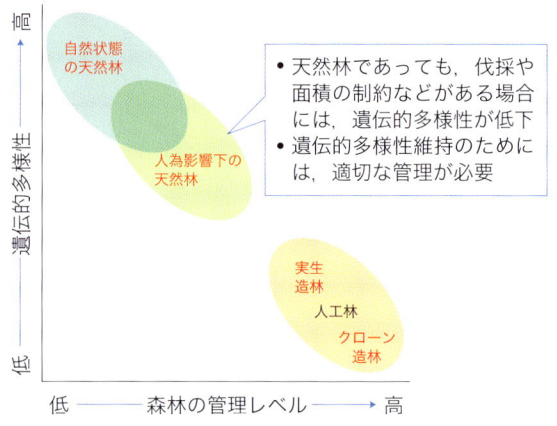

図1-2 森林のタイプによる管理レベルと遺伝的多様性の関係

的構造，地域集団の保有する遺伝的多様性の特徴，種の繁殖，更新機構とそれに伴う集団の遺伝的多様性の維持機構などがある．地理的構造や，地域集団の特徴に関する情報は，適正な保全区域を設定するために不可欠であり，繁殖，更新に関する情報は林分あるいは地域集団の更新をどのように図っていくか具体的な作業計画を樹立するために必要である．21 世紀になってからの研究の進展により，多くの樹種でその遺伝的多様性の地理的構造が明らかにされており，日本ではこうした情報に基づいて，広葉樹の種苗配布区域の提案も行われている．

3）天然林施業と遺伝的多様性

　天然林の施業に関して Seymour, R. S. と Hunter, M. L.[1] は，皆伐による収穫を行う場合は，それぞれの樹種の更新が確保されるとともに，地域生態系としての健全性が維持されることが必要という考え方を示し，伐採は地域の撹乱体制を擬した面積と頻度で行うのが好ましいとしている．このような施業は，その樹種の遺伝的多様性の維持にも有効であろう．わが国では，天然林を持続的に利用しようとする取組みはまれであるが，東京大学北海道演習林で 1958 年から実施されている天然林の択伐施業（林分施業法）においては，遺伝子に由来すると考えられる形質不良木の優先的伐採を施業原則の 1 つとしている[2]．しかし，この施業において択伐を繰り返し行ったトドマツ林分では，成木だけでなく次世代を担う実生集団においても，わずかながら遺伝的多様性が低下することが示されている[3]．また，Takahashi, M. ら[4] は施業履歴の異なるブナ林でアイソザイム遺伝子の多様性について比較し，少数の母樹を残して伐採された経歴のある林では，施業履歴のない林に比べて遺伝的多様性が低く，林分の遺伝構造も異なっていることを示している．

　前述したように，人為や施業が天然林に与える影響についての研究例はあるものの，それらが世代を超えて遺伝的多様性に与える影響の検証は未だ十分とはいえない．適切な森林管理のためにはさらに多くの情報の集積が必要であり，事前の研究はもちろん，実際に管理や施業を行っている林分における変化のモニタリングを進めることが重要である．

3．人工林の遺伝的管理

1）林木育種の目標

　人工林とはその更新が播種や苗木の植栽など人為によって行われた林であり，主として木材生産のためや国土保全のための森林造成の手段として造成されてきた．数百年の人工林の歴史の中で，それぞれの目的に合った樹種の選択と優良な種苗の使用が一般化してきたことは，先に述べた通りであるが，より高い生産性につながるような遺伝的改良を樹木に加えようとする活動，すなわち林木育種が1950年代以降世界的に行われている．

　樹種や目的とする最終生産物はさまざまであるが，安全かつ安価に，高い木材生産を実現することが人工林経営の第1の目標であることにかわりはない．これを実現するための1つの手段として，林木育種という仕事が多くの国で，またさまざまな樹種を対象に実行されてきた．その具体的な進め方については，第4章で詳述されるが，ここでは遺伝的管理の側面から人工林を考察する．

　人工林の遺伝的管理の基本は，種苗の遺伝的性質を見きわめ目的に合った種苗を選択することにある．では，種苗選択において具体的にどのような視点が必要とされるのかを，新たに木材生産のための植林を開始する場合を想定して考える．

2）樹種や種子産地の選択

　まず，何を植えるのか樹種の選択が必要である．人工林から生産すべき木材の用途や経営形態，植林地の気候風土などに即して最適な樹種を選択することが求められる．わが国では，長い年月をかけて国内に自生する針葉樹類のうちからスギ，ヒノキ，カラマツ，アカマツ，クロマツなどが造林のための樹種として選択されてきたが，全く新たに人工林経営を始める場合には，樹種選択はきわめて重要である．この場合，自生する樹木種の中に最適な種が見つかるとは限らない．今日，人工林経営が成功している事例の中には，他国から導入した樹種を用いている例が少なくない．特に，ニュージーランドのラジアータマツやブラジルのユーカリなどが著しい成果をあげた例としてあげられる．

また，天然林の遺伝的管理において述べたが，自然に分布する樹木種には種内の遺伝的多様性に地理的変異が存在する．そうした遺伝的多様性は生育地の環境と関わりを持つものが少なくない．同一の種であるからといって，どのような地域の種子を使っても同じような成果が得られるとは限らないので，植栽地に最適な種子の産地を見出す必要がある．このために，大規模な植林に先立って行うのが，さまざまな産地の種苗を目的とする環境に植栽してその生育の様子を調べあげる産地試験である．自生種を造林する場合，一般には地元産の種子を使うのが安全とされるが，地元の天然林に遺伝的劣化が生じていれば，地元産が必ずしもよい成績を示すとは限らないので，どのような場合であっても産地試験は不可欠といえる．

3）選 抜 育 種

有性繁殖する生物は一般に個体ごとに異なった遺伝子の組合せを有しており，それが表現型（個体の示す性質）として現れることで形質の差が生じる．そこで，経営目標に合致した望ましい形質の組合せを有する種苗の植栽が求められる．そのような種苗を育成する方法として，種苗供給地域内のさまざまな林分から好ましい性質を示す個体を多数選択し，それらを基本集団としてその子供群を造林に供するということが行われている．これを集団選抜育種という．選抜は個体の表現型によって行われる．表現型は遺伝子と環境それぞれの影響を受けて形成されるので，その性質が確実に遺伝的な違いによるものかどうかは明らかではない．しかし，理論的には遺伝子の一定の寄与が期待できるので，このような方法により種苗の遺伝的改良が実現できる．その初期におけるプロセスの概略は次のようである．①多くの成木集団から，成長がよく造林目的に合致した形質を示す個体をそれぞれ選抜する．②選抜された個体のクローン苗あるいは実生苗を育成する．③それらの苗を用いて種子生産用の林分（採種園という）を造成する．④採種園から実際の造林に用いる種子を生産する．選抜を世代ごとに繰り返すことにより，種苗の遺伝的改良効果は累積されていく．こうして生産された種苗により造林された林分からの収穫物は，改良前のものに比べて収量や諸形質が改良されているので，人工林経営者は造林に際してこうした苗を選択するだけでその成果を享受することができる．

4）森林施業の中での遺伝的改良

除伐，間伐などの植栽後の管理も，林分の遺伝的多様性のありさまを変化させる．例えば，ヒノキ人工林では間伐前後で林分を構成する個体間の近親の程度が低下する[1]．除伐や初期の間伐では幹曲りや成長不良など形質不良木を選択的に伐採するので，そうした形質について遺伝的な選択が間接的に行われていると考えられる．そのような過程を経て成林した林分は，植栽当初の苗木集団に比べ遺伝的に優れた個体の集まりになっているはずである．大庭喜八郎[2]は，現実の林木育種はこのような実際の施業の中で実施するのが効果的であるとして，実際の造林地において世代ごとに選抜を繰り返すことで，累積的な遺伝的改良が可能であるとした．

5）人工林における遺伝的多様性

以上のように，人工林における生産の効率を高めるためには，樹種や種子産地，採種母樹，施業などいろいろなレベルでの遺伝的絞込みが行われる．このようなことが可能なのは，それぞれのレベルで遺伝的多様性が存在するからに他ならない．一方で，絞込みが進むと遺伝的多様性は当然，減少あるいは失われることになる．

人工林の伐期は経営目標にもよるが，比較的長期にわたる場合が多い．植栽された苗木は，多くの場合ほとんど自然状態で生育し，農作物のようなヒトによる手厚い管理は行われないので，生育期間を通して厳しい環境にさらされることになる．一般の造林では，そのような環境においても安全に成林することが求められるため，極度の遺伝的多様性の低下は望ましくないとされる．なぜなら，遺伝的多様性の高い林分には，予期せぬ被害に耐えうる形質を備えた個体が存在する可能性があると考えられるからである．そうしたことから，これまでの林木育種では，極力多くの選抜個体を親として実用種子を生産するなど，種苗の遺伝的多様性を極度に低下させないような方法がとられてきた．

一方，持続可能な林業の実現のために，人工林にはこれまで以上のより高い生産性が求められている．そこで，同じ土地面積でもより短期間により多くの木材を生産できるような林業として，クローン林業が世界的に注目されている．クロー

ン林業とは，優良な形質を持つ特定の個体を挿し木などの方法により無性繁殖させた苗木（クローン苗）を植栽して育成する林業であり，均質な木材を大量に生産することが可能である．しかし，クローンの造林では植栽木間に遺伝的な違いがない．そのため，個体間競争が少なく自己間引きが起きにくいので，健全な林分の維持には実生苗による造林に比べ，より厳密な密度管理が必要である．また，何らかの病虫害が発生した場合には，その蔓延が避けられない．そのため，より少ない管理努力で安全に付加価値の高い製品を生産することのできる性質を備えた種苗が必要とされる．従来の選抜による育種方法で得られない形質については，遺伝子工学の手法を用いた改良が有効と考えられている．すでにポプラやユーカリでは多くの組換え体が作出されており，実用化に向けた研究が行われている．

6）人工林の生態系影響

　人工林の生産性増強が強く求められる一方で，その拡大によるさらなる天然林減少，植栽木による天然林の遺伝的改変など，人工林を森林の遺伝的多様性に対する脅威とする考え方もある．Williams, C. G.[3] は，在来種の人工林が拡大するとその花粉が大量に散布され，それが交配に寄与することで同種の天然林の遺伝的多様性が減少していくであろうと述べている．人類の持続的発展のために，われわれはこのように相反する課題を賢明な方法で克服する必要がある．そのため，生産性の向上と同時に周辺の生態系にどのような影響を与えるのかという視点から人工林を評価することも，森林の遺伝的管理の重要な課題である．

引 用 文 献

1．森林の遺伝的理解の歴史

1）Lindquist, B.: Den Skogliga Rasforskningen och Praktiken(Genetics in Swedish Forestry Practice), 176pp, Svenska skogvardsforeningens forlag, 1946.
2）Styles, B. T.: Silvae Genetica 21(5), 175-181, 1972.
3）戸田良吉：今日の林木育種，p8，農林出版，1979.
4）千葉 茂, 酒井寛一：天然林の遺伝的管理をどうするか (北方林業会編：天然林の生態遺伝と管理技術の研究), 北方林業会 327-340,1983.
5）寺崎 渡：山林会報，364, 1-7,1913.
6）寺崎 渡：山林会報，373, 24-27, 1913.
7）中井猛之進：植物研究雑誌，17(5), 273-288, 1941.

8）村井三郎：国土再建造林技術講演集, 青森林友協会, 132-150, 1947.

9）岩田利治, 草下正夫：邦産松柏類図説, 産業図書株式会社, 228pp, 1952.

10）Yasue, Y. et al.: J. Jpn. For. Soc., 69(4), 152-156.

11）Tsumura, Y. et al.: Genetics, 176, 2393?2403, 2007.

２．天然林の遺伝的管理

1）Seymour, R. S. and Hunter, M. L.: Principles of Ecological Forestry (in Hunter, M. L. ed., Maintaining Biodiversity in Forest Ecosystems), Cambridge University Press, 22-61, 1999.

2）高橋延清：林分施業法 - その考えと実践 (改訂版), ログ・ビー, 125pp, 2001.

3）木佐貫博光ら：北海道の林木育種, 42(2), 11-14, 2000.

4）Takahashi, M. et al.: Heredity, 84, 103-115, 2000.

３．人工林の遺伝的管理

1）湯 定欽, 井出雄二：林木の育種 200, 35-38, 2001.

2）大庭喜八郎：林木育種の進め方 (大場喜八郎, 勝田 柾編：林木育種学), 文永堂出版, 14-32,1991.

3）Williams, C. G.: Nature Biotechnology, 23(5), 530-532, 2005.

第2章

遺伝学の基本

●●● 　20世紀の遺伝学の目覚ましい発展は科学史の中でも特筆される出来事ではないだろうか．Mendel，G. J. がエンドウマメを材料として行った遺伝の研究が発表されたのは1865年であるが，1900年に劇的な展開をもって de Vries, H. M.，Correns，C. E.，Tschermak，E. の3人によってその法則が再発見された．Darwin，C. は「種の起源」の中で遺伝の仕組みを解明することが必要であると繰り返し述べている．同時代者である Mendel と Darwin の間で交流があったとすれば進化論の歴史も多少かわったものになったかも知れない．しかしながら，進化論と遺伝学の結付きはしばらくは順調ではなく，その統合的理解への道筋が付けられたのは1920年代に Fisher，R. A. による量的形質に関する一連の論文が発表されてからであった．その後，1930年代になっていわゆる古典遺伝学が完成し，進化理論としての集団遺伝学と，育種理論としての量的形質の遺伝学の基礎が Fisher をはじめ，Wright，S. および Haldane，J. B. S. らによって築かれた．さらに，1953年の Watson，J. と Crick，F. による DNA の二重らせん構造の発表を契機に分子生物学の著しい発展を見たのは周知の通りである．遺伝子の構造は生物に共通であり，遺伝学的な知見や理論はさまざまな生物に普遍的に成り立つことが多い．特にこの本で対象とする樹木では，遺伝学の基本である交配実験が困難なことからこれまで実験材料として用いられることは少なく，品種の育成も既存の地域品種に依存することが多かった．しかし近年，地球環境の劣化が危惧される中で森林樹木の果たす役割の重要性が認識されるようになり，また有用な遺伝子マーカーも多数開発され，樹木に対する多面的な遺伝学研究の進展が期待されているところである．この章では遺伝子の分子基盤である DNA の構造と遺伝子の発現プロセスに始まり，樹木の例を中心にメンデルの法則とその細胞学的基礎を述べる．さらに，進化と育種の基礎理論である集団遺伝学と量的形質の遺伝について説明する． ●●●

1. 遺伝子の本体と遺伝の仕組み

1）近代遺伝学の幕開け（メンデルの法則）

　おそらく Mendel, G. J. は, Darwin, C. R. と並び称せられる生物学史上の巨人であり, 例外が数多く存在するため, 枚挙主義に陥りがちな生物学において数少ない法則の 1 つである「メンデルの法則」または「メンデル遺伝」を発見した人物であることを改めて述べる必要はないであろう. メンデルの法則は, 普通, 優性の法則, 分離の法則, 独立の法則から構成される. ただし, 後者の 2 つのみをメンデルの法則とする場合や, 最も重要である分離の法則のみを呼ぶ場合もある.

　Mendel は, 個体の示す特定の性質（形質, trait）が子供へ伝えられる仕組みを,「ある形質は粒子状の因子（element）によって決定されており, その因子は対となって個体中に存在している. 生殖に際して配偶子が形成されるが, 親個体中で対となっていた因子は分離して 1 つずつ配偶子に伝えられる. さらに, 雄と雌の配偶子が接合することにより再び因子が対になる」と考えた. これは分離の法則として知られている. 遺伝学的には,「特定の遺伝子によって決定される形質について個体が示す性質（表現型, phenotype）は, 2 つの対立遺伝子（allele）の組合せ（遺伝子型, genotype）によって決定される. それぞれの対立遺伝子は, 減数分裂により性細胞に 1 つずつ別々に伝えられ配偶子が形成される. 受精により, 雌雄の対立遺伝子が組み合わされることで新たな遺伝子型が形成される」と説明される. 例えば, 表現型を支配する対立遺伝子 A と a が存在し, 片親が遺伝子型 AA を, もう片親が aa を保有するとき, 前者の配偶子には A が, 後者の配偶子には a が分配され, 両者の子供（雑種第一代, first filial generation, F_1）は遺伝子型 Aa を保有することとなる. さらに, F_1 個体の配偶子は A もしくは a を等確率で保有することから F_1 個体が自殖した場合, その子供群の遺伝子型の割合は AA：Aa：aa ＝ 1：2：1 となる（図 2-1a）. 遺伝子型 Aa のとき, A によって支配される形質のみが表現型として現れる場合, A は a に対して優位であるといい, 特に A を優性（dominant）, a を劣性（recessive）と呼ぶ. これは

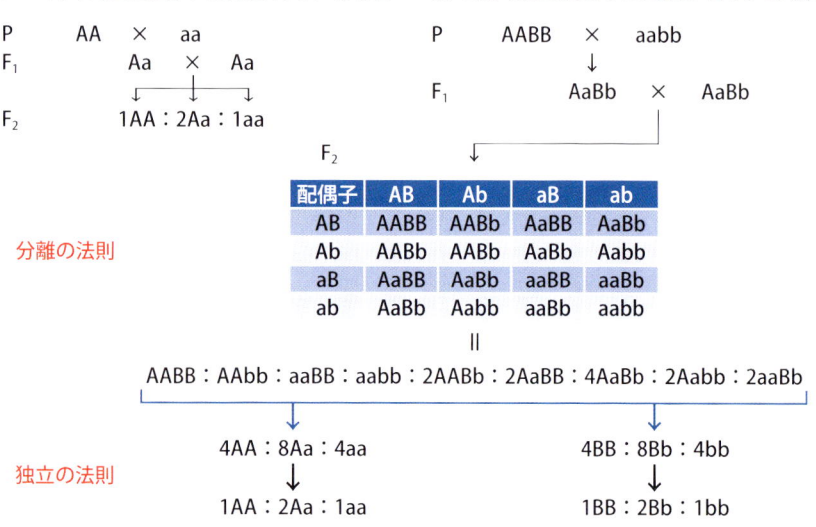

図 2-1 メンデルの法則による対立遺伝子の後代の遺伝子型とその分離比

優性の法則と呼ばれており，わかりやすい事例として ABO 血液型をあげることができる．血液型には 4 つのタイプ，すなわち 4 つの表現型，A 型，B 型，O 型，AB 型が存在する．A 型では AA 型と AO 型，同様に B 型では BB 型と BO 型のそれぞれ 2 つの遺伝子型が，O 型では OO 型，AB 型はそのまま AB 型の 1 つのみが遺伝子型として存在する．ここで，A，B，O はそれぞれ対立遺伝子の関係にある．仮に，片親の表現型が A 型で遺伝子型が AA 型，同様にもう片親は表現型が O 型で遺伝子型が OO 型となる場合，その子供は AO 型となり，表現型は A 型を示す．これは，AA 型では減数分裂時に配偶子に含まれる対立遺伝子は A のみであり，もう片親でも O のみである理由による．

　前記は，1 対の遺伝子の例であるが，2 対以上の場合においてもこの法則は適用される．ある 1 対の遺伝子は他の 1 対の遺伝子とは独立に分離することが知られており，独立の法則として規定されている．Mendel は有名なエンドウマメの交雑実験において，丸く黄色い種子を生産する個体と，しわで緑色の種子を生産する個体を交雑し，対立する形質「丸」「しわ」および「黄色」「緑色」はそれぞれ互いに分離することを明らかにすることで，独立の法則を立証した．今，「丸」「しわ」が A と a の対立遺伝子によって，「黄色」「緑色」が対立遺伝子 B と b で

支配されていると仮定し，「丸くて黄色い種子」の遺伝子型は AABB，「しわで緑色の種子」の遺伝子型は aabb であると仮定すると，F_1 では AaBb，F_2 では AABB：AAbb：aaBB：aabb：2AABb：2AaBB：4AaBb：2Aabb：2aaBb となり，A もしくは B は一方に対して優性であることから，「丸くて黄」：「丸くて緑」：「しわで黄」：「しわで緑」は 9：3：3：1 となる（図 2-1b）．一方，「丸」「しわ」または「黄」「緑」の形質だけに着目すると，いずれも F_2 では 3：1 となり，互いの形質に関係なく分離の法則が適用されることがわかる．なお，ここでは形質を遺伝子によって支配される表現型と同義としたが，実際には形質とは色や形といった外部から観察できる形態（morphology）や代謝産物などの生理物質など生物が示す特徴の総称であり，必ずしも遺伝子の存在だけで決定されるものではない．実際には環境要因など複雑な因子が絡み合って成立するものと考えられている．

親から子に何らかのメカニズムによって形質が伝えられることは普遍的事実として知られており，遠くギリシャ時代より遺伝に関する深い考察がなされてきた．Mendel と並んで生物学史上の巨人である Darwin は進化論を打ち立てた自然選択説に遺伝メカニズムを導入し，より強固な説へと発展させることを模索していた．しかし，Mendel が同時代の人であったにもかかわらず，その業績を知ることはなかった．

植物を交配し，その子孫群（progeny）の形質を利用して遺伝性の検証を試みた事例は Mendel 以前にも多数認められ，中には，Mendel とほぼ同様の結果に達した交配実験もあったようである．Mendel が成功した背景には，多数の個体を利用して結果を定量的に評価し，数学的記述で説明したこと，交配後の系統管理を厳密に行ったこと，「丸」「しわ」や「黄」「緑」といったわかりやすい形質（質的形質）に着目したことがあげられている．扱ったエンドウマメが他家受粉しにくいことや，形質が比較的わかりやすいことなど，選択した材料が有利に作用したとも考えられている．Mendel の研究には科学的本質をつかむうえで重要な視点が数多く含まれており，科学研究に対するその深い洞察力に敬服する他ない．

メンデル遺伝は生物界を貫く普遍的な原則であり，樹木においても例外ではない．スギ花粉症対策の中で見出された無花粉スギ品種である'はるよこい'を利用した交雑実験から，正常な花粉形成を引き起こす対立遺伝子を A，異常な花粉

形成を引き起こす対立遺伝子をaとするとき，無花粉形質がaaによって引き起こされることが明らかとなっている[1]．これを確かめるため，'はるよこい'を正常型（AA）のスギに交配してF$_1$を作出し，さらに，このF$_1$個体を'はるよこい'に交配した．その結果，正常個体と無花粉個体が1：1に分離した．この交配における後代の分離は図2-2のようになり，結果はこれと合致した．ここで，2つの対立遺伝子のうち，AAもしくはaaのように遺伝子型が1種類の対立遺伝子のみで表記されることをホモ接合体（homozygote），異なる対立遺伝子で構成される遺伝子型Aaをヘテロ接合体（heterozygote）と呼ぶ．さらに，F$_1$でヘテロ接合体を作出し，このヘテロ接合体を劣性ホモ接合体である親に交雑することを，特に検定交配（testcross）と呼び，作出されたF$_1$個体を再び親個体と交配することを戻し交雑（backcross）と呼ぶ．'はるよこい'では検定交配することで，花粉形成異常を引き起こす因子が1個の劣性遺伝子に支配されていることを証明したといえる．同様に，滋賀県では，幹が多幹状となる特異な形質を示し，国指定天然記念物である'ウツクシマツ'と呼ばれるアカマツの多幹状の形質が，劣性遺伝することを交雑実験により確認している[2]．

　樹木は一年生草本とは異なり形質評価に数年単位の時間がかかるため，交雑に基づく遺伝学実験には不向きと考えられている．しかし，形質を支配する遺伝子に関する研究は樹木分野でも急速に進展しており，形質に関連する遺伝子そのものを直接指標とし，メンデル遺伝に則って形質を予測することができれば，大幅な時間短縮を図ることができると考えられている．

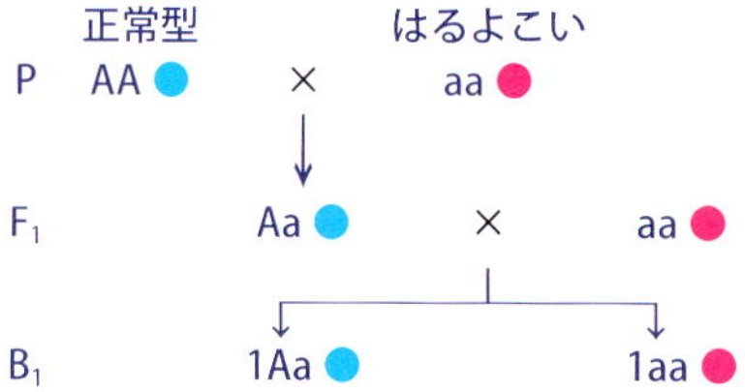

図2-2　'はるよこい'の遺伝子型確認のための検定交配におけるF$_2$世代の分離
●，●はそれぞれ正常型，無花粉の表現型を示す．

2）遺伝メカニズムの本質をつかむために（染色体とDNA）

　よく知られていることではあるが，Mendelによって明らかにされた遺伝の法則は，実際には発表後直ちに大きな反響とともに受け入れられたわけではない．Mendelの研究から30年以上経過した1900年，オランダのde Vriesがオオツマヨイグサ，ドイツのCorrensとオーストリアのTschermakがエンドウマメで，それぞれ独立にメンデルの遺伝の法則と同一の結論に達し，自らの論文にMendelの論文を引用したことで初めて衆目の認めるところとなった．いわゆる，メンデルの法則再発見である．Mendelは何らかの因子（粒子）によって形質が遺伝することを予言しており（粒子説），現代ではそれはDNAもしくは遺伝子として認識されている．意外なことではあるが，DNAはMendelが論文を公表したわずか4年後にMiescher, F. によって発見されている．Miescherは膿から抽出したDNAを「ヌクレイン」として命名し，のちに彼の弟子であるAltmann, R. がさらに余分なタンパク質を除いて核酸と改称した．Miescherはヌクレインが染色体にしか認められないこと，遺伝物質が化学物質であり，遺伝暗号の概念を予見していたことなど，その科学的先進性は高く評価されている．一方，Sutton, W. S. はMendelの予言した粒子と染色体の共通性に気が付いた．バッタの細胞に認められる染色体はほとんどが2つで1対であるのに対し，生殖細胞では1つしか存在していなかった．Boveri, T. H. もまた，染色体が遺伝子を担う実体であるとする結論を導いており，彼らの説は染色体説もしくはSutton・Boveri説として知られている．

　染色体は，主にDNAとヒストンと呼ばれる塩基性タンパク質で構成された糸状の長い物質（ヌクレオソーム）からなる．通常は光学顕微鏡下で観察困難であるが，細胞分裂期には凝集した状態を観察することが可能である．通常，高等生物は二倍体として表記され，これは雌および雄からそれぞれ1セットの染色体を受け継ぐことに由来する．雌もしくは雄由来の染色体はそれぞれ対として存在し，相同染色体と呼ばれる．相同染色体間の形態的特徴は類似しているが，針葉樹では一般に非相同染色体間でも形態的特徴が類似することから，形態だけでは判別することは困難である．凝集時にはヌクレオソームがコイル状に巻き付いたスーパーソレノイド構造として核内に折りたたまれている．体細胞の染色体数は

生物種によって異なっており，例えばヒトでは 46 本，針葉樹のスギでは 22 本であり，マツでは 24 本である．針葉樹の染色体は一般的にきわめて大きく，細胞分裂期に光学顕微鏡で観察することが容易である．

染色体説では，染色体そのものが遺伝子を担うことを指摘しており，Morgan, T. H. 一派は，この説に対する実験的な検証を加えた．Morgan らは，世代時間の短いショウジョウバエを多数飼育し，世代を重ね，注意深く観察することで 1 つの突然変異体を得た．この突然変異体は眼球の色が通常赤色であるのに対し白色であり，大多数が雄にのみ認められた．動物は性染色体を持っており，ヒトやショウジョウバエでは XX が雌，XY が雄になることがわかっている．Morgan らが発見したこの突然変異により，後代の分離比を考慮すればこの形質を支配する遺伝子が X 染色体に座乗（遺伝子もしくは形質が染色体上に位置していること）していることは決定的となった．これにより，染色体説は実験的に立証されたといえる．さらに，Morgan は性染色体に特定の形質が座乗することから，特定形質が性に偏って発現する伴性遺伝や同一染色体上に複数の形質が座乗することで，その染色体を保有すれば複数の形質が同時に発現する連鎖（linkage）と呼ばれる現象を明らかにした．

連鎖はきわめて重要な現象である．独立の法則では異なる 2 対の形質はそれぞれ独立して遺伝するとしているが，異なる形質を支配する遺伝子が同一染色体上に存在する場合，必ずしも独立に分離するのではなく，染色体の挙動とともにその染色体に座乗する遺伝子は同一の分離を示す．現在では，減数分裂時に相同染色体の染色分体間で染色体領域の交換が生じる乗換え（crossing over）と呼ばれる現象が知られており，結果として染色体の一部が別の染色体に置きかわる組換え（recombinant）が起こることが知られている．減数分裂時に相同染色体が交叉する現象はキアズマと呼ばれ，Morgan らはキアズマ像が認められたとき，組換えが起こると推測した．この結果，親から子へ遺伝する場合，染色体によって遺伝子が運搬される一方で，子の染色体は親の染色体とは必ずしも一致しないことが明らかとなった．さらに，Morgan らのグループは，組換えはより染色体上での位置関係が遠い遺伝子間で起こりやすく，近い場合には起こりにくいとする仮説に基づいて，組換えの起こる確率（組換え価，recombination value）からさまざまな遺伝子（この時代では表現型）の距離を推定した結果，調査した遺

伝子群は 4 本の直線上に整列し，ショウジョウバエの染色体数と一致することを明らかにした．組換え価を算出し，遺伝子の連鎖の程度を解析することを連鎖解析（linkage analysis），連鎖解析に基づいて遺伝子を整列化した直線を連鎖群（linkage group），生物が保有する染色体の最小セット（ゲノム）を連鎖解析した連鎖群の集合を連鎖地図（linkage map），または遺伝地図（genetic map）と呼ぶ．

　連鎖地図は DNA を解読できるようになった現代でもきわめて重要視されており，DNA 解読や遺伝子機能推定の第一歩として考えられている．ただし，現代では DNA マーカーを利用して連鎖地図作成を行い，DNA マーカーで構成された基本骨格を持った連鎖地図に形質を座乗させるのが一般的である．シロイヌナズナやイネなど一部のモデル植物では大量の遺伝子情報を収集しており，遺伝子自体をマーカーとして連鎖地図を作成し，対象とする表現型を同時に同じ連鎖地図に座乗させることで表現型と強く関連する遺伝子を探索する手法は，今や常套手段の 1 つである．さらに，DNA 全体を断片化し，各断片を連鎖地図と対応させることで，目的とする断片のみの解読も可能となっている．針葉樹ではゲノムサイズが巨大であることなどから研究は遅れていたが，成果は着実に蓄積されつつある．

3）連鎖と連鎖地図

（1）連鎖とその分離

　連鎖は，メンデルの独立の法則に従わない現象として知られている．「丸」「しわ」が A と a の対立遺伝子によって，「黄色」「緑色」が対立遺伝子 B と b で支配されていると仮定し，「丸くて黄色い種子」の遺伝子型は AABB，「しわで緑色の種子」の遺伝子型は aabb であると仮定すると，F_1 では AaBb，F_2 では AABB：AAbb：aaBB：aabb：2AABb：2AaBB：4AaBb：2Aabb：2aaBb となり，A もしくは B は，a および b に対して優性であることから，「丸くて黄」：「丸くて緑」：「しわで黄」：「しわで緑」は 9：3：3：1 の分離比を示す．この分離比は A と B がそれぞれ異なる染色体に座乗する場合に生じるのに対し，2 つの遺伝子 A と B が同一の染色体上に座乗する場合には図 2-3 の例に示すような分離を示す．連鎖している場合には，同じ染色体上に座乗する遺伝子は同一の挙動を示しながら次

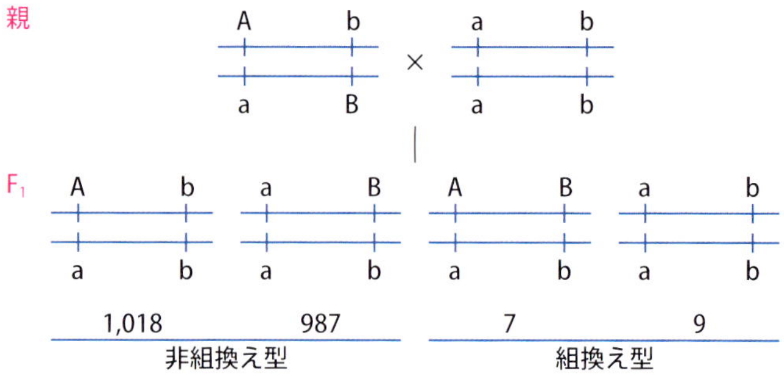

図 2-3 2つの遺伝子座が連鎖している場合の F_1 世代における遺伝子型と出現数（モデルデータ）

世代へと受け継がれることとなる．しかし，実際には，子供群の中には親には認められない非親型を示すものが生じる．図2-3で組換え型と示されたものがこれに該当する．これらの現象は，2)「遺伝メカニズムの本質をつかむために（染色体とDNA）」で紹介した乗換と組換えによって説明される．組換えが生じた割合，組換え価（c）は，以下の式で求めることができる．

$$c = x \times 100 \div n$$

ここで，xは組換えを起こした配偶子の数であり，nは配偶子の全数である．図2-3の例では，組換えを起こした配偶子の数は（7 + 9）であり，全配偶子数は，（1,018 + 987 + 7 + 9）であることから，組換え価は0.79％となる．

(2) 連 鎖 地 図

組換え価がわかれば，遺伝子間の相対的距離を求めることができる．各遺伝子間の連鎖地図上での相対的距離は地図距離（map distance）とも呼ばれ，1％の組換え価は1cM（センチモルガン）に相当する．しかし，地図距離は乗換えの頻度を反映したものであり，組換え価と1：1に対応するものではない．実際に連鎖地図を作成するためには，組換え価をHaldane関数，Kasambi関数などの地図関数を用いて地図距離に変換する必要がある．

Haldane 関数　$x = -1/2 \ln(1 - 2c)$

Kosambi 関数　$x = -1/4 \ln\{(1 + 2c)/(1 - 2c)\}$

初期の連鎖地図は，表現型から得られた情報に基づいて作成されたが，1980

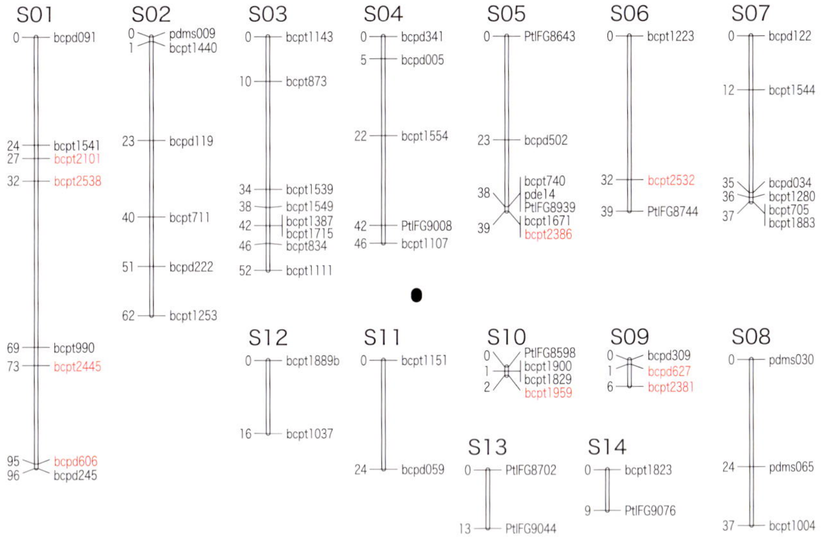

S01

- 0 bcpd091
- 24 bcpt1541
- 27 bcpt2101
- 32 bcpt2538
- 69 bcpt990
- 73 bcpt2445
- 95 bcpd606
- 96 bcpd245

S02

- 0 pdms009
- 1 bcpt1440
- 23 bcpd119
- 40 bcpt711
- 51 bcpd222
- 62 bcpt1253

S03

- 0 bcpt1143
- 10 bcpt873
- 34 bcpt1539
- 38 bcpt1549
- 42 bcpt1387
- 44 bcpt1715
- 46 bcpt834
- 52 bcpt1111

S04

- 0 bcpd341
- 5 bcpd005
- 22 bcpt1554
- 42 PtIFG9008
- 46 bcpt1107

S05

- 0 PtIFG8643
- 23 bcpd502
- 38 bcpt740 / pde14
- 39 PtIFG8939 / bcpt1671 / bcpt2386

S06

- 0 bcpt1223
- 32 bcpt2532
- 39 PtIFG8744

S07

- 0 bcpd122
- 12 bcpt1544
- 35 bcpd034
- 36 bcpt1280
- 37 bcpt705 / bcpt1883

S12

- 0 bcpt1889b
- 16 bcpt1037

S11

- 0 bcpt1151
- 24 bcpd059

S10

- 0 PtIFG8598 / bcpt1900
- 1 bcpt1829
- 2 bcpt1959

S09

- 0 bcpd309
- 1 bcpd627
- 6 bcpt2381

S08

- 0 pdms030
- 24 pdms065
- 37 bcpt1004

S13

- 0 PtIFG8702
- 13 PtIFG9044

S14

- 0 bcpt1823
- 9 PtIFG9076

図2-4 クロマツ連鎖地図
（Hirao, T. et al. 原図）

年代以降，DNAマーカーを利用することが普通になった．DNAマーカーの多くは，形質との関連性は明らかではないものの，染色体上の相対的距離を求めることが可能であり，今日ではDNAマーカーを用いた連鎖地図作成が生物のゲノムを理解するうえでの第1歩と位置付けられている．図2-4にクロマツの連鎖地図の例を示す．クロマツの染色体数は24であるので，マーカー密度を高くすることで，最終的に12連鎖群に収束することが期待される．針葉樹はゲノムサイズが大きく連鎖地図作成は容易でないが，これまでに森林総合研究所では，1,261のDNAマーカーを用いた，マーカー間の平均距離1.1cMのスギの高密度連鎖地図を完成させている[3]．

(3) QTL

これまで，表現型もしくはその形質は区別することなく説明を進めてきた．メンデル遺伝の例として示してきた「丸」「しわ」や「黄色」「緑色」といった形質は，一般に質的形質（qualitative trait）と呼ばれており，1つもしくは少数の遺伝子で支配されていると考えられている．大規模な交配実験からF_1もしくはF_2

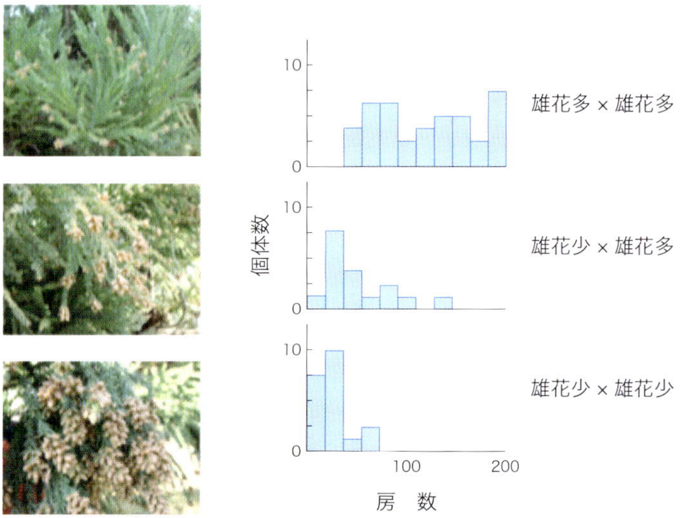

図2-5 スギの雄花着花量の多い個体と少ない個体間の交配による
F₁個体の着花量別の個体数分布
（Tsubomura，M. et al. 原図）

の分離比を精度よく求めることができた場合，これら質的形質に関与する染色体
上の位置を，組換え価から連鎖地図上に位置付けることができる．一方，身長や
体重など量によって表現される形質を量的形質（quantitative trait）と呼ぶ．林
木では，樹高や材のヤング率などが量的形質に該当すると考えられている．量的
形質に関与する遺伝子座を特に QTL（quantitative trait loci）と呼ぶ．

　量的形質では，子供群のとる値は連続的になる．これは同じ形質に多数の遺伝
子座が関与するためと考えられる．図 2-5 に，雄花が多く着花する個体と少数
しか着花しない個体間での交配の結果得られた F₁ 個体群の着花量の分布を示す．
これから，F₁ 個体群では雄花着花量の分布は連続的であることがわかる[4]．こう
した量的形質についても，既存の DNA マーカーと関連付けることによって連鎖
地図上の位置を特定することができる（☞ 3.7「QTL マッピング」）．

（4）マーカー選抜（MAS）

　多数の DNA マーカーで構成された連鎖地図を用いることにより，特定の形質
（目的形質）を持つ個体を選抜することができる．地図上のすべての DNA マー

カーと目的形質との連鎖解析を行うことで，その形質を支配する遺伝子の連鎖地図（染色体）上の位置を決定できる．この目的形質と強く連鎖している DNA マーカーの情報から，目的形質を持つ個体を選抜することができる．このような DNA マーカーを指標として目的形質を選抜することをマーカー選抜（Marker Assisted Selection，MAS），DNA マーカー選抜を利用した育種をマーカー選抜育種という．

　例えば，病害虫抵抗性育種で，抵抗性の個体と他の形質が優れている個体との交配家系（子供群（F_1））の中から，抵抗性の F_1 を選抜する場合，これまでは，一定の大きさまで育成し，病原体等の人工接種検定により抵抗性個体を選抜する必要があった．マツ材線虫病抵抗性育種において，この方式で抵抗性個体を選抜した場合，最短でも 8 年程度の年月を必要とする．さらに，接種検定には多大な労力が必要なので，MAS を用いた新しい選抜法の開発が進められている（図2-6）．クロマツのマツバノタマバエによる被害に対する抵抗性は，1 個の主

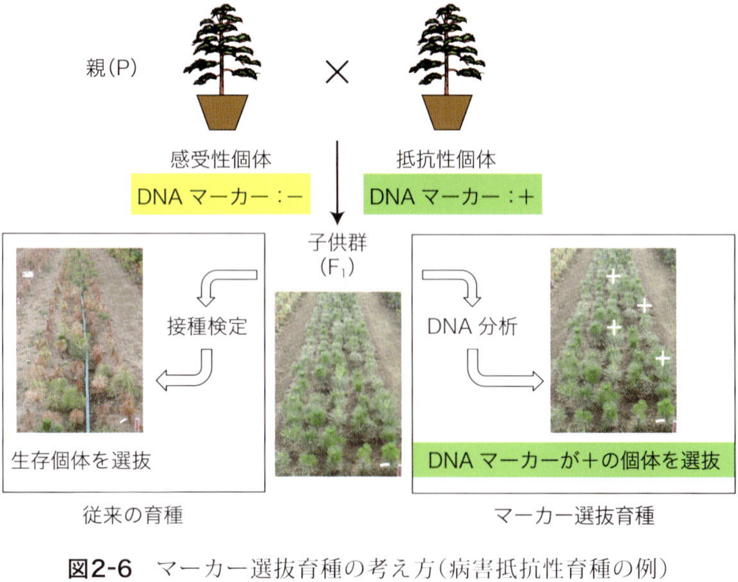

図2-6　マーカー選抜育種の考え方（病害抵抗性育種の例）
MASでは，病害抵抗性遺伝子と強く連鎖したDNAマーカーの情報（この場合は有（＋）無（−））から，それぞれの個体の抵抗性遺伝子の有無が判定される．抵抗性遺伝子とDNAマーカーとの連鎖強度（組換え価）が低くなるにつれ，誤った（抵抗性でない）個体も選抜されてしまう確率が大きくなる．

働遺伝子で支配されている．この抵抗性遺伝子と強く連鎖している DNA マーカーが既に見つかっており，MAS を用いた抵抗性 F_1 の選抜が可能となっている[5]．

　林木育種における MAS の最大の利点は，品種開発に要する年数（育種年限）を大幅に短縮できることにある．イネをはじめとする栽培作物とは異なり，林木では，樹高や材質形質などのような林業および木材利用上の重要な形質を正しく評価できるまでには，数十年の生育期間を待たねばならない．これらの形質に連鎖した DNA マーカー情報が得られれば，種子，芽生え，苗木など生育の初期段階で，各個体が持つ形質特性を予測することができる．このように形質発現まで長い生育期間を必要とする形質では，MAS による早期選抜が育種世代を促進させるうえで特に有効である．MAS はこれまでの育種を一変させる可能性を持つことから，DNA マーカーの利用が盛んとなった 1990 年代より，多くの生物種で大きな期待が寄せられてきた．しかし，林木では，世界的に見ても MAS の事例はまだ少ないのが現状である．

4）二重らせん構造の発見と生命の設計図としての DNA

　Watson, J. D. の著作には，波動力学を構築した Schrödinger, E. の著作である『生命とは何か』を読んだことが生物学を志すきっかけの 1 つであったこと，また，数年後彼とともに偉大な発見をする Crick, F. H. も，この著作を読んだあとに物理学から生物学へ転身したことが記されている．また当時，今でいう遺伝子の本体は DNA ではなく，タンパク質ではないか，という風潮にあったことを読み取ることができる．遺伝子の担い手としての染色体は DNA とタンパク質で構成されているうえ，20 種類のアミノ酸が複雑に配列するタンパク質は生命の多様性や複雑性を反映および説明するうえで十分であることや，生体やさまざまな生体プロセスを実質的に支配する酵素がタンパク質でできていることを考えれば，そのような風潮も不思議ではない．一方で，DNA はアデニン（adenine, A），グアニン（guanine, G），シトシン（cytosine, C），チミン（thymine, T）のわずか 4 種類の塩基から構成されることなど徐々に構造が明らかにされてきたものの，塩基配列が明らかになっていなかったことや，構成単位がわずか 4 種類の塩基できわめて単純であることなど，DNA はタンパク質と比較して分が悪かったようである．大きな転換は，Griffith, F. が行った肺炎双球菌に関する研究から始まっ

32 第2章 遺伝学の基本

た. 病気を引き起こす系統と無害な系統のうち, 病気を引き起こす系統を加熱殺菌し, 殺菌処理しない無害な系統と混合して宿主に感染させたとき, 本来であれば病気になるはずがないにもかかわらず, 病気を引き起こし, 宿主を死に至らしめた. 形質転換として知られているこの現象は Avery, O. T. らによってさらに洗練され, この現象が DNA の存在下で起こることが実験的に確認されている. 不幸にも, Avery らの研究以降もタンパク質が遺伝子本体であるとする当時の「常識」を一掃することは難しく, Watson は「本来であればノーベル賞は間違いない」としてその不運を惜しんでいる. ちなみに現代では, 形質転換とは「アグロバクテリウムなどを利用してある遺伝形質を制御する任意の DNA 配列を別の生物種に取り込ませること」を意味し, 遺伝子組換えと同義で用いられる.

DNA が遺伝子を担う本体であることは, 1940 年代にはほぼ確実となった. あとは Watson が記すように, 遺伝子の本質を明らかにするためにはその分子構造を正しく理解するのみである. 二重らせん構造にたどり着くまでの興味深い一連の出来事は, Watson 自身の著作や科学史関連の書籍からより深く学ぶことができる. Wilkins, M. H. F. や Franklin, R. E. の X 線回析像や, Chargaff, E. が発見したアデニンとチミンは, グアニンとシトシンがほぼ等量に含まれる事実（Chargaff の規則）を礎として, 1953 年, Watson と Crick は分子構造を厚紙で作り, 実際に厚紙で作られた分子を組み合わせることでモデルを仮説検証し, DNA の二重らせん構造に関する 1 つの論文を提出するに至った.「われわれはデオキシリボ核酸（D.N.A）に関する 1 つの構造を提案したい」の書出しで始まるこの論文はタイトルがシンプルであることに加え, よく知られているように 1,000 語に満たない短い論文である.

彼らが明らかにした DNA の構造とは以下である.

① DNA は 4 つの塩基（A, C, G, T）を含むデオキシリボヌクレオチドから構成され, 1 つのヌクレオチドのデオキシリボースの 5' 末端が次のデオキシリボースの 3' 末端と糖 - リン酸結合（ホスホジエステル結合）した線状高分子である（図 2-7）.

②ホスホジエステル結合する線状高分子は 5' → 3' 方向に互いに逆向きとなって二重らせん構造を形成し, それぞれの鎖に含まれる塩基（base）は A-T, G-C それぞれが水素結合によって相補的（complement）な関係で対合しており, 対合

は鎖の内部に向かって生じている（図2-8）.

ここでヌクレオチド（nucleotide）とは，1つの塩基と糖とリン酸が結合したものを指す．また，4つの塩基のうち，アデニンとグアニンをプリン塩基，シトシンとチミンはピリミジン塩基と呼ぶ．

Watson と Crick によって明らかにされた構造により，DNA の自己複製は直ちに理解することができる（図2-9）. 二本鎖 DNA（DNA

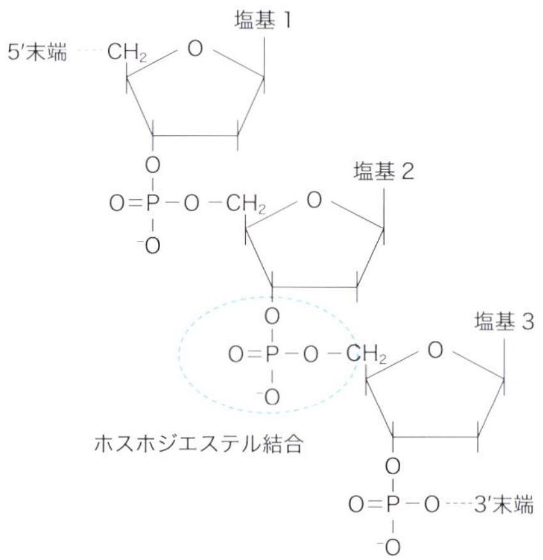

図2-7 デオキシリボヌクレオチドの結合（DNA）

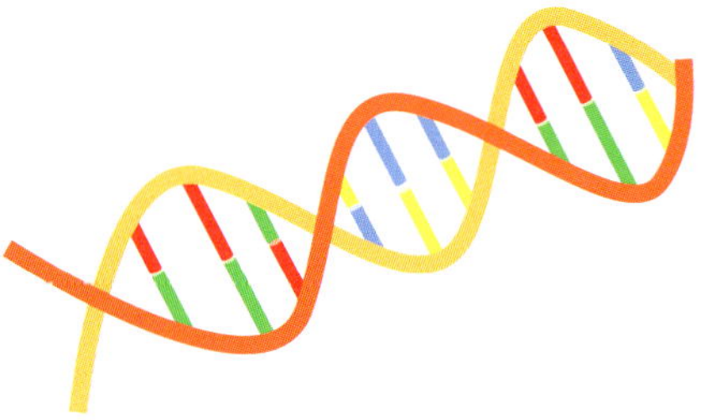

図2-8 二重らせんの模式図

外側の骨格はデオキシリボースとリン酸がホスホジエステル結合しており，らせんを描きながら鎖を形成する．塩基（ヌクレオチド）は内側に向かって，相補的な塩基と水素結合によって対合する．ここで，緑はA，赤はT，青はC，黄色はGを表している．水素結合は A-T で2つ，G-C で3つであることが知られており，G-C がより強固な結合を示す．

の構造は二重らせん構造であるが，らせんを省略し，二本鎖 DNA と表記されることが多い）は水素結合で結ばれた塩基対によって維持されているが，複製時に水素結合が外れ，一本鎖 DNA となる．引きはがされた一本鎖 DNA は鋳型（template）となり，DNA ポリメラーゼによって塩基と相補的な塩基が1つずつ対合するようにヌクレオチドが付加される．DNA ポリメラーゼによる伸長反応には極性があり，常に 5' から 3' の方向で進む．DNA の複製に関する検証は，直ちに Meselson, M. と Stahl, F. の窒素原子を利用した実験によって確認された．

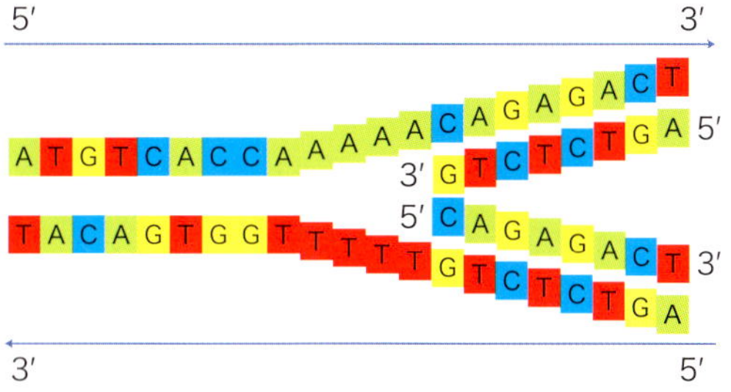

34　第2章　遺伝学の基本

図2-9　DNA 複製のモデル

ここでは，プライマーの存在や DNA ポリメラーゼ，岡崎フラグメントなど，DNA 複製時に重要と考えられている要素を排除し，鋳型に対して新たに対合したヌクレオチドだけを記している．それぞれの鎖に対する極性に注意．

　実際の DNA の複製機構は複雑であり，詳細が理解されるのはより後年になってからである．現代では，DNA ポリメラーゼを利用して DNA を人工的に複製することが可能である．人工的に DNA を複製するためには，DNA ポリメラーゼの他にプライマー（primer）と呼ばれる短いオリゴヌクレオチドが必要であり，DNA（鋳型 DNA または template DNA）と DNA ポリメラーゼ，プライマーおよび基質となるヌクレオチドを混合した溶液を作り，95℃程度の熱を加えることで鋳型 DNA の二本鎖構造を支える相補的塩基対の水素結合を解離する．次に，温度を下げることで鋳型 DNA と相補的になるように設計されたプライマーを鋳型 DNA と結合させ（アニーリング），DNA ポリメラーゼが最適となる温度サイクルにすることでプライマーを基点としてヌクレオチドが鋳型 DNA と相補的に選択され，鎖を伸ばす方向へ順次付加される．PCR（polymerase chain reaction）と呼ばれるこの技術は分子生物学的研究を飛躍的に発展させた革命的技術であり，現在でも分子生物学の必須技術である．

5）暗号の解読

　DNA が生命の設計図であることを証明し，その分子構造を明らかにするといったドラマとは別に，遺伝子が表現型にどのように影響を与えるかといったストーリーは別のところで着々と進行していた．アルカプトン尿症や鎌状赤血球病は，現在では遺伝子の突然変異によって引き起こされることが明らかとなっている．鎌状赤血球病は，アミノ酸配列の一部が本来グルタミン酸であるにもかかわらず，

バリンへの置換が原因であることが 1956 年に明らかにされた．現在では，DNA
塩基配列の A から T への突然変異がアミノ酸置換を起こすことが明らかになっ
ている．これより少し前，Beadle, G. W. と Tatum, E. L. は，アカパンカビを利
用して「一遺伝子一酵素説」を打ち立てていた．遺伝子の変異によってアミノ酸
構成が変化して表現型へ影響する事実は，これら一連の研究からほぼ立証された．
しかし，20 種類のアミノ酸がランダムに配列することで複雑性を生み出すタン
パク質と違って，たった 4 種類の塩基から構成される DNA では複雑なタンパク
質へと遺伝情報をどのように伝達するか，その仕組みのメカニズムは 1950 年代
までは大きな問題として横たわっていた．

　現在では，DNA 塩基配列は生物種によっては数十億塩基で構成されており，4
種類の塩基はランダムに配列し，互いに隣り合う 3 つの塩基が 1 つのアミノ酸
に対応することが明らかになっている．塩基は 4 種類存在することから，隣り
合う 3 つの塩基の組合せは $4^3 = 64$ となり，アミノ酸の種類の数よりも多いが，
重複も存在することから，3 塩基の組合せ数＝アミノ酸数ではない（図 2-10）．

第 1 塩基		第 2 塩基							
		U		C		A		G	
U	UUU	フェニルアラニン	UCU	セリン	UAU	チロシン	UGU	システィン	
	UUC		UCC		UAC		UGC		
	UUA	ロイシン	UCA		UAA	終止コドン	UGA	終止コドン	
	UUG		UCG		UAG		UGG	トリプトファン	
C	CUU	ロイシン	CCU	プロリン	CAU	ヒスチジン	CGU	アルギニン	
	CUC		CCC		CAC		CGC		
	CUA		CCA		CAA	グルタミン	CGA		
	CUG		CCG		CAG		CGG		
A	AUU	イソロイシン	ACU	スレオニン	AAU	アスパラギン	AGU	セリン	
	AUC		ACC		AAC		AGC		
	AUA		ACA		AAA	リシン	AGA	アルギニン	
	AUG	メチオニン（開始コドン）	ACG		AAG		AGG		
G	GUU	バリン	GCU	アラニン	GAU	アスパラギン酸	GGU	グリシン	
	GUC		GCC		GAC		GGC		
	GUA		GCA		GAA	グルタミン酸	GGA		
	GUG		GCG		GAG		GGG		

図 2-10　コドンとアミノ酸の対応
mRNA は 5' から 3' の方向で示されている．本文中に記した通り，多くの生物でコドン
とアミノ酸の対応は共通であるが，ゲノムによっては「コドンの方言」(codon usage)
が存在することが知られている．

3つの隣り合う塩基が1つのアミノ酸に対応するとするこのアイデアは，最初にGamow, G. によって提案された．CrickはDNAとアミノ酸の間にRNA（リボ核酸）と呼ばれるDNAとは異なる核酸が介在し，遺伝暗号が翻訳（translation）されるとする仮説を立てた．DNA→RNA→アミノ酸という遺伝暗号翻訳の流れは，セントラルドグマと呼ばれ，現在，遺伝暗号の翻訳は以下のように説明されている．

　①RNAポリメラーゼがプロモーターと呼ばれるDNA特異的な塩基配列と結合し，新たなRNAを合成する．RNAポリメラーゼはDNA塩基配列に従って，T→A，G→C，C→Gと相補的にヌクレオチドを付加するが，Aの場合はTではなく，5番目の塩基U（ウラシル）を付加する．RNAポリメラーゼによるRNA合成はDNA塩基配列の特定領域（termination signal，終結シグナル）まで続く．このとき合成されたRNAを特にmRNA（messenger RNA），この反応をDNAからmRNAに転写（transcription）されたと呼ぶ．なお，mRNAの隣り合う3塩基，例えばAAGやACUはコドン（codon）と呼ばれている．

　②合成されたmRNAには，別のRNAであるtRNA（transfer RNA）がmRNAの開始点（開始コドン，AUG）を認識するとともに，リボソームが結合する．リボソームはタンパク質を合成する細胞内小器官である．tRNAには61種類あり，それぞれ特異的なアミノ酸と結合する．tRNAはmRNAのコドンに対応するアミノ酸を運搬し，リボソームにおいてアミノ酸のペプチド結合を行う．

　③tRNAはリボソームにおいて，mRNAが持つ終止コドンまで翻訳を行う．そして，ポリペプチドはリボソームから遊離する．

　Crickはセントラルドグマだけでなく，tRNAの存在も予見した．二重らせんが公表されたのち，多くの研究者によってセントラルドグマは1つずつ実験的に証明がなされ，tRNAやmRNAの発見やリボソームが合成の場であることが証明された．さらに，Brenner, S. とCrickらはコドンが隣り合う3つの塩基であることを証明した．Nirenberg, M. W. らは，RNAだけに作用し，特定の塩基配列を作り出せる酵素を利用して，ウラシル（U）だけの配列UUUUUU……（ポリウラシル）を合成し，リボソームに加えることでこのポリウラシルがアミノ酸の1つであるフェニルアラニンただ1つに翻訳された事実を受けて，コドンUUUがフェニルアラニンの暗号であることを発見した．これを突破口とし，1960年代にはすべてのコドンが解読され，①AUGはメチオニンをコードするとともに

開始コドンであること，②翻訳を終了させる終止コドンは3つあること（UAA，UAG，UGA），③異なるコドンが同じアミノ酸を指定する場合（縮退，縮重）があることが明らかになった．現在では，コドンが全生物に共通ではなく，一部のゲノムにおいてコドンに「方言」があることも知られている．

6）形質の差異を生み出す DNA の変異

遺伝暗号の翻訳が明らかになったことで，DNA中の突然変異について触れる必要性がある．突然変異にはいくつかの種類があり（図2-11），鎌状赤血球病で認められたDNA塩基がA→Tに置きかわるような変異を点突然変異（point mutation）または塩基置換（substitution）と呼ぶ．SNP（single nucleotide polymorphism）と呼ばれることもある．一部のDNA配列が欠失（deletion）することや挿入（insertion）される現象も比較的よく観察される．このような突然変異がある個体の生殖細胞に生じた場合，DNA中に保存され，その個体以降の子孫はすべてその突然変異を受け継ぐことになる．

ここまで，ゲノムを明確に定義してこなかったが，通常，個体は2つの相同染色体によって構成されることから二倍体と表現され，染色体の1セットがゲノムである．例えば，ヒトゲノムは23本の染色体で構成される1セットである．最近では，ゲノムとは染色体にかかわらず生物が保有する最小の1セットを指

```
                10                                                              70
個体A    GGCAACACTA GGGACAACAA ATAGAAAAAT TGAGAGACAA ATAATGAAAA ATCTCAAAAA CACTTTGCAT
個体B    GGCAACACTA GGGACAACAA ATAGAAAAAT TGAGAGACAA ATAAACAAAA A--------- ----------
                                                                        ←

                                                                            150
CATCCTCAAG TAGAACAACA CTAGGGACAA CAAATAGAAA AATTGAGAGA CAAATAAACA ATAAATGATA TGAATAAAGC
---------- ---------- ---------- ---------- ---------- ---------- ATAAATGATA TGAATAAAGC
                                                                  →
```

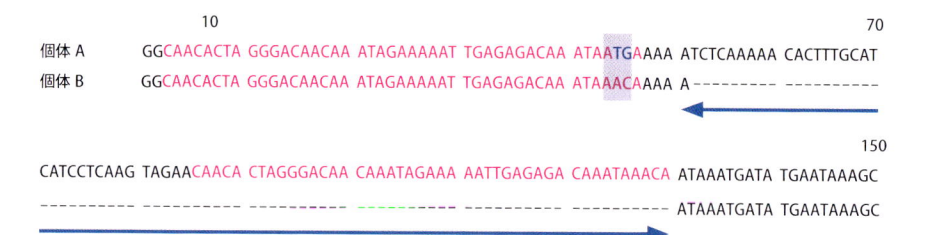

図 2-11 同種の生物の個体間の DNA 塩基配列に認められる突然変異のいろいろな例

四角で囲んだ部分は，2つの塩基が続けて点突然変異を起こしている．この場合，T→Aに，G→Cに塩基置換しているという．矢印の部分は個体Bでは完全に失われている．この場合，個体Bは塩基配列を欠失している，もしくは個体Aに新たな配列が挿入されていると呼ぶ．挿入か欠失か判定するためには，より多くの個体を調査する必要性がある．また，赤い文字は，全く同じ配列が別の場所に出現している．このような変異を重複（duplication）と呼び，DNAポリメラーゼの複製エラーで起こることが多い．

すことが多い．植物は 3 種のゲノムを保有することが知られており，これまで中心的に記述してきた核に存在する核ゲノムの他に，細胞質に存在するミトコンドリアと葉緑体にもそれぞれゲノムが存在する．細胞質ゲノムはオルガネラゲノムと総称される．

　スギにも突然変異体の存在が知られており，前述の無花粉スギはその事例の 1 つである．同様に，有名な変異体の 1 つに黄金スギがあり，この個体は新芽の段階で針葉が黄白色を示し，夏を過ぎると葉色が緑色に変化する．この突然変異の遺伝様式も交雑実験によって確認されたが，メンデル遺伝を示さなかったことから，核ゲノムにおける変異ではなく，葉緑体ゲノムにおける変異であることが示唆されていた．オルガネラゲノムは母性のみから遺伝することが多いが，針葉樹の葉緑体ゲノムの大多数は父性遺伝する．これらオルガネラゲノムの遺伝は非メンデル遺伝の例として知られている．黄金スギの突然変異を明らかにするため，

```
                ····|····| ····|····| ····|····| ····|····| ····|····| ····|····|
                     5         15         25         35         45         55
Wogon-Sugi      ATGGGTGAAT TCCAAAGAAA TGAAAACAAA CATAAATCTT GGCAACAATT CTTTTTATAT
                 M  G  E    F  Q  R    N  E  N    K  H  K  S    W  Q  Q    F  F  L  Y
Wild type       ATGGGTGAAT TCCAAAGAAA TGAAAACAAA CATAAATCTT GGCAACAATT CTTTTTATAT
                 M  G  E    F  Q  R    N  E  N    K  H  K  S    W  Q  Q    F  F  L  Y

                ····|····| ····|····| ····|····| ····|····| ····|····| ····|····|
                     65         75         85         95        105        115
Wogon-Sugi      CCGCTTTTTT TTTTTATATC CGCTTTTTTT TCGGGAAGAT CTTTACGCAA TTGCTCATGA
                 P  L  F    F  F  I  S    A  F  F    S  G  R    S  L  R  N    C  S  *
Wild type       CCGCTTTTTT TT------- ---------- -CGGGAAGAT CTTTACGCAA TTGCTCGTGA
                 P  L  F    F                       R  E  D    L  Y  A    I  A  H

                ····|····| ····|····| ····|····| ····|····| ····|····| ····|····|
                    125        135        145        155        165        175
Wogon-Sugi      TCATCATTTA GATAGATCTG GTTCCTCCGA ACCAACGGAA ATTTTAGTTT CTAATTTTTT
                 S  S  F    R  *  I    W  F  L  R    T  N  G    N  F  S    F  *  F  F
Wild type       TCATCATTTA GATAGATCTG GTTCCTCCGA ACCAACGGAA ATTTTAGTTT CTAATTTTTT
                 D  H  H  L    D  R  S    G  S  S    E  P  T  E    I  L  V    S  N  F

                ····|····| ····|····| ····|····|
                    185        195        205
Wogon-Sugi      GAGTTTCCTA ACTGTAAAAC GTTCAATTCG      塩基配列
                 E  F  P    N  C  K    T  F  N  S
Wild type       GAGTTTCCTA ACTGTAAAAC GTTCAATTCG      アミノ酸配列
                 L  S  F  L    T  V  K    R  S  I
```

図2-12　黄金スギで認められた突然変異

紫色の塩基配列が正常個体（wild type）と比較して 19bp 挿入が認められた部分．挿入が生じた結果，フレームシフト突然変異が生じ，コドンの読み枠がかわり，正常個体ではアミノ酸がコードされている部分が終止コドンに変化した．突然変異によって本来アミノ酸がコードされるべき部分が終止コドンに変化することをナンセンス突然変異と呼ぶ．

葉緑体ゲノム解読を行った結果，1つの遺伝子において 19 塩基が挿入されており，このためコドンの読み枠がずれ，遺伝子の途中で終止コドンが出現することが明らかとなった[6]．挿入および欠失によってコドンの読み枠がずれる突然変異を，特にフレームシフト突然変異と呼ぶ．通常，フレームシフト突然変異では読み枠がずれてしまうため，点突然変異以上に遺伝子に対し重大な影響を与えることが知られている．この遺伝子の機能は現在でも詳細は不明であるが，すべての個体で表現型と形質と突然変異を示す遺伝子の保有が一致したことから，黄金スギの突然変異がこの遺伝子に関係することは間接的ながら立証されている．

　暗号解読以降も，特定の塩基配列で DNA を切断する制限酵素や逆に切断したDNA をつなぎ合わせることのできるリガーゼの発見，Sanger, F. による DNA 塩基配列の決定法，大腸菌を利用した DNA 断片の複製法，いわゆるクローニングなど，現代の分子生物学に不可欠なメカニズムや技術，酵素が 1970 年代以降次々と発見され始め，直接的に遺伝子の変異を明らかにし，機能そのものを理解できる時代が到来した．

7）遺伝子の発現と遺伝子機能の解明に向けて

　現代の遺伝学や分子生物学は，これまで説明した原理や技術に立脚して成立している．遺伝子時代に突入し，Mendel の法則は多くの例外が認められることが明らかになったとはいえ，例外はむしろ生物そのものの複雑性を表す尺度に過ぎず，法則そのものが否定されたわけではない．時間がかかるとはいえ，樹木でも，交配を繰り返し定量的に表現型を記述することが，1つの形質の遺伝を明らかにする出発点である．作出した家系集団の形質について連鎖解析を行い，連鎖地図を作成することで，その形質が座乗する連鎖群を特定する．今日では，形質だけではなく，多数の DNA マーカーを用いて連鎖地図を作成するのが一般的である．ゲノム全体に DNA マーカーを網羅的に配置することにより，高密度の連鎖地図が作成される．

　RNA から DNA を複製する逆転写酵素の発見により，遺伝情報は DNA からRNA に伝達されるだけでなく，RNA から DNA の流れでも伝達されることが明らかになった．逆転写酵素による RNA から DNA 複製の原理は，RNA が鋳型となることを除けば DNA 複製と大筋で大差ない．逆転写酵素により作り出される

DNA は，特に cDNA（complementary DNA，相補的 DNA）と呼ばれる．逆転写酵素の発見により分子生物学は大きく進歩した．DNA はすべての体細胞で同一の塩基配列を持っているのに対し，RNA はそれぞれの組織で特異的に挙動することが知られている．例えば，心臓と肝臓ではすべての細胞は同一の DNA を保有するが，それぞれの臓器では構成するタンパク質が異なっていることから，転写される RNA も臓器特異的である．そのため，ある特定の組織の機能を理解するためには DNA だけでなく，RNA を深く追求する必要性がある．

　遺伝子が実際に機能することを遺伝子発現（gene expression）という．これまでの説明に従えば，ある組織で DNA から mRNA へと転写が起こり，タンパク質が合成されることに他ならない．通常，目的とする組織から RNA が得られた場合，RNA が存在する事実を持ってその遺伝子は発現しているという．すでに，Mendel が研究対象としたエンドウマメの「しわ」をはじめとして，古典的な遺伝学が対象としてきた形質は遺伝子発現レベルから次々とそのメカニズムが理解されるようになった．一方で，Watson らはヒトゲノム計画以前に，生命の複雑性を考慮すればヒトの遺伝子数は 10 万程度と予想した．しかし，実際には 2 〜 3 万程度と予想を大幅に下回っている．このことにより，1 つの遺伝子が 1 つの表現型に対応するのではなく，複数の機能へ関与する多面発現が普通であると考えられている．

　樹木において，黄金スギの原因遺伝子は間接的側面から証拠を提出しただけであり，どのような機能が作用した結果表現型に結び付いているか，未だに明らかとなっていない．無花粉スギは，スギ花粉形成の遺伝子が網羅的に単離され調査されているが，原因遺伝子を特定するまでには至っていない．しかし，遺伝学や分子生物学は着実に進歩を遂げており，これまで未解明であった樹木特有の生命現象を紐解くことはそう遠いことではない．

２．集団の遺伝

１）任意交配集団

（1）集団とは何か

　集団とは同一種の個体の集まりで，１つの交配単位をなすものをいう．このような集団は「メンデル集団」あるいは「デーム（dame）」と呼ばれる．メンデル集団の一番大きな単位は種である．集団は生態的，地理的要因によってしばしば分断され，より小さな交配単位である分集団からなることが多い．分集団間の遺伝的交流が妨げられるとそれぞれの遺伝的構成が特徴的なものとなり，遺伝構造が形成される．遺伝的構成の時間変化を理論化するために，最も簡単なモデルとして，一年生草本のように世代が不連続で，季節的繁殖を行うような生物集団を考える．ヒトを含む連続世代の繁殖様式を持つ生物集団では数学的な取扱いが非常に難しいので，このモデルが適用できるような変換作業が必要になる．そのときの基本になるのが集団の「有効サイズ」であり，これは実際に繁殖にあずかる個体数で，雌雄が等しい交配機会を持つものと定義される．さまざまな繁殖様式を持つ生物集団で有効サイズをどのように決めるかは，集団遺伝学の課題の１つとなっている．

（2）遺伝子頻度

　集団は個体の集まりであるが，遺伝子の集まりと考えることもできる．これを「遺伝子プール」という．二倍体生物の集団の個体数が N であるとき，遺伝子プールには $2N$ 個の遺伝子が含まれる．２つの対立遺伝子 A，a を持つ遺伝子座には３つの遺伝子型 AA，Aa，aa が存在する．今この数を N_1，N_2，N_3 とすると対立遺伝子 A は N_1 に２個，N_2 に１個含まれるので，遺伝子プールには合計 $2N_1 + N_2$ 個の A 遺伝子が含まれる．同様に a は $2N_3 + N_2$ 個が含まれる．したがって，対立遺伝子 A，a のそれぞれの頻度を p，$q(p + q = 1)$ とすると，

$$p = \frac{2N_1 + N_2}{2N} \ , \ q = \frac{2N_3 + N_2}{2N} \tag{2-1}$$

あるいは，AA，Aa，aa の各遺伝子型頻度を $P(=N_1/N)$，$Q(=N_2/N)$，$R(=N_3/N)$ として，p，q は，

$$p = P + \frac{Q}{2}, \quad q = R + \frac{Q}{2} \tag{2-2}$$

で示される.

（3）ハーディ・ワインベルク平衡

　次に，理想的な集団の状態を記述するために大きな集団で交配が任意に行われている場合を考える．任意交配では集団を構成する雄と雌が等しい交配機会を持つ．このときの交配は，

$$♂(PAA + QAa + Raa) × ♀(PAA + QAa + Raa) = (PAA + QAa + Raa)^2$$

となる．交配の結果，次世代で生じる遺伝子型の頻度を表 2-1 に示した.

　次世代の AA，Aa，aa の遺伝子型頻度をそれぞれ P'，Q'，R' とすると，

$$P' = P^2 + Q^2/4 + PQ = (P + Q/2)^2 = p^2$$

$$Q' = Q^2/2 + PQ + 2PR + QR = 2(P + Q/2)(R + Q/2) = 2pq$$

$$R' = Q^2/4 + R^2 + QR = (R + Q/2)^2 = q^2$$

すなわち，任意交配における遺伝子型の組合せは，

$$P' + Q' + R' = p^2AA + 2pqAa + q^2aa = (pA + qa)^2 = ♂(pA + qa) × ♀(pA + qa)$$

となり，配偶子の組合せに還元されることを示している．また，次世代の A，a それぞれの遺伝子頻度を p'，q' とすると，

$$p' = p^2 + (2pq)/2 = p(p + q) = p, \quad q' = q^2 + (2pq)/2 = q(p + q) = q$$

となり，遺伝子頻度は変化しない．逆にいえば，後述するような自然選択，突然

表 2-1 任意交配による子孫の遺伝子型頻度				
交　配	頻　度	次世代の遺伝子型頻度		
		AA	Aa	aa
AA × AA	P^2	P^2	0	0
Aa × Aa	Q^2	$Q^2/4$	$Q^2/2$	$Q^2/4$
aa × aa	R^2	0	0	R^2
AA × Aa	$2PQ$	PQ	PQ	0
AA × aa	$2PR$	0	$2PR$	0
Aa × aa	$2QR$	0	QR	QR

変異，移住および遺伝的浮動など，遺伝子頻度を変化させるような要因が働かない限り，集団の遺伝子型頻度は$p^2:2pq:q^2$で一定に保たれる．この比を「ハーディ・ワインベルク比」といい，任意交配における平衡状態を「ハーディ・ワインベルク平衡」（HWE）と呼んでいる．P, Q, Rがどのような割合であっても任意交配が起これば受精直後の接合体ではHWEが成立することに注意すべきである．

(4) 集団の遺伝的多様性

　ある遺伝子座に複数の対立遺伝子が存在する場合を遺伝的に「多型」（polymorphic）であるといい，そうでない場合を「単型」（monomorphic）という．多型の程度，すなわち集団の遺伝的多様性の程度を示す尺度としては多型的な遺伝子座の数，ヘテロ接合度，対立遺伝子の数などが使われる．HWEから期待されるヘテロ接合度の期待値（H_e）は「遺伝子多様度」（gene diversity）とも呼ばれ，最も一般的に用いられる．任意交配からのずれは，ヘテロ接合度の観察値をH_oとして，

$$F = \frac{H_e - H_o}{H_e} \tag{2-3}$$

で示すことができ，これを「固定指数」（fixation index）と呼んでいる．これは後述するように，近親交配の程度を示すので「近交係数」（inbreeding coefficient）とも呼ばれる．H_eは2対立遺伝子の場合には$2pq$となるが，m個の複対立遺伝子の場合は次の式で示される．

$$H_e = 1 - \sum_{i=1}^{m} p_i^2 \tag{2-4}$$

　ここで，p_iはi番目の対立遺伝子の頻度である．このようにして定義したヘテロ接合度（遺伝子多様度）は二倍体生物以外にも一般的に適用でき，また繁殖構造にも依存しない．普通，H_eは集団からランダムにサンプリングした個体から推定されるので，この場合の普遍推定値は，

$$\hat{H}_e = \frac{2n}{2n-1} \left(1 - \sum_{i=1}^{m} p_i^2 \right) \tag{2-5}$$

となる．ここで，nはサンプルサイズである．ゲノムから抽出した多数の遺伝子座についてH_eの平均値を求めたものを「平均ヘテロ接合度」あるいは「平均遺

44   第2章　遺伝学の基本

伝子多様度」といい，集団のヘテロ接合度の平均の割合を示す．遺伝子多様度は用いたマーカー[注]や遺伝子座によって異なるので，集団の遺伝的多様性の比較には同じマーカーで同じ遺伝子座について推定した値を用いることが必要である．

2）遺伝子座間の平衡

　単一の遺伝子座では任意交配によって1世代でHWEに達するが，2つあるいはそれ以上の遺伝子座間の平衡はすぐには達成されない．複数の遺伝子座にわたる遺伝子型頻度が各座位の遺伝子頻度のランダムな組合せから期待されるものと異なるとき，集団は「連鎖不平衡」にあるという．では，遺伝子座間の平衡とはどのように達成されるのだろうか．2対立遺伝子を持つ2つの遺伝子座(A, a), (B, b)について考える．それぞれの対立遺伝子頻度を (p, q), (r, s) とし，4種類の配偶子 AB, Ab, aB, ab のそれぞれの頻度を x_1, x_2, x_3, x_4 ($x_1 + x_2 + x_3 + x_4 = 1$)とする．任意交配によって作られる接合体の種類は表2-2のようになる．

　これらの接合体のうち，組換えによって異なるタイプの配偶子を作るのは二重異型接合体の場合のみであり，次世代で配偶子頻度が変化しないのは，二重異形接合体の頻度が等しいとき，すなわち，$x_1 x_4 = x_2 x_3$ のときである．このとき，2つの遺伝子座は連鎖に関して平衡であるといえる．なお，ここでは2つの遺伝子座が同一染色体上にない場合も含めて考察している．ここで，平衡からのずれを

$$d = x_1 x_4 - x_2 x_3 \tag{2-6}$$

で示し，d を「連鎖不平衡係数」と呼ぶ．さらに，

表 2-2　任意交配によって作られる接合体の種類

同型接合体		単一異型接合体		二重異型接合体	
遺伝子型	頻　度	遺伝子型	頻　度	遺伝子型	頻　度
AB/AB	x_1^2	AB/Ab	$2x_1 x_2$	AB/ab	$2x_1 x_4$
Ab/Ab	x_2^2	AB/aB	$2x_1 x_3$	Ab/aB	$2x_2 x_3$
aB/aB	x_3^2	Ab/ab	$2x_2 x_4$		
ab/ab	x_4^2	aB/ab	$2x_3 x_4$		

　注）特定の遺伝子またはDNAの領域を位置付けることのできる変異をいう．例えば，アイソザイム，マイクロサテライト，塩基置換などである．

$$d = x_1x_4 - x_2x_3 = x_1(1 - x_1 - x_2 - x_3) - x_2x_3 = x_1 - (x_1^2 + x_1x_2 + x_1x_3 + x_2x_3)$$
$$= x_1 - (x_1 + x_2)(x_1 + x_3) = x_1 - pr$$

すなわち，$d = 0$ のとき $x_1 = pr$ となり，同様に $d = 0$ のとき，$x_2 = ps$, $x_3 = qr$, $x_4 = qs$ が成り立つ．すなわち，連鎖平衡のとき配偶子頻度は構成する各遺伝子頻度の積になる．連鎖不平衡は組換えによって徐々に解消される．配偶子 AB の頻度について次世代の頻度を x_1'，遺伝子座間の組換え価を c とすると，表 2-2 から

$$x_1' = x_1^2 + \frac{2x_1x_2}{2} + \frac{2x_1x_3}{2} + \frac{2x_1x_4}{2}(1 - c) + \frac{2x_2x_3}{2}c = x_1 - cd$$

ここで，次世代の連鎖不平衡係数を d' とすると，$d' = x_1' - pr$ なので，

$$d' = x_1 - cd - pr = d + pr - cd - pr = d(1 - c)$$

となり，連鎖不平衡は毎世代 $1 - c$ だけ解消されることになる．ここで，時間 t における連鎖不平衡係数を d_t とおくと，上の関係式から，

$$d_t = d_0(1 - c)^t \tag{2-7}$$

が得られ，時間が十分たつと d は 0 に近付き，連鎖不平衡は解消されることが示される．また，この解消の程度は組換え値に依存し，連鎖していない遺伝子間では d は毎世代 1/2 ずつ減少するが，密接に連鎖した遺伝子間では解消までに長い時間がかかる．逆に，任意でない交配や，自然選択は連鎖不平衡を作り出す原因になる．

3）近 親 交 配

（1）任意交配からのずれ

任意交配からのずれとして普通に見られるのは，遺伝的により近縁の個体間で起こる交配，すなわち近親交配である．遺伝的に近縁の個体間では数世代さかのぼったときに 1 個体以上の共通祖先が存在する．このため，近親交配によってもたらされた子孫には両親から同じ遺伝子を受け継ぐ可能性が高くなっている．したがって，ホモ接合の割合が任意交配に比べて高くなる．最も極端な場合として，多くの草本類や一部の木本類で見られる自家受精あるいは自殖（selfing）がある．集団内の個体がすべて自殖を行い，これが続いた場合の遺伝子型頻度の変化を表 2-3 に示した．ここで，P, Q, R は AA, Aa, aa それぞれの初期遺伝子型

46 第 2 章 遺伝学の基本

表 2-3 自殖を行っている集団の遺伝子型頻度の変化

世　代	遺伝子型頻度		
	AA	Aa	aa
0	P	Q	R
1	$P + Q/4$	$Q/2$	$R + Q/4$
2	$P + 3Q/8$	$Q/4$	$R + 3Q/8$
3	$P + 7Q/16$	$Q/8$	$R + 7Q/16$
4	$P + 15Q/32$	$Q/16$	$R + 15Q/32$
∞	$P + Q/2$	0	$R + Q/2$

頻度で，$P + Q + R = 1$ である．自殖が続くと A と a についてホモ接合の 2 系統に分離し，それぞれの頻度はその対立遺伝子頻度に等しい p と q になる．すなわち，自殖によって遺伝子頻度は変化しない．そのため，ヘテロ接合度の期待値も変化しない．前述したように，近親交配の程度はヘテロ接合度の減少の割合で示すことができるが，この場合の近交係数は最終的に 1 となる．

　近親交配を行っている個体でホモ接合が増えるのはそれらが同一の祖先に由来する，すなわち，「祖先において同一」（identical by descent, IBD）であるためであり，これを「オート接合」（autozygous）という．オート接合では対立遺伝子のいずれかに突然変異が起こらない限りホモ接合である．一方，個体の持つ 2 つの対立遺伝子が独立の起源を持つ場合を「アロ接合」（allozygous）といい，ホモ接合とヘテロ接合の両方が含まれる．この場合のホモ接合は遺伝子の機能やその表現型が同一と見なされる場合であり，「状態において同一」（Identical by state, IBS）という．ここで近交係数 F は，個体の持つ 2 つの対立遺伝子が IBD である確率と定義される．この定義に従えば，対立遺伝子 A，a を頻度 p，q で持つ遺伝子座で，集団の近交係数が F である場合，各遺伝子型頻度は表 2-4 のようになる．ここで $H_e = 2pq$，$H_o = 2pq(1 - F)$ と置きかえられるので，(2-3) 式が成り立つことは明らかである．

表 2-4 近交係数 F の集団における遺伝子型頻度

遺伝子型	アロ接合		オート接合
AA	$p^2(1 - F)$	$+$	pF
Aa	$2pq(1 - F)$		
aa	$q^2(1 - F)$	$+$	qF
合　計	$1 - F$		F

(2) 個体レベルの近親交配

　個体レベルの近交係数は系図から求めることができる．図 2-13 の家系図（左）において，個体 I の近交係数を

求める.

この家系図では共通祖先 A からの遺伝子の経路に関係のない親は省いてある. また, 遺伝子は常染色体上のものである. 個体 B, C を経由して共通祖先 A に至る経路において, 遺伝子 b と c が IBD である確率を $P(b = c)$ とすると, $P(b = c) = 1/2$. また, $P(c = a) = 1/2$ である. 同様に $P(e = d) = 1/2$. また, $P(d = a') = 1/2$ である. 祖先 A からの 2 つの遺伝子 a, a' が同一である確率は, 祖先 A の持つ 2 つの対立遺伝子を X, Y としたときに (a, a') の組合せは (X, X), (X, Y), (Y, X), (Y, Y) の 4 通りあるので, $a = a'$ となるのは (X, X) と (Y, Y) の場合で, $P(a = a') = 1/2$ となる. したがって, 個体 I における 2 つの対立遺伝子 b, e が IBD である確率を F_I とすると,

$$F_I = P(b = c) \times P(c = a) \times P(a = a') \times P(a' = d) \times P(d = e) = (1/2)^5 = 1/16$$

となる. ここで, 共通祖先 A が近親交配によるものであれば, この近交係数を f とすると, $P(a = a') = 1/2(1 + f)$ となる. この場合, $F_I = (1/2)^5(1 + f)$ となる. より複雑な家系図 (右) の場合, 共通祖先は A, D, G で, これらを巡る経路とそれぞれの近交係数は,

$$\text{BCD\underline{A}GFE} : (1/2)^7 = 1/128$$
$$\text{BCG\underline{A}DFE} : (1/2)^7 = 1/128$$
$$\text{BC\underline{G}FE} : (1/2)^5 = 1/32$$
$$\text{BC\underline{D}FE} : (1/2)^5 = 1/32$$

となり, 合計 5/64 となる. 和をとるのはそれぞれの経路が相互に排他的で, 同

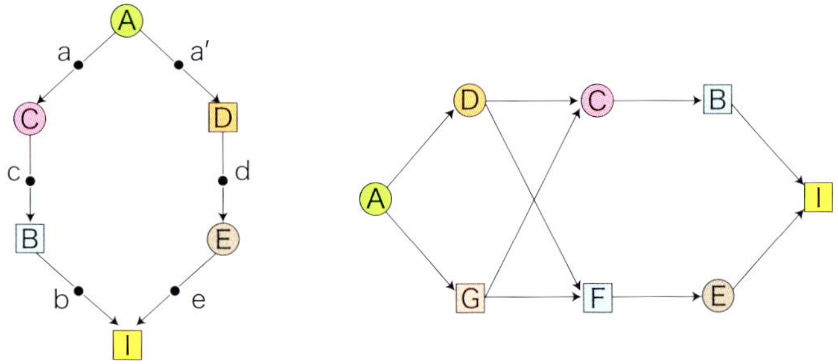

図2-13 単一経路からなる家系図(左)と複数の経路を持つより複雑な家系図(右)
A:共通祖先,○: 女性,□: 男性を示す. A, D, G が共通祖先になる.

48　第2章　遺伝学の基本

時に2つ以上の経路をとることがないからである．①1つの経路で同じ個体を2度以上経由しない，②共通祖先に至る経路は矢印を逆行する，③共通祖先の近交係数を加算する，④経路上の個体の近交係数は関係しないというルールに注意して，複数の経路（m）がある場合の近交係数は次の一般式で示される．

$$F_I = F_{JK} = \sum_{i=1}^{m} [(1/2)^{n_i}(1 + f_i)] \qquad (2\text{-}8)$$

ここで，n_i は経路 i 上の個体 I を除く個体数，f_i は経路 i の共通祖先の近交係数である．また，F_{JK} は個体 I の親 J，K の「近縁係数」と呼ばれるもので両者の間の遺伝的な近縁関係を示す．

（3）近親交配の影響

近親交配が育種で問題になるのは近交係数の増加に伴って，生存力や活力の低下および減少が起こることである．この現象は「近交弱勢」（inbreeding depression）と呼ばれ，原因としては①劣性の有害遺伝子がホモ接合の増加によって効果を現すことと，②超優性[注]の遺伝子座におけるヘテロ接合の減少によるものが考えられる．ここで，近交係数 F の集団について，各遺伝子型に表 2-5 のように形質値を与える．ここで，a は2つのホモ接合の中間の値を0としたときの偏差，d はヘテロ接合の0からの偏差である．集団の平均値を M とすると，$M = a(p - q) + 2pqd(1 - F)$ となる．任意交配集団では $F = 0$，すなわち $M = a(p - q) + 2pqd$ なので，近親交配のある集団では $d > 0$ の場合，$2pqdF$ だけの形質値の低下があり，これの絶対量は F の増加に伴って大きくなる．一般に適応度に関係する形質で低下の程度は大きく，関係しないものでは小さい．これは多くの量的形質で d が0に近く，相加的であるのに対し，適応度形質では完全優性に近い（$d = a$）場合が多いためと考えられる．

表 2-5　各遺伝子型に割り当てた形質値

	遺伝子型		
	AA	Aa	aa
頻度 形質値	$p^2(1 - F) + pF$ $+ a$	$2pq(1 - F)$ $+ d$	$q^2(1 - F) + qF$ $- a$

注）ヘテロ接合体がホモ接合体よりも適応度が高い場合をいう．

4）遺伝的浮動

（1）有限集団における遺伝子頻度のランダムな変動

これまで無限大集団という仮想的な集団を考えてきたが，実際の集団は有限であり，その大きさもさまざまである．集団のサイズが有限であることにより2つの現象が起こる．1つは遺伝子頻度のランダムな変動と固定であり，他の1つは分集団化による近交係数の増加である．毎世代個体数が一定に維持されている集団を「ライト・フィッシャーモデル」と呼ばれるもので示したのが図2-14である．

ここでは，遺伝子プールの $2N$ 個の遺伝子は配偶子として遺伝子頻度に比例して無限大に複製され，その中から $2N$ 個の遺伝子がランダムに取り出されて次世代を形成する．このプロセスは $2N$ 個の遺伝子の中から反復を許して $2N$ 個の遺伝子を取り出すことと同等である．この集団で2対立遺伝子A，aがそれぞれ頻度 p，$q(p + q = 1)$ で存在するとき，取り出した $2N$ 個の遺伝子のうちのAとaの組成は二項分布に従う．次世代で i 個のA遺伝子を取り出す確率は，

$$Pr(i) = {}_{2N}C_i p^i q^{2N-i}$$

となり，Aの遺伝子頻度は $p' = i/2N$ となる．このような試行が多数回行われたときの遺伝子頻度の平均は $\bar{p} = p$ であり，その分散は $pq/2N$ である．つまり，集団のサイズが小さいほどばらつきの程度は大きい．二項分布の性質から，次の世代で遺伝子頻度が増える確率と減る確率は等しく，ばらつく方向はランダムであるため，このプロセスは「遺伝的浮動」（random genetic drift）と呼ばれている．集団中の遺伝子は最終的には固定するか，消失してしまう．このときの固定確率は初期頻度に依存し，p の割合でA遺伝子が，q の割合でa遺伝子が固定する．

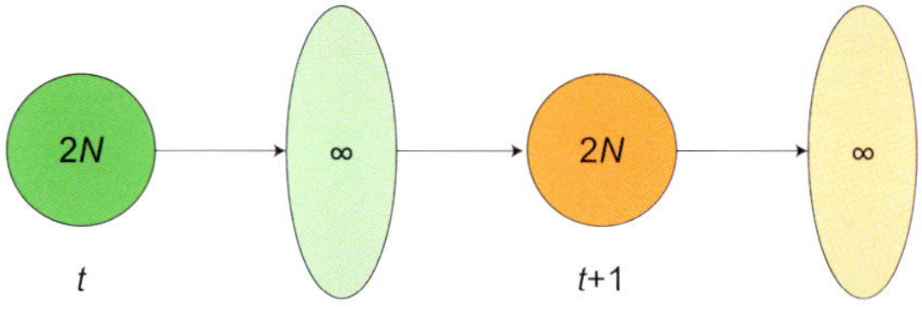

図2-14　ライト・フィッシャーモデル

(2) 有限集団における近親交配の進行

　有限集団では必然的に近親交配が起こる．極端な場合として，1個体からなる自殖集団を考えてみればよい．そこで，遺伝的浮動のプロセスを，近交係数を用いて示すことを考える．ライト‐フィッシャーモデルで，配偶子プールの中から2個の遺伝子を取り出すことをN回行って合計$2N$個の遺伝子からなる集団を作り出す．このとき，複製された同一の遺伝子を取り出す確率は$(1/2N)^2$で，2個の遺伝子はオート接合になる．互いに異なる遺伝子を取り出す確率は$(1/2N)(1 - 1/2N)$で，この場合はアロ接合になる．$2N$個の遺伝子についてこれを行うので，前者の確率は$1/2N$，後者は$1 - 1/2N$となる．これをシミュレーションしたものを図2-15に示す．

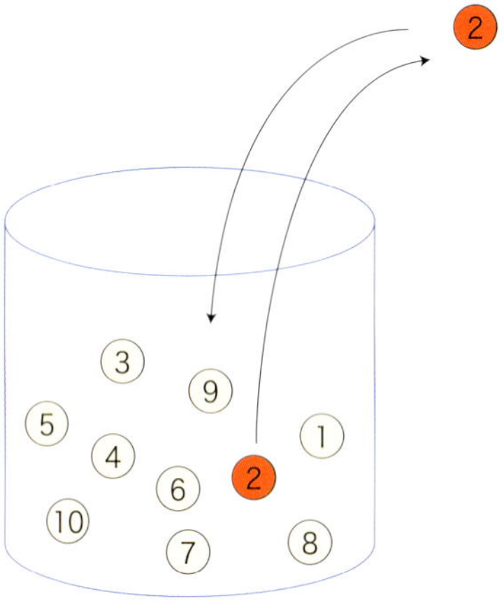

　ある世代tにおける近交係数をF_t，その前の世代の近交係数をF_{t-1}とすると，オート接合の部分が新たな近交係数の増加分として加わり，アロ接合では前の世代の近交係数の分だけが増加分として加わる．したがって，t世代での近交係数は，

図2-15　$2N = 10$の遺伝子プールの模型

すべての遺伝子は番号で区別されている．②を2回取り出す確率は1/100であるが，すべての遺伝子について同じ遺伝子を2回続けて取り出す確率は1/10になる．

$$F_t = \frac{1}{2N} + (1 - \frac{1}{2N})F_{t-1} \tag{2-9}$$

これは，

$$1 - F_t = (1 - F_{t-1})(1 - \frac{1}{2N}) \tag{2-10}$$

のように書き直せるので，初期の近交係数をF_0とすると，

$$1 - F_t = (1 - F_0)(1 - \frac{1}{2N})^t \tag{2-11}$$

世代が十分経過すると右辺は0になるので，F_tは1に近付く．すなわち，集団中のすべての遺伝子がIBDとなって固定する．ここで，$1 - F_t$はヘテロ接合度に比例する量なので，

$$H_t = H_0 \left(1 - \frac{1}{2N}\right)^t \tag{2-12}$$

すなわち，平均ヘテロ接合度は毎世代$1/2N$だけ減少し，最終的に0になる．減少の度合いは集団が小さいほど大きい．

(3) 集団の遺伝的分化

　ヘテロ接合度がH_0である大集団がn個の等しいサイズNの分集団に分割され，それぞれが任意交配を行っている場合を考える（図2-16）．

　ここで，(2-11)式で$F_0 = 0$とおけば，F_tは集団の分化によって増加した近交係数なので，これを集団の遺伝的分化を示す指数F_{ST}とおく．すなわち，

$$1 - F_{ST} = \left(1 - \frac{1}{2N}\right)^t \tag{2-13}$$

一方，t世代における分集団のヘテロ接合度の平均値H_Sは，

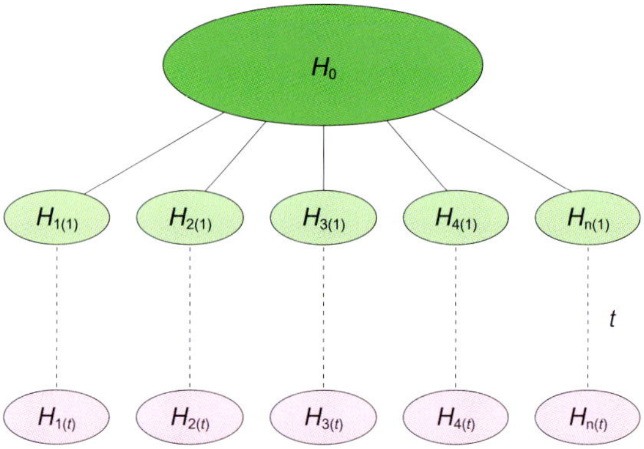

図2-16　集団分化のモデル

大集団が過去の一時期にn個のサイズNの分集団に分割され，互いに隔離された状態で現在までにt世代が経過した．Hは集団の遺伝子多様度．

$$H_S = \frac{1}{n}\sum_{i=1}^{m} H_{i(t)} = \hat{H}_t \tag{2-14}$$

で，(2-12)式の H_t の期待値となる．ところで，世代 t において n 個の分集団を区別せず，全体的な大きな集団と見なせば，分集団の遺伝子頻度の平均は初期頻度に等しいはずなので，$\hat{p} = \bar{p}$，$\hat{q} = \bar{q}$ となる．したがって，集団全体のヘテロ接合度 H_T は（2-12)式における H_0 の期待値になる．すなわち，

$$H_T = 2\bar{p} \cdot \bar{q} = \hat{H}_0 \tag{2-15}$$

(2-13)式，(2-14)式，(2-15)式を（2-12)式に代入すると，

$$F_{ST} = \frac{H_T - H_S}{H_T} \tag{2-16}$$

が得られる．すなわち，F_{ST} は現在の各分集団および集団全体のヘテロ接合度から求めることができる．また，F_{ST} は（2-13)式から正であることがわかる．現時点で分集団に任意交配からのずれがあれば，これによる近交係数を F_{IS} とおいて，

$$F_{IS} = \frac{H_S - H_I}{H_S} \tag{2-17}$$

ただし，H_I は各分集団のヘテロ接合度の観察値の平均である．ここで，集団全体について見てみると，任意に選んだある個体の2個の対立遺伝子は分集団内での近親交配と，分集団化による近交係数の増加の2つの理由により，IBDとなりうる．2つの要因が複合した近交係数を F_{IT} とすると，

$$F_{IT} = \frac{H_T - H_I}{H_T} \tag{2-18}$$

上の3つの式から，F_{ST}，F_{IS} および F_{IT} の間に次のような関係が成り立つ．

$$1 - F_{IT} = (1 - F_{IS})(1 - F_{ST}) \tag{2-19}$$

分集団から構成される大きな集団の遺伝構造は，表2-6のように示すことができる．

つまり，(2-19)式で示される関係は集団全体からランダムに取り出したある個体の2個の対立遺伝子がアロ接合である確率で，左上の区画に示さ

表2-6　集団の遺伝構造			
		任意交配からのずれ	
		$1 - F_{IS}$	F_{IS}
分集団化による効果	$1 - F_{ST}$	AA : p^2 Aa : $2pq$ Aa : q^2	AA : p Aa : q
	F_{ST}	AA : p Aa : q	AA : p Aa : q

れ，残りの区画はすべてオート接合である．これらの固定指数のうち，F_{ST} は地域集団の遺伝的分化の指数として特に重要である．集団の分化は Wright, S. の基準に基づいて，$0 < F_{ST} < 0.05$ でごくわずかな，$0.05 < F_{ST} < 0.15$ で小程度の，$0.15 < F_{ST} < 0.25$ で中程度の，$0.25 < F_{ST}$ で大きな遺伝的分化が起こっていると判断される．F_{ST} は対立遺伝子の数によっても影響を受けることが知られている．したがって，F_{ST} の絶対的な大きさよりもこれが有意に 0 より大きいかどうかを問題にすべきで，有意な分化があるとき，集団は遺伝的構造を持つという．Nei, M.（1990）は（2-16）式が遺伝子座の数，分集団のサイズの違い，および自然選択の有無や分集団化の歴史的過程に関わりなく現時点の H_T と H_S から導けることを示し，これを G_{ST} と呼んでいる．

5）突然変異と移住

集団に遺伝的変異をもたらす原因として，突然変異と移住があげられる．有限集団ではこのような要因による変異の増加と遺伝的浮動による固定化の力が釣り合って平衡に達すると考えられる．このプロセスは以下の通りである．

(1) 突 然 変 異

サイズ N の有限集団で遺伝子座当たり，毎世代 μ の割合で突然変異が生じるとする．このとき，（2-9）式は次のように書き直すことができる．

$$G_t = \frac{1}{2N}(1-\mu)^2 + (1 - \frac{1}{2N})G_{t-1}(1-\mu)^2 \qquad (2\text{-}20)$$

右辺の 2 つの項に関わっている $(1-\mu)^2$ は，取り出した 2 個の遺伝子がともに突然変異を起こしたものでない確率である．そこで，オート接合のうちホモ接合のもののみを取り出すことになるので，近交係数 F はホモ接合度 G に置きかえている．ここで，$G_t = G_{t-1} = \hat{G}$ とおいて平衡時のホモ接合度を求めると，

$$\hat{G} = \frac{1}{1 + 4N\mu} \qquad (2\text{-}21)$$

ただし，μ^2，μ^2/N，μ/N は非常に小さい数なので 0 で近似している．したがって，平衡時のヘテロ接合度は，

$$\hat{H} = 1 - \hat{G} = \frac{4N\mu}{1 + 4N\mu} \qquad (2\text{-}22)$$

となる．これは，平衡集団のヘテロ接合度が集団サイズと突然変異率に依存することを示しており，用いるマーカーによってヘテロ接合度が異なることは，これによって説明できる．

(2) 移　　住

分集団間で個体の移動，すなわち移住があると遺伝的浮動による固定が妨げられ，両者は釣り合って平衡に達する．毎世代 m の割合で移住があるとき（2-9）式は，

$$F_t = \frac{1}{2N}(1-m)^2 + (1 - \frac{1}{2N})F_{t-1}(1-\mathrm{m})^2 \qquad (2\text{-}23)$$

のように書き直される．ここで，右辺の2つの項にかかる係数 $(1-m)^2$ は取り出した2個の遺伝子が移住個体のものでない確率である．さらに，$F_t = F_{t-1} = \hat{F}$ とおき，(2-21)式と同様な近似を行って，平衡時の近交係数を求めると，

$$\hat{F} = \frac{1}{1 + 4Nm} \qquad (2\text{-}24)$$

が得られる．これは平衡時の固定指数でもあるので，

$$\hat{F}_{ST} = \frac{1}{1 + 4Nm} \qquad (2\text{-}25)$$

(2-16)式によって F_{ST} は実測できる値なので，

$$Nm = \frac{1 - F_{ST}}{4F_{ST}} \qquad (2\text{-}26)$$

によって移住者数の実数 Nm が推定できる．（2-22）式において，突然変異率は通常，非常に小さな数なので平衡に達するまで長い時間がかかるが，（2-25）式で示される固定指数は比較的短い時間で平衡に達することが知られている．それゆえに，（2-16）式によって得られる F_{ST} を平衡時の値と見なしても不都合ではない．

6）自 然 選 択

（1）表現型にかかる選択様式

　表現型の多くは量的形質と見なされる．これに働く自然選択の様式を図2-17
に示した.「方向性選択」では一定の値以上（あるいは以下）のものが選ばれるため，
平均値が選択方向にずれていく.「安定化選択」では両極端のものが除かれるた
め平均値はそのままで平衡状態が続く.「分断選択」では相反する方向に選択が
働き二峰性の分布を示すようになる．多くの表現型値は平均値のまわりで最も高
い適応度を示すので，そこに含まれる変異は安定化選択によって維持されると考
えられる．環境変動は方向性選択による新しい適応値を与える．生物の漸進的進
化はこれによって説明できるだろう．

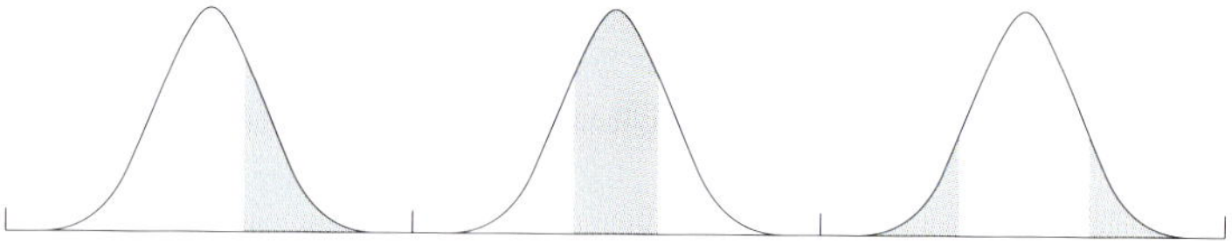

図2-17　選択の様式
左：方向性選択，中：安定化選択，右：分断選択．ここでは陰の部分が選択される.

（2）適応度モデル

　自然選択は個体のレベルで働いている．遺伝子型と表現型の間に1：1の対応
がある場合に，これがどのように遺伝子頻度をかえるかを見ていく．自然選択は
個体がどれだけよく成熟個体にまで生き残り，どれだけたくさんの子孫を作るこ
とができるかという能力，すなわち適応度で計られる．Wright, S. の優性モデ
ルでは遺伝子型 AA, Aa, aa のそれぞれに適応度 $1, 1 - hs, 1 - s$ を割り当てる．
ここで適応度は，最も高いものを1として相対的に決められる．s は「選択係数」
で劣性ホモ接合における適応度の低下の度合いを示し，h は「優性の度合い」と
呼ばれ，0から1の値をとる．この優性モデルのもとで自然選択が働いたときの
接合体および選択後の各遺伝子型の頻度は表 2-7 のようになる．

　これから次世代の A の遺伝子頻度 p' は，

表 2-7　優性モデルにおける遺伝子型頻度

遺伝子型	AA	Aa	aa
相対適応度	1	$1 - hs$	$1 - s$
接合体頻度	p^2	$2pq$	q^2
選択後の頻度	p^2	$2pq(1 - hs)$	$q^2(1 - s)$

$$p' = \frac{p^2 + pq(1 - hs)}{p^2 + 2pq(1 - hs) + q^2(1 - s)} = \frac{p(1 - qhs)}{\overline{w}}$$

ここで，$\overline{w} = p^2 + 2pq(1 - hs) + q^2(1 - s)$ は集団の平均適応度である．遺伝子頻度の 1 世代の変化を Δp とすると，$\Delta p = p' - p$ より，

$$\Delta p = \frac{spq[q + h(p - q)]}{\overline{w}} \tag{2-27}$$

これを世代ごとにプロットすることにより，遺伝子頻度の変化する様子を見ることができる．さまざまな優性の度合いを持つ突然変異遺伝子について，集団内に広がっていく様子を図 2-18 に示した．

　優性モデルの場合は，生じた有利な突然変異は急速に遺伝子頻度を増し，固定することがわかる．このような場合としてイギリスの産業革命に伴って起こったガ（オオシモフリエダシャク）の工業暗化が有名で，優性突然変異遺伝子の頻度はある地域では 35 年間におよそ 0.01 から 0.90 へと変化した．この場合の選択係数 s は 0.5 程度と推定され，非常に強い選択があったことになる．このような強い選択は殺虫剤に対する抵抗性の獲得などにも見られる．

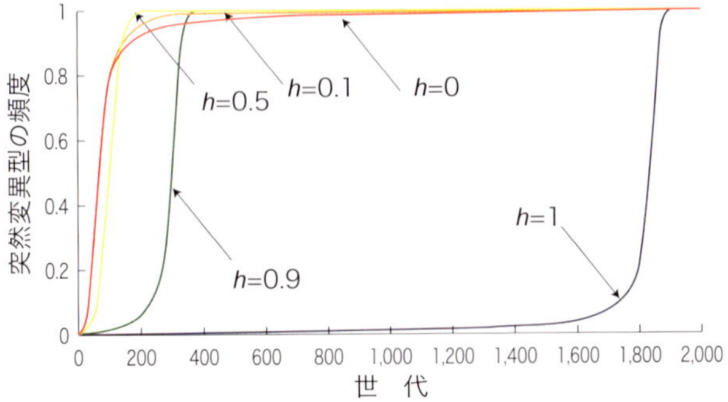

図2-18　A を新たに生じた突然変異（$s = 0.01$）としたとき，優性の度合い h がさまざまな値をとるときの遺伝子頻度の変化

次に超優性の場合を考える。2つの対立遺伝子 A_1，A_2 の遺伝子頻度をそれぞれ p，q とする。遺伝子型 A_1A_1，A_1A_2，A_2A_2 のそれぞれに適応度 $1-s_1$，1，$1-s_2$ を割り当てる。s_1，s_2 は2つのホモ接合それぞれの選択係数である。集団の平均は $\overline{w}=1-s_1p^2-s_2q^2$ となり，優性モデルと同様な計算から，

$$\Delta p = \frac{pq\ (s_1q-s_2p)}{\overline{w}} \tag{2-28}$$

が得られる。超優性では安定な平衡点が存在し，（2-28）式で左辺を0とおいて，

$$\hat{p}=\frac{s_2}{s_1+s_2},\ \hat{q}=\frac{s_1}{s_1+s_2} \tag{2-29}$$

が得られる。超優性の例としてよく知られるのは鎌状赤血球貧血症の遺伝子 Hb^S で，熱帯地方ではヘテロ個体がマラリアに対して抵抗性であるため，最も高い適応度を示す。このため，熱帯地方ではこの遺伝子は高い頻度で保たれている。

（3）多様性の維持機構

優性モデルで示したように，選択に有利な遺伝子は速やかに集団中に固定し，不利な遺伝子は集団から除かれる。前者を「正の選択」，または「ダーウィン選択」といい，後者は「負の選択」もしくは「純化選択」と呼ばれる。有害な遺伝子は常に一定の割合で突然変異によって生じるので集団は完全な単型ではなく，きわめて低い頻度で平衡が保たれていると考えられている。一方，超優性の場合には平衡頻度は高く保たれるが，常に適応度の劣るホモ接合を分離するので遺伝的加重が大きく一般的な多型性の維持機構にはなり得ない。表現型レベルで見られる集団の高い変異性は安定化選択によると考えられ，環境変動への適応のような微細な調節はこれによってなされると思われる。生物進化にときおり見られる飛躍的，あるいは断続的な進化は遺伝子レベルのダーウィン選択によるものと考えられる。

コラム 「適応と中立」

　まず最初に，自然選択は個体の表現型に働きかけるということを理解したい．自然選択によって環境に対して有利な，すなわち，より適応的な表現型を持つ個体が次世代ではより多く選ばれる傾向が生じる．このことは適応的な表現型を規定する遺伝子が集団内でその頻度を増加させることを意味する．「適応」を数量化するために「適応度」という尺度が考えられている．受精卵から成熟個体に成長するまで生き残る力を「生存力」といい，成熟個体がどれくらい子孫を残す力があるかを「繁殖力」といっている．この間の関係が独立であるとして適応度は生存力と繁殖力の積で示される．つまり，「適応度形質」とは生存力，もしくは繁殖に関わる形質であり，植物の場合では前者については発芽率，成長速度，病虫害に対する抵抗性などがあり，後者では種子生産量，種子重などが考えられる．野生の植物集団について見ると，拡大しつつある集団はトータルな適応度が高く，縮小しつつある集団は適応度が低いと考えることができる．適当な遺伝子マーカーを用いればこのことを示すことが可能である．

　表現型への自然選択の様式には「方向性選択」，「分断選択」および「安定化選択」があることを述べた．方向性選択が働けば適応的な形質に関わる遺伝子の頻度は急速に増加し，すみやかに集団中に固定する（図2-16）．よく知られる例として，イギリスの産業革命時に見られたガ（オオシモフリエダシャク）の工業暗化があげられる．分断選択，もしくは安定化選択の場合には遺伝子の固定は起こらず，遺伝子は集団中に多型的に存在することになる．鎌状赤血球貧血症や，ABO血液型の多型はこれらの例である．

　集団構造を遺伝的に解析するために，多くの場合表現型ではなく，DNAもしくはタンパク質（アイソザイム）などの分子マーカーが用いられる．では，集団中に多型的な変異が見られたとき，これは分断選択あるいは安定化選択の結果であると結論付けてよいのだろうか．1950年代に電気泳動法が開発され，1966年にHarris, H.によりヒトで，同じ年にLewontin, R. C.とHabby, J. L.によりショウジョウバエで集団中に非常に豊富なアイソザイム変異が存在することが見出された．同様の結果は他の動植物でも続々と得られ，これらが集団中に維持される仕組みについて「古典仮説」と「平衡仮説」の論争が繰り広げられることになった．ここでいう古典仮説とはダーウィン選択を意味し，適応的な変異は速やかに集団中で固定し，逆に，有害な変異は直ちに取り除かれるので，存在する変異は常に生じている突然変異によるとするものである．後者は相反する選択的な力によって多型性が保たれるとするもので，先ほどのLewontinらによって熱心に主張された．分子データの蓄積に伴って構造タンパク質の中に一定速度で変化するものが見つかった．例えば，ヘモグロビンではアミノ酸座位当たり，年当たり0.9×10^{-9}の割合で変化が起こっている．いわゆる「分子時計」の発見である．これに基づいて木村資生は1968年に分子進化が中立突然変異によって起こるとする説，「中立説」を提唱した．ここでは「中立」ということを「自然選択に対して有利でも不利でもない」といちおう定義しておこう．この場合，集団の多型性は新たに起こった突然変異が，集団サイズが有限であるために遺伝的浮動によってその頻度を変動させている状態として理解される．これより多型性の程度はヘテロ接合度（H_e）$= 1/(1+4N\mu)$で示される．ここでNは集団の有効サイズ，μは突然変異率である．中立でない突然変異は有利であれば集団中に固定し，不利であれば除かれるので変異は平衡選択を考えない限りすべて

（次ページへ続く）

中立であるといえる（選択的変異の固定過程あるいは除去過程は進化時間的にあまりに素早いので補足できない）．中立説は古典仮説の発展的解釈であるともいえよう．もう1つの重要な点は，時計の刻みは分子によって異なるということである．すなわち，遅い時計や早い時計など千差万別の時計が存在することである．このことは分子によって中立のレベルが異なることを示す．すなわち「中立」とは自然選択に対して有利でも不利でもないのではなく，既存の変異に比して「同様に適応的」であることを意味している．タンパク質分子が機能的に多くの変異を許容しうるものであれば，変異の程度は大きく，変異を許容しにくいものであれば変異の程度は小さい．このことを「機能的制約」と呼んでいる．すなわち，タンパク質分子が中立である程度は機能的制約に依存する．中立遺伝子とは機能的制約が0（ゼロ）の遺伝子であるというのは大きな誤解で，機能的制約のレベルを基準（0）としてそれと違いのない遺伝子のことである．分子レベルで検出される多型的変異はこの理論によればほとんどが中立であるということになる．HKAテストやMKテストなどの中立性の検定では，中立であることを帰無仮説にして，固定した変異が選択によるものなのか，または多型的変異が平衡選択によるものなのかの議論を組み立てている．イントロンや遺伝子間のスペーサー領域などの非コード領域やコドンの3番目はサイレントサイトと呼ばれる．ここでは機能的制約が無視できる程度に小さく，塩基の置換速度が突然変異率に等しい場所である．このような場所が中立マーカーとして選ばれるのは制約が小さいために変異が多いということと，機能的遺伝子あるいは遺伝子部位であれば機能的制約は時間的に一定とは限らないが，このような部位では一貫して制約の変化は無視できるためである．

　実際の遺伝的変異が中立であるかどうかについて中立説が提唱されるや，主にショウジョウバエを用いた膨大な検証実験が行われてきた．今日では分子レベルで見られるほとんどの変異が中立であるというところに落ち着いているが，機能的遺伝子を見る限り，多くは厳正な中立からのある程度の幅を持っているのが普通である．太田朋子はこれについて「ほぼ中立」という概念を発展させた．これは先述した表現型レベルでの安定化選択がこれによって説明できるところに行き着いている（原田　光）．

3．量的形質の遺伝

1）量的形質とは何か

「種の起源」においてDarwin, C.が指摘したように生物集団は形態的な変異性に富んでおり，このような変異が進化の素材と見なされてきた．計測可能な表現形質は平均値のまわりに連続的に分布し，多くは正規分布で近似できる．作物における草丈，種子重量，油脂やタンパク質などの含有量，家畜における体長，体重，

60 第 2 章 遺伝学の基本

乳量など育種の重要な対象となる形質やヒトの身長や体重，さまざまな生理的機能など測定可能な形質の多くは量的形質として取り扱うことができる．林木においても成長率，材質強度，病虫害や気象害に対する抵抗性など，育種にとって重要な形質の多くが量的形質である．量的形質の遺伝学は生物進化を理解するうえで重要であるが，育種理論の遺伝学的基盤を与える実利的な側面も持っている．

２）量的形質の遺伝的基礎

　量的形質の選抜に関して「集団平均への回帰」といわれる法則性が知られている．親の集団として集団平均より x だけよい（あるいは悪い）ものを選んだとき，子の集団の平均値は親の平均を下回って（あるいは上回って）集団平均に近付く．すなわち，子の平均値の集団平均からの偏差を y とすれば，

$$\frac{y}{x} \leq 1$$

となることが示される．親を選抜したときに子の平均が多少とも集団平均からずれるということは，量的形質が遺伝的要因によって支配されていることを示している．前式の左辺はその程度を示すので「遺伝率」と呼ばれる．遺伝によらない部分は環境によるランダムな変動である．ここで，簡単な場合としてある形質が 2 つの対立遺伝子，A，a を持つ遺伝子座によって決定されるモデルを考える．A 遺伝子は 1 単位の量（値）を与え，a 遺伝子は 0 単位を与えるとし，各遺伝子型の表現型値は相加的であるとする．A，a それぞれの遺伝子頻度を p，q とし，集団が任意交配を行っているとすると，遺伝子型 AA，Aa，aa の頻度はハーディー・ワインベルク比に従ってそれぞれ p^2，$2pq$，q^2 となる．遺伝子頻度が互いに等しく，$p = q = 1/2$ であればそれぞれの遺伝子型は 1：2：1 で分離し，形質値 2，1，0 を示す．次に，2 つの対立遺伝子 B，b を持つ第 2 の遺伝子座がこの形質に関与し，それぞれの遺伝子頻度を r，s とする．B 遺伝子の値を 1，b 遺伝子の値を 0 とし，2 つの遺伝子座間の効果も相加的であると仮定すると，集団はこの形質に関して表 2-8 のような遺伝子型の個体から構成されることになる．遺伝子頻度が等しい（$p = q = r = s = 1/2$）場合，形質値 0，1，2，3，4 を持つものが 1：4：6：4：1 に分離する．

　さらに，2 つの対立遺伝子 C，c を持つ第 3 の遺伝子座がこの形質の発現に関

与し，それぞれの値が1，0で相加的であるとき，遺伝子型は0から6までの値をとり，遺伝子頻度が等しい場合の分布は図2-19のようになる．すなわち，量的形質の発現に複数の遺伝子が関与し，それぞれの効果が相加的である場合，正規分布に近いベル型の分布を示すようになる．関与する遺伝子の数が増えるほど分布の連続性は増し，さらに環境の効果によって表現型値にランダムなずれが生じ，それぞれの遺伝子効果はならされていく．ここで注意したいのは，平均値に近いものほどヘテロ接合である遺伝子座の割合が多く，両極端に向かうほど減っていくことである．このことは，選抜育種を行ったときに究極的に集団は特定の遺伝子型に固定してしまうことを示している．また，選抜効率は上位（または下位）の少数のものについて行う方がよいことが示唆される．一方，平均値付近の個体は周辺のものに比べ適応度が高いことが多いので，自然集団では安定化選択によって遺伝的多様性が保たれていると理解できる．量的形質はこのように効果

表 2-8　形質に 2 つの遺伝子座が関与する場合の平衡集団の遺伝子型頻度と値

遺伝子座 2	遺伝子座 1		
	AA（2）p^2	Aa（1）$2pq$	aa（0）q^2
BB（2）r^2	AABB（4）p^2r^2	AaBB（3）$2pqr^2$	aaBB（2）q^2r^2
Bb（1）$2rs$	AABb（3）$2p^2rs$	AaBb（2）$4pqrs$	aaBb（1）$2q^2rs$
bb（0）s^2	AAbb（2）p^2s^2	Aabb（1）$2pqs^2$	aabb（0）q^2s^2

かっこ内に各遺伝子型の値を，また下段にその頻度を示した．

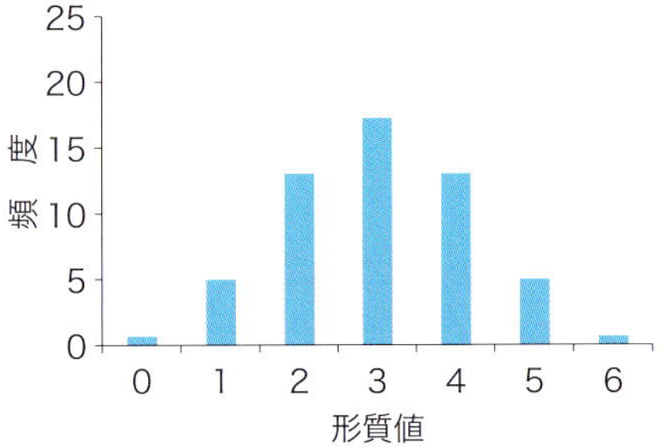

図2-19　3つの相加的な遺伝子座が関与する形質の値の分布
優性遺伝子の寄与を1，劣性遺伝子を0とし，各遺伝子頻度が1/2の場合．

62　第 2 章　遺伝学の基本

の小さい多くの遺伝子が累積的に働いた結果であると考えることができ，このような遺伝子をポリジーンと呼んでいる．実際にはポリジーンには効果の大きいものと小さいものがあり，前者を「主働遺伝子」（major gene），後者を「微働遺伝子」（minor gene）と呼んでいる．

3）集団平均と育種価

　親から子に表現型値がどのように伝えられるかを理解するために，ある形質が 2 つの対立遺伝子 A_1，A_2 を持つ 1 つの遺伝子座によって決定される場合を考える．3 つの遺伝子型 A_1A_1，A_1A_2，A_2A_2 のそれぞれに表現型値として，両ホモ接合の平均からの偏差 a，d，$-a$ を割り当てる．例えば，A_1A_1，A_1A_2，A_2A_2 のそれぞれの実測値が 18, 16, 6 であれば，a，d，$-a$ はそれぞれ 6, 4, -6 となる．対象とする生物集団が任意交配をしており，A_1，A_2 の遺伝子頻度をそれぞれ p，q とすると，3 つの遺伝子型 A_1A_1，A_1A_2，A_2A_2 の頻度は，それぞれ p^2，$2pq$，q^2 となる．したがって，集団の平均値を M とすると，

$$M = a \cdot p^2 + d \cdot 2pq - a \cdot q^2 = a(p - q) + 2pqd$$

となる．先の例で $p = 0.8$，$q = 0.2$ とすると，$M = 4.88$ となる．次に，各遺伝子型を構成する遺伝子は配偶子として次世代に伝えられるときにどのような効果を与えるかを考えてみる．各遺伝子型は解体され，遺伝子は配偶子として次世代に伝えられるので遺伝子型の効果は次世代に伝わらない．そのため，各配偶子によって作られる次世代の遺伝子型のとる値（遺伝子型値）を平均値として見積もる必要がある．任意交配によって A_1 配偶子は A_1A_1 を p，A_1A_2 を q の割合で作り出すので，その平均値は $pa + qd$ となる．これの集団平均値からの偏差を A_1 遺伝子の「平均効果」と呼び α_1 とすると，

$$\alpha_1 = pa + qd - a(p - q) - 2pqd = q[a + d(q - p)] \tag{2-30}$$

となる．同様に，A_2 遺伝子の平均効果，α_2 は，

$$\alpha_2 = pd - qa - a(p - q) - 2pqd = -p[a + d(q - p)] \tag{2-31}$$

となる．この両者の差，すなわち

$$\alpha_1 - \alpha_2 = a + d(q - p) = \alpha \tag{2-32}$$

は遺伝子 A_2 を A_1 で置きかえた効果と見なされるので，「遺伝子置換の平均効果」と呼ばれる．各遺伝子型について，それを構成する対立遺伝子の平均効果を足し

合わせたものを「育種価」と呼んでおり,相加的であるので「相加的遺伝子型値」とも呼ばれる.育種価とは子によって評価される親の価値を示すもので,育種の効果を見積もるうえで重要である.片親について相手を任意に選んだ場合には育種価はその子の平均値の2倍になる.2倍する理由は,子の値は親の2つのうちいずれか一方の遺伝子よって示される値だからである.両親とも選抜されたものであれば,その子の値は両親の育種価の平均値になる.対立遺伝子間で優劣関係がある場合には「優性偏差」が生じる.優性偏差は対立遺伝子間の相互作用として生じるもので,対となる遺伝子の組合せによって決まり,次世代には伝えられない.ここで遺伝子型値を G,育種価を A,優性偏差を D とすると,

表2-9　集団平均値からの偏差として示した遺伝子型値,育種価,優性偏差の値

	遺伝子型		
	A_1A_1	A_1A_2	A_2A_2
頻　度	p^2	$2pq$	q^2
G	$2q(\alpha - qd)$	$(q-p)\alpha + 2pqd$	$-2p(\alpha + pd)$
A	$2q\alpha$	$(q-p)\alpha$	$-2p\alpha$
D	$-2q^2d$	$2pqd$	$-2p^2d$

$$G = A + D$$

となる.単一遺伝子座について2つの対立遺伝子がある場合の各遺伝子型のG,A,Dを表2-9に示した.

　量的形質に複数の遺伝子座が関与する場合,遺伝子座間の相互作用,エピスタシスがさらに加わる.エピスタシスとは遺伝子座間の非相加的な関係で,これを I とすると,遺伝子型値 G は,

$$G = A + D + I$$

となる.この関係を図2-20に示した.

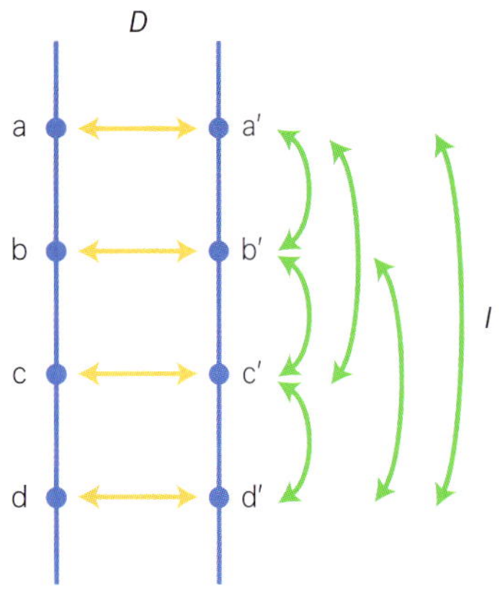

図2-20　ポリジーン遺伝子間の相互作用

D は対立遺伝子間の優劣関係から生じる相互作用.I は遺伝子座間の相互作用(エピスタシス)を示す.

4）分散の分割と遺伝率

　量的形質における表現型は環境の影響を受けることを述べた．したがって，表現型値 P は，遺伝によって決まる部分を G，環境による効果を E とすると，

$$P = G + E$$

となり，これは上のモデルからさらに，

$$P = A + D + I + E$$

に分割される．変異量は分散として測定されるが，今これらの値が集団平均値からの偏差として与えられているので，分散はそれぞれの偏差の2乗の平均として示される．ここで，環境と遺伝子型値の間に相関がなければ，

$$V_P = V_G + V_E$$

で，表現型分散は遺伝子型と環境のそれぞれに起因する成分，すなわち「遺伝子型分散」V_G と「環境分散」V_E に分けられる．遺伝子型分散はさらに育種価，優性偏差，およびエピスタシスに起因する成分に分割でき，

$$V_P = V_A + V_D + V_I + V_E$$

となる．ここで，AとDの間に相関がないことは表2-9から共分散が0になることで示される．表2-9から1遺伝子座について見ると，

$$V_A = 2pq[a + d(q - p)]^2 = 2pq\,\alpha^2 \tag{2-33}$$

$$V_D = (2pqd)^2 \tag{2-34}$$

となり，それぞれ「相加遺伝分散」および「優性遺伝分散」と呼ばれる．また，V_I は「エピスタシス分散」と呼ばれている．表現型分散を成分に分けることによって，それぞれの成分の相対的な重要さを知ることができる．表現型に占める遺伝要因の相対的重要さは分散の割合によって示すことができ，これをその形質の「遺伝率」（heritability）という．遺伝子型分散の表現型分散に占める割合 V_G/V_P は「広義の遺伝率」（H^2）であり，クローンや F_1 雑種，近交系など，遺伝的に均一である集団の選抜効果を推定するために用いられる．林業における挿し木はクローンであり，元となる個体の遺伝子型はそのままクローン個体に受け継がれる．そのため，優性効果やエピスタシスなど他の遺伝要因もそのまま受け継がれる．クローン個体間には遺伝的差違がないため表現型分散はすべてが環境分散であり，これから V_E を推定することができる．V_G はクローンが由来した自然集団，あるいは

異なるクローンからなる混成集団の表現型分散から V_E を差し引くことによって求められる．表現型分散に占める相加遺伝分散の割合 V_A/V_P は「狭義の遺伝率」(h^2) と呼ばれ，交雑育種における選抜効果を見積もるために用いられる．配偶子形成に際して優性分散やエピスタシス分散は解消されると考えるが，連鎖不平衡がある場合にはエピスタシス成分が残るので，遺伝率を過大に見積もることがある．また，環境分散は土壌，養分，気象などの環境の不均一性や測定誤差などの非遺伝的な変動のすべてを含むので，実験計画において環境の効果を十分無作為化することと，高い精度で実験を進めることが必要である．

5）遺伝率の推定

狭義の遺伝率 h^2 は表現型分散に占める相加遺伝分散の割合として定義されたが，ここで育種価の表現型値への回帰を b_{AP} とすると，

$$b_{AP} = \frac{\mathrm{cov}_{AP}}{V_P}$$

ここで，$P = A + D + I + E$ であるが育種価 A と他の成分との間には相関はないので，

$$\mathrm{cov}_{AP} = V_A$$

したがって，

$$b_{AP} = \frac{V_A}{V_P} = h^2 \tag{2-35}$$

となる．育種価はある遺伝子型が実現する子の平均の遺伝子型値を示すものであり，何らかの方法で遺伝率を推定すれば，選抜された親からどの程度の値を示す子が生まれるかを予測できることを示している．したがって，遺伝率の推定は育種の主要な課題になっている．遺伝率の推定は親と子などの近縁個体間の類似性から推定できる．最初に片親とその子の関係を考えてみる．親（片親）と子の類似性は子の親への回帰係数として表すことができる．これを b_{OP} (offspring-parent) とすると，

$$b_{OP} = \frac{\mathrm{cov}_{OP}}{V_P}$$

である．簡単にするために単一遺伝子座を対象にする．親の遺伝子型値を G（＝

$A + D)$ とすると，先に見たように子の遺伝子型値は育種価の半分，すなわち $A/2$ であるので，

$$\mathrm{cov}_{OP} = \frac{1}{n} \sum \frac{1}{2} A(A + D) = \frac{1}{2} V_A + \frac{1}{2} \mathrm{cov}_{AD}$$

ここで n は親の数であり，cov_{AD} は 0 であるので，

$$\mathrm{cov}_{OP} = \frac{1}{2} V_A$$

したがって，回帰は

$$b_{OP} = \frac{1}{2} \frac{V_A}{V_P} = \frac{1}{2} h^2 \tag{2-36}$$

となる．すなわち，狭義の遺伝率は子の片親への回帰を 2 倍することによって推定される．次に両親の平均値（中間親）と子の関係を見ると，中間親と子の共分散 $\mathrm{cov}_{O\bar{P}}$ は，P および P' を両親のそれぞれの表現型値とすると，

$$\mathrm{cov}_{O\bar{P}} = \frac{1}{n} \sum O\bar{P} = \frac{1}{n} \sum O(\frac{P + P'}{2}) = \frac{1}{2} (\mathrm{cov}_{OP} + \mathrm{cov}_{OP'})$$

となる．$\mathrm{cov}_{OP} = \mathrm{cov}_{OP'}$ であれば，

$$\mathrm{cov}_{O\bar{P}} = \mathrm{cov}_{OP} = \frac{1}{2} V_A$$

である．一方，$V_{\bar{P}} = V_P/2$ であるので，

表 2-10　血縁個体間の表現型の類似性

血縁関係	類似性
子と片親	$b = \frac{1}{2} \dfrac{V_A}{V_P}$
子と中間親	$b = \dfrac{V_A}{V_P}$
半きょうだい	$r = \frac{1}{4} \dfrac{V_A}{V_P}$
全きょうだい	$r = \dfrac{\frac{1}{2} V_A + \frac{1}{4} V_D}{V_P}$

第2章　遺伝学の基本　　67

$$b_{op} = \frac{\frac{1}{2}V_A}{\frac{1}{2}V_P} = \frac{V_A}{V_P} = h^2 \tag{2-37}$$

コラム　「花粉症と閾値形質」

　春先になると目がかゆくなったり，鼻水が止まらないなどの症状が出ることがある．これがいわゆる花粉症で，日本人の30%が悩まされ，そのうちの90%がスギ花粉によるものとされている．花粉症の発症には環境要因の他，遺伝的な傾向も指摘されている．その他，多くの成人病，例えば糖尿病や高血圧，心臓病などについても遺伝的要因の関与が指摘されているが，これらは明らかなメンデル遺伝に従わない．このような形質に対し，病因となる生理的要因は多因子的で連続的に分布すると考え，潜在的な正規分布を当てはめることにより量的形質の1つとして取り扱うことができる．このような形質は閾値形質と呼ばれ，病気の発症はある一定の値，閾値を超えたときに起こるとする．これについて集団の平均発症率がわかれば閾値と発症個体の平均値を偏差値を単位として示すことができる．例えば，花粉症の発症率を30%とすると標準正規分布 N（0，1）を適用して閾値（T_1）は0.524，発症個体の平均値（i）は1.159となる（Falconer, D. S., 1993 付表Aより）．父親が花粉症であった場合の子の発症率を45%とすると，子の分布の閾値（T_2）は0.126となる．親の集団の閾値を基準にとると子の集団の平均値は $T_1 - T_2 = 0.524 - 0.126 = 0.398$ だけ正の方向にずれたことになる．子の父親に対する回帰は 0.398/1.159 = 0.343 になるので，(2-36)式から遺伝率は0.686と計算できる．ここでは親世代と子の世代で環境条件が同じで，分散も等しいと仮定しているが，花粉症の増加には生活環境の変化が大きく関わっているとされるので，この点を考慮する必要がある（原田　光）．

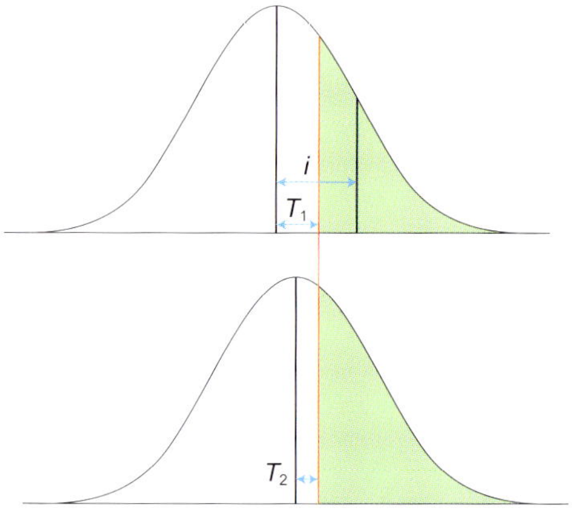

図　閾値形質の潜在的な生理的要因の分布
上：親世代では閾値 T_1 を超えるもの（緑色の部分）が発症する．発症個体の平均値 i は次世代に対する選択強度となる．下：発症個体を親としたときの子世代の分布．T_2 は子世代の閾値．

すなわち，子の中間親に対する回帰は遺伝率に等しくなる．これまでの計算で共分散は遺伝要因のみで決まり，環境共分散が含まれていないのは親と子の環境が互いにランダムな要因によって決定され，相関がないとしたからである．同様にして半きょうだい間および全きょうだい間の類似（この場合は相関）を求めることができる．以上をまとめると表2-10のようになり，これらの関係から遺伝率を推定することができる．ここで，b は回帰係数，r は相関係数を示す．ただし，全きょうだいの場合は同一環境で生育する場合が多いので，環境との相関を考慮する必要がある．

6）人 為 選 択

　交雑育種の過程では親世代から一定水準以上の個体を選抜し，その間で交配を行って子孫を作る．その子孫の中からさらに選抜を行って目的とする形質を持つ品種を作り出す．先に育種価が表現型値に回帰することを見たが，このことは表現型による選抜によって最良の育種価を持つ個体を選ぶことができることを示している．選抜された個体の平均値を M' とし，これと集団平均値 M の差，$M' - M = S$ を「選抜差」と呼んでいる．選抜された親から生まれた子の平均値を M'' とすると，$M'' - M = R$ は選抜によって生じた平均値の変化であり，選抜に対す

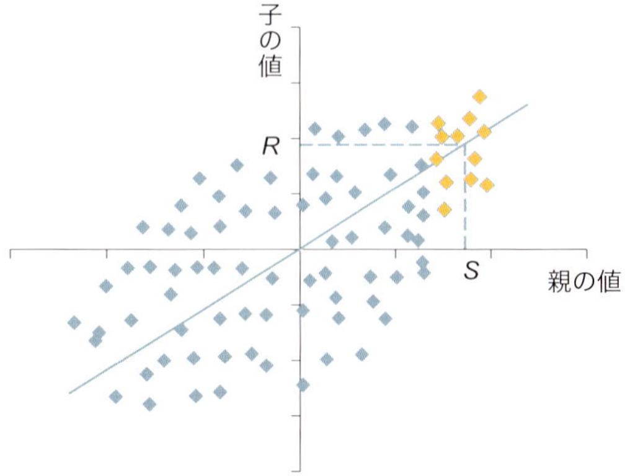

図2-21　中間親に対してプロットした子の平均値
直線は子の親に対する回帰を示す．S は選抜された親の平均値（選抜差），R はその子の平均値（獲得）．

る「応答」と呼ばれる．これらの関係を図2-21に示した．親の値が両親の平均であるとき，すなわち子の中間親に対する回帰係数は遺伝率に等しかったので，

$$R = h^2 S \qquad (2\text{-}38)$$

が成り立つ．一般に量的形質は正規分布をするので，選抜差 S を表現型値の標準偏差 σ_P で標準化したものを「選抜強度」と呼び，i で示すと，

$$i = \frac{S}{\sigma_P} \qquad (2\text{-}39)$$

これは異なる選抜実験や，異なる形質での選抜の強さを比較する指標として用いられる．選抜が行われると平均値が R だけ増加し，次世代の選抜はこの集団について行われることになる．したがって，選抜を繰り返すことによって平均値は上昇していく．このような選抜を方向性選抜と呼んでいる（図2-21）．選抜によって上位の変異をもたらすような遺伝子がより多く選ばれることになる．このため，選抜された個体の集団は母集団とは異なった遺伝子頻度を持つことになる．選抜によってこのような遺伝子が固定してしまうと，もはや選抜による向上が見込めなくなる．このような点を「選抜限界」と呼んでいる．

7）QTLマッピング

量的形質の原因となる遺伝子をQTL（quantitative trait loci）といい，そのうち効果の大きいもの，すなわち主働遺伝子として働くQTLを見つけ出し，染色体上の概在の遺伝子マーカーに関連付けることをQTLマッピングと呼んでいる．QTLマッピングを行うためには対象とする量的形質について明瞭な違いのある2つの近交系を両親として用いる．マーカーとしてはアイソザイム，RAPD，RFLP，AFLP，マイクロサテライト，SNPsなど，中立であればどのようなマーカーでもよい．最初にQTLに1つのマーカー遺伝子が連鎖する場合について考える．両親である2つの近交系それぞれの遺伝子型をMMAAおよびM'M'A'A'とする．ただし，M，M'はマーカーの対立遺伝子であり，A，A'はQTLの対立遺伝子である．また，このQTLについて，AA，AA'，A'A'それぞれの表現型値を a，d および $-a$ とする．F_1 の遺伝子型はMM'AA'であるので，F_1 同士の交配では配偶子として非組換え型であるMA，M'A'の他，組換え型であるMA'，M'Aが生じる．QTLとマーカー間の組換え率を c とすると，前者はそれぞれ $(1-c)/2$，後者

70　　第2章　遺伝学の基本

はそれぞれ $c/2$ の割合で生じる．F_2 はこれらの配偶子の組合せになる．F_2 で生じる各遺伝子型の頻度とその形質値[注] を表2-11に示した．

これからマーカー遺伝子型が MM であるものの形質値の平均は

$$[a(1-c)^2/4 + dc(1-c)/2 - ac^2/4]/(1/4) = a(1-2c) + 2dc(1-c)$$

となる．同様に，MM' および M'M' であるものの平均はそれぞれ，

$$d[(1-c)^2 + c^2] \quad および \quad -a(1-2c) + 2dc(1-c)$$

となる．よって F_2 でマーカーに関してホモ接合になるものの表現型値の平均をそれぞれ（MM），（M'M'）とするとその差は，

$$(MM) - (M'M') = 2a(1-2c) \tag{2-40}$$

また，マーカーについてヘテロ接合のものとホモ接合のものの平均値の差は，

$$(MM') - \frac{(MM) + (M'M')}{2} = d(1-2c)^2 \tag{2-41}$$

となる．マーカーと QTL が連鎖していない場合，$c = 0.5$ となりマーカー遺伝子型間に形質値の差は生じない．完全連鎖の場合，すなわちマーカーと QTL が同じ場所にあれば，これらの差はそれぞれ $2a$ と d の推定値を与えることになる．つまりマーカー遺伝子型間の表現型値の平均の差を検定することにより QTL との有意な連鎖を検出することが可能になる．これには t 検定などを用いることができる．マーカーごとに有意差検定を行うことにより QTL の位置を特定できる．

表2-11　F_2 世代におけるマーカー遺伝子と QTL の分離				
遺伝子型	頻　度	形質値	マーカー遺伝子型	頻　度
MA/MA	$(1-c)^2/4$	a	MM	1/4
MA/MA'	$c(1-c)/2$	d		
MA'/MA'	$c^2/4$	$-a$		
MA/M'A	$c(1-c)/2$	a	MM'	1/2
MA/M'A'	$(1-c)^2/2$	d		
MA'/M'A	$c^2/2$	d		
MA'/M'A'	$c(1-c)/2$	$-a$		
M'A/M'A	$c^2/4$	a	M'M'	1/4
M'A/M'A'	$c(1-c)/2$	d		
M'A'/M'A'	$(1-c)^2/4$	$-a$		

注）ここでは問題とする QTL による表現型値を形質値とする．系統の表現型値には他の QTL も貢献するため系統ごとに平均値が異なる．

第2章　遺伝学の基本　　**71**

ここで容易に推察できるように有意差の程度はマーカーと QTL との距離，および QTL の効果で決まる．ここでは組換え率と QTL の効果は積の形になっており，a, d または c を個別に推定することができない．この問題は「区間マッピング」と呼ばれる方法で解決される．図 2-22 のように QTL が 2 つの既知のマーカー M と N の間にあるとし，QTL とマーカーのそれぞれとの距離を c_1, c_2 とする（c_1 ＋ c_2 ＝ c，c はマーカー間の距離）．両親の系統の遺伝子型を MAN/MAN および M'A'N'/M'A'N' とすると，F_1 の遺伝子型は MAN/M'A'N' となる．連鎖解析は F_2，もしくはいずれかの両親への戻し交配によって行われる．F_1 を MAN/MAN の遺伝子型を持つ親へ戻し交配したときに分離する配偶子の頻度とそれによる形質値を表 2-12 に示した．ただし，ここで 2 つのマーカー間の距離は十分に短く 2 重乗換えは起こらないと仮定している．よって，マーカー遺伝子型が MN/MN であるものの形質値の平均は

$$[a(1-c)/2]/[(1-c)/2] = a$$

となる．同様にして，MN'/MN，M'N/MN，M'N'/MN のそれぞれの遺伝子型の

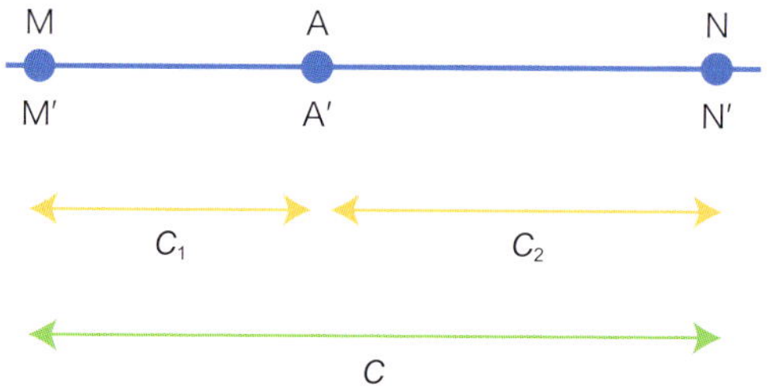

図2-22　区間マッピング

M と N はマーカー遺伝子座で c はその間の組換え率．A は QTL で，c_1, c_2 はそれと各マーカー間の組換え率を示す．

表 2-12　区間マッピングにおける 2 つのマーカー遺伝子と QTL の分離

F_1 配偶子タイプ	頻　度	形質値	マーカー遺伝子型[1]	頻　度
MAN	$(1-c)/2$	a	MN/MN	$(1-c)/2$
MAN'	$c_2/2$	a	MN'/MN	$c/2$
MA'N'	$c_1/2$	d		
M'AN	$c_1/2$	a	M'N/MN	$c/2$
M'A'N	$c_2/2$	d		
M'A'N'	$(1-c)/2$	d	M'N'/MN	$(1-c)/2$

[1] F_1 を MAN/MAN に戻し交雑した．

形質値の平均は $(ac_2 + dc_1)/c, (ac_1 + dc_2)/c$ および d となる．よってマーカーに関して非組換え型のものの表現型値の平均の差は，

$$(MN/MN) - (M'N/MN) = a - d \tag{2-42}$$

また，組換え型のものの表現型値の平均の差は

$$MN'/MN - M'N/MN = (a - d)(c_2 - c_1)/c \tag{2-43}$$

となる．(2-42)式から $a - d$ が，また $c_1 + c_2 = c$ より c_2 および c_1 が推定されることになり，QTL の位置が2つのマーカー間にマッピングされる．a または d を個別に推定するためには両方の親への戻し交配を行うか，F_2 を用いた交配を行う必要がある．

　区間マッピング法に基づいてゲノム全体に張り巡らされたマーカーを効率よく使い，連鎖群ごとに QTL を検出し，マップする方法が Lander, E. S. と Botstein, D. (1989) によって開発された．マーカー区間ごとに QTL を想定し，c_1 として適当な値を与えると，戻し交配または F_2 子孫の遺伝子型 m_i（$i = 1, 2, \cdots n$）によって決まる表現型値 z_i の尤度関数は，

$$L = \prod_{i=1}^{n} \Pr(z_i | m_i) = \prod_{i=1}^{n} \left(\sum_{X_i} \Pr(z_i | X_i) \Pr(X_i | m_i) \right)$$

で与えられる．ここで，$\Pr(X_i | m_i)$ はマーカー遺伝子型が m_i のときに QTL の遺伝子型が X_i である確率で c_1 が与えられれば決まる．また，$\Pr(z_i | X_i)$ はそのときに表現型値 z_i を得る確率で QTL の遺伝子型 AA（平均 μ + a，分散 σ^2）および AA'（平均 μ + d，分散 σ^2）に対する2つの正規分布から求められる．両者の確率が積になるのは，マーカー遺伝子型は QTL の効果に対し独立と考えるからである．2つのマーカーに挟まれた区間ごとに c_1 を動かし（例えば 1cM ずつ），そのときの尤度関数の最大値 L_1 を計算する．また，連鎖がない（$c_1 = 0.5$）としたときの最大値 L_0 を同時に計算し，この比を対数に取った LOD（$= \log_{10}(L_1/L_0)$，対数オッズ比）について連鎖地図上にプロットする．ここで LOD が2であれば，帰無仮説（L_0）はランダムに 100 回に1回は採択されることを意味する．帰無仮説の棄却域はマーカー密度とゲノムサイズに依存し，通常2〜3の範囲に設定され，これを上回ったピークのところに QTL があると判断される．

　量的形質を染色体上にマッピングする試みはすでに Sax, E. によって 1923 年には報告されているが，ここで説明する QTL マッピングが普及してきたのは

DNA ベースの多くの遺伝子マーカーが開発されてきた 1980 年代以降のことである．QTL が特定のマーカーとの連鎖関係において特定されるということは家畜や作物においてはマーカーに先導された育種が可能になるということを意味している．また，多くの量的形質においてそれを決定しているのは少数の主働遺伝子としての QTL であることが明らかにされてきており，ヒトやモデル生物をはじめとして多くの生物種で全ゲノム配列が明らかにされてきている現在，これらのデータを利用した高密度のマッピングも可能である．これにより QTL の候補として，特定の遺伝子をピンポイントにクローニングすることができる．これからの育種が遺伝子ベースで進むことが予想される．

引 用 文 献

1. 遺伝子の本体と遺伝の仕組み

1）齊藤真己：無花粉（雄性不稔）スギのデータベース．富山県農林水産総合技術センター森林研究所，独立行政法人森林総合研究所，2009．
(http://tulip.agri.pref.toyama.jp/nsgc/shinrin/webfile/t1_e8f20b2d986b56bc92730baad9a4ab4b.pdf)

2）太田　明，村川義雄：滋賀県森林センター業務報告書，35: 1-4, 2002．

3）Moriguchi, Y. et al.: BMC Genomics, 13:95, 2012．

4）Tsubomura, M. et al.: Annals of Forest Science, On line First, 2012．

5）Hayashi, E. et al.: Theoretical and Applied Genetics, 108(6), 1177-1181, 2004．

6）Hirao, T. et al.: Current Genetics, 55 ; 311-321, 2009．

第3章

天然林の遺伝的変異

●●● 　生物多様性は遺伝子，種，生態系という3つの階層レベルの多様性からなり，最も基層に位置している種内の遺伝子の多様性である遺伝的多様性，すなわち種内の遺伝的変異（genetic diversity）は，その上層に位置する種多様性の源となっている．遺伝的多様性には3つの意義がある．1つは，生物進化上の意義である．約38億年前の生命誕生から遺伝子が伝える情報は刻々と変化して蓄積し，多様な種が分化してきた．この過程が生物進化であり，遺伝的多様性は，新しい種が生まれるために必要不可欠である．2つめは，種の存続における意義である．遺伝的多様性には，環境変動に対して適応（生存力や繁殖力）を維持し，高めて，種を存続させるという効果がある．最後は，人間社会の利益という観点からの意義である．生物の持つ多様な遺伝子は，遺伝資源として，将来，人間社会に経済的な価値をもたらすという潜在的な価値がある．

　種内の遺伝的変異は生物に普遍的な属性であるが，樹木は，他の植物と比べて，種内に高い遺伝的変異を保有する傾向がある．樹木の種内と種間に存在する遺伝的変異のありようは，森林の遺伝的管理，林木遺伝資源保全，林木育種などを行ううえで不可欠な情報である．

　この章では，まず，中立的な変異だけでなく，適応的な変異も含めて，天然林の集団がどのような遺伝的多様性を保有しているかについて述べる．次に，集団内における生態的な過程と遺伝的構造の関係について述べ，遺伝的多様性維持のメカニズムについて言及する．さらに，主要な樹木の分類群に関する系統関係を示して，樹木の進化的歴史についてもふれる．最後に，保全遺伝学の観点から，遺伝的多様性の劣化と減少について述べ，樹木の遺伝的多様性保全のあり方について考える． ●●●

1．種内の遺伝的変異 —中立変異—

　ある種の分布域において集団構造がある場合，すなわち，種が広い分布域を持ち，集団と集団が物理的に隔離されたり，連続して分布していても，個体の移動距離が制限されているような場合，種内の遺伝的変異は個体，集団，種（全集団）の３つのレベルで捉えることができる．二倍体生物の個体において，ある特定の遺伝子座の遺伝子型がヘテロ接合体のとき，すなわちその遺伝子座の２つの対立遺伝子が異なるとき，その個体は遺伝的変異を保有している．また，ある集団に属する個体間で遺伝子型が異なるとき，その集団内には遺伝的変異がある．前章で述べたように，集団の遺伝的組成は対立遺伝子頻度で表すのが一般的であるが，この対立遺伝子頻度が集団間で異なるとき，集団間に遺伝的変異があり遺伝的に分化している．このように，種内の遺伝的変異は，集団内の遺伝的変異と集団間の遺伝的変異に分割することができる．集団間に遺伝的分化が見られる場合は，たいてい分布域内に地理的な遺伝的構造が存在する．この遺伝的構造とは，集団の地理的位置と遺伝的組成の間に何らかの関係が見られることであり，同じ地域の集団は遺伝的組成が似ているが，別の地域の集団とは遺伝的組成が異なる．なお，生物多様性の概念が導入されたことにより，遺伝的多様性という用語が多用されるようになったが，生物多様性の構成要素である遺伝的多様性は種内の遺伝的変異とほぼ同義である．

　個体の環境適応性に影響を与えるような表現形質は自然選択を受けている．そのような表現形質をもたらす遺伝的変異を適応的変異という．一方，自然選択の影響を受けない遺伝的変異は中立変異である（☞ 第２章コラム「適応と中立」）．DNAレベルの突然変異の多くは個体の適応度にほとんど変化をもたらさない中立突然変異である．この中立突然変異によって生じる遺伝的変異が中立変異である．中立変異は，主に遺伝的浮動と移住（遺伝子流動）の影響を受け，さまざまな遺伝マーカーにより検出することができる（☞ コラム「遺伝マーカー」）．中立変異を検出するための代表的な遺伝マーカーとしてアロザイムがある．また，DNAマーカーとしては，RAPD，AFLP，マイクロサテライト（SSR）などがある．特に，マイクロサテライトは非常に多型性が高く，近年，頻繁に用いられている

遺伝マーカーである．本節では，遺伝的変異の定量化について述べたのち，天然
林集団がどのような中立変異を保有しているかについて述べる．

1）遺伝的変異の定量化

遺伝マーカーにより決定された遺伝子型をデータとして，さまざまな方法によ
り，集団内の遺伝的変異と集団間の遺伝的変異（遺伝的分化）が定量化される．
ここでは，遺伝的変異を定量化する尺度について述べるが，これらは中立変異に
限らず，適応的変異にも用いられる．

(1) 集団内の遺伝的変異の尺度
a．多型的遺伝子座の割合
複数の対立遺伝子が存在する遺伝子座を多型的遺伝子座という．多型的遺伝子
座の割合は，多型的遺伝子座数を調査した全遺伝子座数で割って求める．遺伝子
座が多型かどうかは，サンプル数（個体数）に依存する．すなわち，サンプル数
が増加するにつれて異なる対立遺伝子が検出され遺伝子座が多型となる傾向があ
る．そのため，多型的遺伝子座の定義を，最も頻度の高い対立遺伝子の頻度が0.95
または0.99未満である遺伝子座とすることがある．

b．遺伝子座当たりの対立遺伝子数
調査した遺伝子座で検出された対立遺伝子の総数を全遺伝子座数で割って求め
る．前述したように，遺伝子座当たりの対立遺伝子数はサンプル数に依存する．
したがって，サンプル数が集団間で異なる場合，この値を集団間で比較すること
は難しい．なお，多型的遺伝子座だけで求められる多型的遺伝子座当たりの対立
遺伝子数も遺伝的変異の尺度として用いられることがある．

c．アレリックリッチネス
アレリックリッチネス（R）[1]は，ある集団のサンプル数 N から $2n$ 個の対立遺
伝子をランダムに取り出したときに期待される対立遺伝子の数であり，以下の式
で求められる．

$$R = \sum_i [1-({}_{2N-N_i}C_{2n}/{}_{2N}C_{2n})] \qquad (3\text{-}1)$$

ここで，N_i は i 番目の対立遺伝子の数である．また $N \geqq n$ であり，通常，n は比

コラム 「遺伝マーカー」

　遺伝マーカーは，個体間の遺伝的な差異を見分けるための可視形質や分析によって得られる表現型の形質であり，遺伝的変異を調べるための道具（ツール）である．遺伝マーカーとして望まれる条件には，単純なメンデル遺伝に従い，表現型が1遺伝子座の遺伝子型の違いによって決められること，対立遺伝子間に優劣関係のない共優性であること（以上は核ゲノムのマーカーの場合），環境の影響がなく，発生の過程で表現型がかわらないこと，器官や組織によって表現型が異ならないこと，解析に十分な多型を示すこと，マーカー開発や遺伝子型決定の実験が簡便であることがあげられる．

　遺伝学において最初に用いられた遺伝マーカーは形態的な可視形質である．メンデルが用いたエンドウの豆の形や色，自然選択を検出した具体例としてよく知られている工業暗化のオオシモフリエダジャクの体色（明色型と暗色型）は，その例である．林木では1970年代やそれ以前に，実生で観察される突然変異体，例えばアルビノ，矮性などが用いられ，交配様式などが解明された．また，スギの葉緑体異常を用いて，針葉樹において葉緑体の父性遺伝が初めて発見された[2]．現在でも形態形質の変異はさまざまな研究で有効なマーカーであるが，数に限りがあるため，その多型はゲノム全体を代表するものではなく，また多くの研究では目的にかなうだけの十分な変異が得られないという欠点がある．

　生化学的マーカーにはアロザイムがある．アロザイムは，酵素としての働きは同じであるが，電荷量やサイズが異なるという変異を持つ酵素である．この変異は電気泳動という実験で移動度の差として検出できる．より一般的な用語としてアイソザイムがあるが，アロザイムは1遺伝子座の対立遺伝子によって支配されるアイソザイムのことをいう．1966年にヒトとショウジョウバエのアロザイム変異が報告されて以来，さまざまな生物集団を対象としてアロザイム変異が調べられ，遺伝的変異はほとんどの生物集団に遍在していることが明らかにされた．林木では1980年代以降に，アロザイムにより天然林集団の遺伝的変異や交配様式などが盛んに調べられた．アロザイムは遺伝マーカーとして望まれる条件をおおよそ満たしている優れたマーカーであるが，最大の欠点は，調べられる遺伝子座の数に限りがあること，またその変異が酵素をコードする遺伝子，それも電荷量やサイズをかえる塩基配列の変異を示しているにすぎないことである．したがって，アロザイムではゲノム全体の変異の一部しか明らかにすることができない．

　分子マーカーはDNAマーカーとも呼ばれ，最も新しい遺伝マーカーである．分子生物学的手法の発達に伴い，1980年以降目覚ましいスピードで新しい分子マーカーが次々と開発されてきた．林木では，1990年代以降に分子マーカーがさまざまな遺伝解析に用いられるようになった．分子マーカーには形態的・生化学的マーカーを超える利点，すなわち，利用できる遺伝子座数は潜在的には制限がない，ゲノム全体から多型を検出できる，選択に対して中立でない遺伝子座も調べられる，さまざまなレベルの多型性を示すマーカーを使用できるなどがある．欠点としては，マーカー開発や遺伝子型決定の実験に時間，労力，費用がかかることである．分子マーカーには，サザンブロティング法（サザンハイブリダイゼーション法）によるものとポリメラーゼ連鎖反応（polymerase chain reaction, PCR）によるものがあり，前者はRFLP（restriction fragment length polymorphism, 制限酵素断片長多型）である．RFLPは，制限酵素によってDNAを切断し，サザンブロティング法によってDNA断片の長さの変異として検出される．林木では，オルガネラゲノムのRFLPが，

（次ページへ続く）

種間の系統関係や集団間の遺伝的分化, オルガネラ DNA の遺伝様式を明らかにした. また, 核ゲノムの RFLP は連鎖地図の作成に用いられた. RFLP は共優性という利点を持つが, 手法が複雑なこと, 多量の DNA を必要とするところが欠点である. PCR-RFLP は後者の PCR による遺伝マーカーであり, 特定領域を PCR で増幅して制限酵素で切断したときに得られる DNA 断片の長さの変異である. これは CAPS (cleaved amplified polymorphic site) と呼ばれることがある. これ以外の PCR による遺伝マーカーの代表的なものは, RAPD (random amplified polymorphic DNA), AFLP (amplified fragment length polymorphism), マイクロサテライト (microsatellite; simple sequence repeat, SSR) である. 近年用いられる遺伝マーカーのほとんどは, このような PCR ベースのマーカーである. その最大の理由は, PCR はごくわずかの DNA で解析できることである. RAPD は, 10 塩基程度のランダム配列をプライマーとしてゲノム DNA を増幅して, 個体間における増幅の有無がバンドの有無として検出される. したがって, この多型は通常, プライマーと相補的な配列があるかないかの多型である. AFLP 分析は, RFLP と RAPD の技術を巧みに組み合わせたものである. amplified fragment length polymorphism と呼ばれるが, 長さの多型ではなく, バンドの有無の多型である. すなわち, RFLP のようにゲノム DNA を制限酵素で切断し, その DNA 断片を RAPD のようにランダム配列を含むプライマーを用いて増幅して, バンドの有無として検出される. RAPD と AFLP はゲノム全体の多型が検出できるという利点があるが, 優性マーカーであるという欠点がある. また, RAPD は再現性が得られにくいが, AFLP ではより再現性が高い. 林木では, RAPD と AFLP は連鎖地図の作成や品種およびクローンの同定などに有効に用いられてきた. SSR は主に 2〜3 塩基を単位とした縦列反復配列であり, 個体間で繰返し数に大きな変異がある. SSR には共優性であることと, 一般に多型性が非常に高いという利点がある. 林木においても, この超多型という特徴から個体識別や花粉・種子散布の調査に威力を発揮してきた. また, 天然林集団の遺伝的構造や交配様式, 遺伝子流動などの研究にも有効に用いられてきた.

　塩基配列データは究極の遺伝情報である. これを得るための方法の 1 つとして EST (expressed sequence tag, 発現配列タグ) の利用がある. EST は mRNA を逆転写した相補的 DNA (complementary DNA, cDNA) の部分配列であるため, タンパク質として発現する遺伝子の情報が含まれている. マツ, ポプラ, ユーカリ, スギなどの林木においてゲノムプロジェクトが進行し, それにより得られた EST の配列は DNA データベース (GenBank など) に登録されている. EST を PCR 増幅するためのプライマーを設計し (これを STS (sequenced tag site) 化という), 個体別にシークエンスすると塩基配列レベルの変異が明らかにされる. このうち, 1 塩基が置換された多型を一塩基多型 (single nucleotide polymorphism, SNP) という. 遺伝マーカーとして SNP を利用するために, SNP のタイピング方法がいくつも開発されている. 一般に, RAPD, AFLP, SSR は非コード領域の変異, すなわち中立変異であるが, EST 配列の多型は構造遺伝子の変異である. したがって, EST 配列の多型を用いることにより, 適応的変異を明らかにできる可能性がある.

　最後に, 遺伝解析においてどの遺伝マーカーを用いるかは, どのゲノム (葉緑体ゲノム, ミトコンドリアゲノム, 核ゲノム) を調べるのか, 特定の遺伝子座を調べるのか, それともゲノムワイドに調べるのか, どの程度の多型性が必要なのか, 中立的変異を調べるのかそれとも適応的変異を調べるのかなど, 研究の目的や材料に最も適したマーカーを選択する必要がある. 技術的な解説は,『森の分子生態学』,『森の分子生態学 2』(文一総合出版) などを参照されたい (戸丸信弘).

較する集団間で最も少ないサンプル数とする．遺伝子座ごとに求められ，調査した全遺伝子座の平均値が計算される．アレリックリッチネスは，サンプル数が異なる場合でも集団間で比較することができるため，集団内の遺伝的変異の程度を比べることのできる優れた尺度である．

d．ヘテロ接合度および遺伝子多様度

ヘテロ接合度は，ある遺伝子座におけるヘテロ接合体の割合であり，観察値と期待値がある．ヘテロ接合度の観察値（H_o）は，実際に観察されたヘテロ接合体の割合である．一方，ヘテロ接合度の期待値（H_e）は，ハーディ・ワインベルク平衡を仮定したときの値であり，以下の式で求められる．

$$H_e = 1 - \sum_i x_i^2 \tag{3-2}$$

ここで，x_i は i 番目の対立遺伝子の頻度である．遺伝子座ごとに求められ，調査した全遺伝子座の平均値が計算される．これは平均ヘテロ接合度（あるいは平均遺伝子多様度）と呼ばれる[3]．ヘテロ接合度の概念は，ヘテロ接合体がありえない半数体生物や倍数体生物には適用できない．そこで，半数体，二倍体，倍数体のいずれの生物でも，さらに生物の生殖様式が有性生殖，無性生殖，交配様式が任意交配，自殖など，どのような場合でも使用できる遺伝的変異の尺度として，遺伝子多様度がある[3]．遺伝子多様度の定義は，ランダムに抽出した2つの対立遺伝子が異なる確率であり，(3-2)式と同じ式で求められる．

集団内の遺伝的変異の程度を測る尺度として，ヘテロ接合度の期待値（遺伝子多様度）が最もよく使われている．その理由は，ヘテロ接合度の期待値は，頻度の低い対立遺伝子の影響をほとんど受けないため，サンプル数への依存性が低いためである．また，観察値ではなく，期待値が使われるのは，観察値は近親交配などの交配様式に強く影響され，集団状況によって変化しやすいからである．

ここまでに述べてきた集団内の遺伝的変異を測る尺度は，対立遺伝子の数や頻度から計算される．したがって，測られる遺伝的変異は，対立遺伝子レベルの変異である．さらに，集団内の個体についてある領域の塩基配列が決定されれば以下のような尺度を用いて塩基レベルの変異が定量化できる．

e．多型サイト数および多型サイトの割合

1つ1つの塩基の位置をサイトと呼ぶ．配列間において塩基が異なるサイトは

多型サイトと呼ばれる. 配列が長くなるほど, 多型サイトの数が増加するのは明らかである. 多型サイト数を配列の長さで割って求めたものが, 多型サイトの割合 (s, サイト当たりの多型サイト数) である. 多型サイト数も多型サイトの割合も調べるサンプル数 (配列数) に依存し, サンプル数が増加するにつれてどちらの値も増加する. 中立突然変異によって多型サイトが生じる過程が説明されるモデルとして無限サイトモデルがある. このモデルのもとでは, 有効集団サイズと突然変異率の積である θ ($= 4Ne\mu$) は, s を用いて以下の式で推定される (Nei, 1987).

$$\theta = s/a_1 \tag{3-3}$$

ここで, $a_1 = 1^{-1} + 2^{-1} + 3^{-1} + \cdots + (m-1)^{-1}$ であり, m は配列の長さである. θ はサンプル数に依存していないので, θ は s よりも基本的な遺伝的変異のパラメータである.

f. 塩基多様度

サンプル数に依存しない尺度として塩基多様度 (π) があり, 以下の式で求められる[3].

$$\pi = \sum_{i<j} \pi_{ij} \Big/ c \tag{3-4}$$

ここで, π_{ij} は, i 番目と j 番目の配列間のサイト当たりの塩基差異数あるいは塩基置換数である. c は比較した配列の組合せ数 [$n(n-1)/2$] であり, n はサンプル数である. 無限サイトモデルのもとでは, π も θ の推定値である.

(2) 集団間の遺伝的変異 (遺伝的分化) の尺度

a. G_{ST}

集団内と集団間における遺伝的変異の分布パターンや集団間の遺伝的分化程度を評価する尺度が Nei の G_{ST} である[3]. まず, 種内の遺伝的変異は, 全集団の遺伝子多様度 (H_t) で測られる.

$$H_t = 1 - \sum_i \overline{x_i}^2 \tag{3-5}$$

ここで, $\overline{x_i}^2$ は調査した複数集団における i 番目の対立遺伝子の平均頻度である. 次に, 集団内の遺伝的変異は, 集団内の平均遺伝子多様度 (H_s) で測られる. これは,

(3-2)式により各集団で求められるヘテロ接合度の期待値（H_E）の平均値である．集団間の遺伝的変異を表す集団間の平均遺伝子多様度を D_{ST} とすると，$H_T = H_S + D_{ST}$ なので $D_{ST} = H_T - H_S$ となる．集団間の相対的な遺伝的分化程度を表す G_{ST} は以下の式で求められる．

$$G_{ST} = D_{ST}/H_T \tag{3-6}$$

この式からわかるように，G_{ST} は種内全体の遺伝的変異に対する集団間に存在する遺伝的変異の割合を表していると解釈できる．多数の遺伝子座を用いて G_{ST} を計算する場合，H_T と H_S の平均値から G_{ST} を求める．これまでに，天然林集団を対象としアロザイムを遺伝マーカーとして集団間の遺伝的分化を解析した多くの研究では，この G_{ST} を使用している．オルガネラ（葉緑体，ミトコンドリア）のDNA 変異の調査では，対立遺伝子頻度のかわりにハプロタイプ（半数体の遺伝子型）の頻度を用いることにより遺伝子多様度（ハプロタイプ多様度と呼ぶことがある）や G_{ST} を求めることができる．

b．F 統 計 量

Wright, S. は，ハーディ・ワインベルク平衡からの偏りを個体，集団，全集団のレベルで評価するために，F統計量あるいは固定指数と呼ばれる3つの指数（F_{IS}, F_{ST}, F_{IT}）を提案した[4, 5]．3つの固定指数の間には以下の式のような関係がある．

$$1 - F_{IT} = (1 - F_{IS})(1 - F_{ST}) \tag{3-7}$$

F統計量はもともと2対立遺伝子で定義されたが，Nei は複対立遺伝子にも適用できるように，以下のような個体，集団，全集団のレベルのヘテロ接合度を用いて F統計量を求める方法を提案した[3]．

H_I：集団内におけるヘテロ接合度の観察値の平均値

H_S：集団内におけるヘテロ接合度の期待値の平均値

H_T：全集団におけるヘテロ接合度の期待値

3つの F統計量は以下の式で求められる．

$$F_{IS} = (H_S - H_I)/H_S \tag{3-8}$$

$$F_{ST} = (H_T - H_S)/H_T \tag{3-9}$$

$$F_{IT} = (H_T - H_I)/H_T \tag{3-10}$$

F_{IS} は，近親交配などによるヘテロ接合度の観察値の減少を表すものであり，近親交配の程度を表す近交係数ともいわれる．F_{ST} は集団分割によるヘテロ接合

度の期待値の減少を表し，集団間の遺伝的分化の程度を測る．この F_{ST} は G_{ST} とほとんど同じものである．最後の F_{IT} は，両方の効果によるヘテロ接合度の観察値の減少を表す．

F統計量を計算するもう1つの方法は，対立遺伝子の分散を用いる Weir, B. S. と Cockerham, C. E. の方法である[6]．この方法も複対立遺伝子に適用できる．F_{IS}，F_{ST}，F_{IT} のそれぞれに対応する f，θ，F は以下の式で求められる．

$$f = \sigma_b{}^2/(\sigma_b{}^2 + \sigma_w{}^2) \tag{3-11}$$

$$\theta = \sigma_a{}^2/(\sigma_a{}^2 + \sigma_b{}^2 + \sigma_w{}^2) \tag{3-12}$$

$$F = (\sigma_a{}^2 + \sigma_b{}^2)/(\sigma_a{}^2 + \sigma_b{}^2 + \sigma_w{}^2) \tag{3-13}$$

ここで，σ_a，σ_b，σ_w はそれぞれ集団間，集団内個体間，個体内の対立遺伝子の分散成分である．この方法は，近年，F_{IS}，F_{ST}，F_{IT} を推定するのに最もよく使われている方法である．

Wright は F_{ST} の値が0から0.05でわずかな，0.05から0.15で中程度の，0.15から0.25で大きな，0.25以上で非常に大きな遺伝的分化が生じているとしている．また，集団間の遺伝的分化程度を測るために G_{ST} と θ のどちらを用いても，よく似た結果が得られている．

c．その他の尺度

対立遺伝子が突然変異によって生じる過程を説明するモデルの代表的なものとして無限対立遺伝子モデルとステップワイズ（段階状）突然変異モデルがある．無限対立遺伝子モデルは，アロザイムなどに当てはまる．G_{ST} と F_{ST} は，無限対立遺伝子モデルを仮定した指数である．ステップワイズ突然変異モデルを仮定した遺伝的分化の指数としては Slatkin, M. の R_{ST} がある[7]．マイクロサテライトのようにステップワイズ突然変異モデルに当てはまる可能性のある遺伝マーカーを用いる場合は，R_{ST} が計算される．しかし，マイクロサテライトの突然変異のパターンは不規則で，ステップワイズ突然変異モデルから逸脱しているという証拠も提示されているため，マイクロサテライトを用いた場合でも G_{ST} や F_{ST} を計算すべきである．

G_{ST} や F_{ST} は集団間の対立遺伝子頻度の差異に基づく遺伝的分化の指数であるが，対立遺伝子間（あるいはハプロタイプ間）の遺伝的類縁性は考慮されていない．Pons, O. と Petit, R. J.（1996）[8] が提唱した N_{ST} は，オルガネラ DNA のハプロタ

イプ間の遺伝的類縁性を考慮した指数であり，ハプロタイプの地理的分布で明らかとなった遺伝的構造が系統を反映したものかどうかを調べることができる．

集団間の遺伝的分化を評価するもう 1 つの方法に分子分散分析（analysis of molecular variance，AMOVA）がある[9]．F_{ST} と同等の指数である Φ_{ST} により集団間の遺伝的分化程度が測られる．この方法の利点はさまざまなデータに適用できることと，階層的な解析により，例えば地域間，地域内集団間，集団内個体間の遺伝的変異を評価できることである．

最後に，G_{ST} や F_{ST} は集団内の遺伝的変異の程度に大きく依存し，集団内の遺伝的変異が高いとこれらの値は低くなるという問題点がある．したがって，集団内の遺伝的変異が異なる種間や遺伝子座間では G_{ST} や F_{ST} を比較することができない．この問題に対処した尺度として Hedrick，P. W. の G'_{ST} [10] や Jost，L. の D [11] がある．以上のような遺伝的変異の定量化に関する指標の計算のため，さまざまなコンピュータプログラムが開発されている．

2）樹木における集団内と集団間の遺伝的変異

現在までにさまざまな植物を対象としてアロザイムによる遺伝的変異の研究が行われ，多くのデータが蓄積されている．Hamrick，J. L. らの研究グループは種子植物のアロザイムデータをもとに，それぞれの種を以下の 8 種類の特徴で分類して，種内や集団内，集団間の遺伝的変異との関連を調べ，表 3-1 のようにまとめた．

分類群：裸子植物，双子葉類，単子葉類

分布範囲：固有，狭い，地域的，広範

分布帯：北方 - 温帯，温帯，温帯 - 熱帯，熱帯

生活形：一年生，短命の多年生（草本，木本），長命の多年生（草本，木本）

繁殖様式：有性生殖，有性生殖と無性生殖

交配様式：自殖，混合交配 - 動物媒，混合交配 - 風媒，他殖 - 動物媒，他殖 - 風媒

種子散布様式：重力，重力 - 付着，付着，破裂，摂食，風

遷移段階：初期，中期，後期

この表からわかるように，種子植物が保有する遺伝的変異は特に生活形と交配様

式とに強い関係があり，分布範囲や種子散布様式などにも関係がある．同様な傾向は，核のDNAマーカーを用いても得られている[12]．しかし，注意すべき点が

表3-1　種子植物におけるさまざまな種の特徴とアロザイム変異との関係

A. 種内の遺伝的変異　H_T

特　徴	低い		高い
分類群	双子葉類		裸子植物
分布範囲	固有		広範
分布帯	温帯		北方 - 温帯
生活形	短命の木本植物		長命の木本植物
繁殖様式		有意差なし	
交配様式	自殖		他殖 - 風媒
種子散布様式	破裂		摂食
遷移段階		有意差なし	

H_Tにおける重要度の順番：生活形＞交配様式＞分布範囲＞種子散布様式＞分類群
$R^2 = 0.171$

B. 集団内の遺伝的変異　H_S

特　徴	低い		高い
分類群	双子葉類		裸子植物
分布範囲	固有		広範
分布帯		有意差なし	
生活形	長命の草本植物		長命の木本植物
繁殖様式		有意差なし	
交配様式	自殖		他殖 - 風媒
種子散布様式	破裂		風
遷移段階		有意差なし	

H_Sにおける重要度の順番：生活形＞交配様式＞分布範囲＞分布帯＞種子散布様式
$R^2 = 0.215$

C. 集団間の遺伝的分化　G_{ST}

特　徴	低い		高い
分類群	裸子植物		双子葉類
分布範囲		有意差なし	
分布帯	北方 - 温帯		温帯
生活形	長命の木本植物		一年生植物
繁殖様式		有意差なし	
交配様式	他殖 - 風媒		自殖
種子散布様式	風		重力
遷移段階	後期		初期

H_Tにおける重要度の順番：交配様式＞生活形＞分類群＞種子散布様式＞分布帯
$R^2 = 0.446$

H_T：全集団の遺伝子多様度，H_S：集団内の平均遺伝子多様度，G_{ST}：遺伝的分化の指数．R^2 値は8つの特徴によって説明される種間のばらつきの割合を示す．（Hamrick, J. L. and Godt, M. J. W., 1996より作成）[13]

2つある．1つは，種間に見られる遺伝的変異の差異のうち種の特徴で説明できる割合は半分以下であることである（種内変異が17.1％，集団内変異が21.5％，集団間変異が44.6％）．それぞれの種が保有する遺伝的変異は，それぞれの種が経験してきた歴史的な集団動態（分布域の移動や集団サイズの変動）が強く反映されており，例えば，現在は分布域が広くても過去に急激な集団サイズの減少（ボトルネック）を経験していると遺伝的変異が低いままであることがある．もう1つは，このような種間比較では本来，種間の系統関係や比較する形質間の相関を考慮しないと誤った関係が見出されてしまう恐れがあることである．Duminil, J.ら[14]は種間の系統関係と形質間の相関を考慮して，集団間の遺伝的分化について種間比較を行った．その結果，依然として交配様式はG_{ST}の値と有意な関係があった．

表3-1からは，長命の木本植物は他の生活形の植物と比べて，種内全体の遺伝的変異が高く，その変異を分割すると集団内の遺伝的変異が高く，集団間の遺伝的分化が低いことがわかる．この傾向を遺伝的変異の尺度で具体的に示しているのが表3-2である．長命な木本植物の集団では，平均して，アロザイムの遺伝子座の約50％が多型であり，各遺伝子座に2個弱の対立遺伝子を持ち，約15％の遺伝子座はヘテロ接合体の状態である（$H_S = 0.148$）．これらの値は他の植物よりも有意に高い．また，他の植物と比べて，種内全体の遺伝的変異が高いが（$H_T = 0.177$），その90％以上を集団内の遺伝的変異として保有しているため，集団

生活形	N	P	A	H_T	H_S	G_{ST}
表 3-2　種子植物の生活形ごとの集団内と集団間のアロザイム変異						
全　体	584 〜 655	34.6	1.52	0.150	0.113	0.228
一年生	186 〜 226	29.4 a	1.45 a	0.154 a	0.101 a	0.355 a
短命の多年生						
草　本	164 〜 204	28.3 a	1.39 a	0.125 b	0.098 a	0.253 b
木　本	14 〜 23	31.7 a	1.54 ab	0.111 ab	0.096 a	0.155 bc
長命の多年生						
草　本	24 〜 30	21.5 a	1.32 a	0.124 b	0.082 a	0.278 ab
木　本	191 〜 196	49.3 b	1.76 b	0.177 c	0.148 b	0.084 c

N：調べた文献の数，P：多型的遺伝子座の割合，A：遺伝子座当たりの対立遺伝子数，H_T：全集団の遺伝子多様度，H_S：集団内の平均遺伝子多様度，G_{ST}：遺伝的分化の指数．ただし，G_{ST}は多型的遺伝子座のみで計算された値である．値に付けられているアルファベットが異なるとき，それらの値は5％の有意水準で異なることを示す．　　　　（Hamrick, J. L. et al., 1992 より作成）

間の遺伝的分化は非常に低い（$G_{ST} = 0.084$）.

3）日本の天然林構成樹種のアロザイム変異

　日本の天然林を構成する樹種のアロザイム変異を表3-3に示す．この表からわかるように，種内，集団内，集団間の遺伝的変異の程度は種間で大きくばらついている．Hamrickら（1992）[15] によると，長命な木本植物の遺伝的変異に最も関係があるのは分布範囲であり，種内と集団内の変異は分布域が広く，連続的な種ほど高くなり，逆に分布域が狭く，不連続な種ほど低くなる傾向がある．一方，集団間の遺伝的分化はそれとは反対の傾向で，分布域が広く，連続的な種ほど低くなり，逆に分布域が狭く，不連続な種ほど高くなる傾向がある（表3-4）．集団内の変異の程度（H_I）は種内全体の変異の程度（H_S）と強く相関するので[15]，集団内と集団間の変異だけで見ると，比較的広く連続的に分布しているクロマツ，ゴヨウマツ，ブナなどでは実際，集団内変異が高く，集団間の遺伝的分化が低くなっている．それに対して，分布域が狭く，隔離分布しているオオシラビソ，シデコブシ，ヒトツバタゴ，メヒルギ，オヒルギなどでは，集団内変異が低く，集団間の遺伝的分化が高くなっている．樹種によって，現在の分布パターンだけでは説明しにくい場合があるのは，現在の遺伝的変異は，集団間の遺伝子流動に関連する種の特徴（交配様式や種子や花粉の散布様式など）も影響していることに加え，前述したように，歴史的な集団動態（分布域の移動や集団サイズの変動）も強く影響しているからと考えられる．

4）長命な樹木における遺伝的変異の一般的傾向に寄与する要因

　長命な樹木には，遺伝的変異の一般的傾向，すなわち種内全体の遺伝的変異が高く，集団内の遺伝的変異は高いが，集団間の遺伝的分化は低いという傾向がある．このようなパターンを作り出す要因として，長命な樹木における高い他殖率，高いレベルの遺伝子流動，大きな有効集団サイズ，長い寿命，多様化選択が考えられている[15, 29, 30]．以下では，これらの要因について述べる．

（1）高い他殖率
　交配様式は交配の組合せの様式である．代表的なものとして任意交配や近親交

表 3-3 日本の天然林を構成する 16 樹種の集団内と集団間のアロザイム変異

樹 種	集団数	遺伝子座数	P	A	H_T	H_S	G_{ST}	G'_{ST}	文 献
スギ	17	12	48.5	2.31	0.196	0.189	0.040[a]	0.050	Tomaru et al., 1994[33]
ヒノキ	11	10	55.5	1.91	0.212	0.202	0.045	0.058	Uchida et al., 1997[16]
カラマツ	8	7	33.9	1.68	0.127	0.120	0.057	0.066	戸丸・内田, 2007[17]
クロマツ	22	14	55.2	2.58	0.259	0.240	0.073	0.097	宮田・生方, 1997[18]
ハイマツ	18	19	59.6	2.10	0.271	0.225	0.170	0.222	Tani et al., 1996[19]
ゴヨウマツ	16	11	61.3	2.10	0.272	0.259	0.044	0.060	Tani et al., 2003[20]
トドマツ	18	4	77.8	3.04	0.159	0.157	0.018	0.022	Nagasaka et al., 1997[21]
オオシラビソ	11	22	40.1	1.55	0.066	0.056	0.144	0.153	Suyama et al., 1997[22]
アカエゾマツ	10	12	75.0	1.98	0.090	0.088	0.022[b]	0.024	Wang and Nagasaka, 1997[23]
ブナ	23	11	58.9	2.66	0.194	0.187	0.038	0.047	Tomaru et al., 1997
ヤブツバキ	60	20	66.2	2.16	0.310	0.265	0.144[b]	0.197	Wendel and Parks, 1985[24]
シデコブシ	9	15	—	—	0.123	0.092	0.254	0.283	河原・吉丸, 1995[25]
ヒトツバタゴ	5	18	23.5	1.34	0.164	0.118	0.280	0.327	Soejima et al., 1998[26]
サクラバハンノキ	7	12	58.3	2.14	0.233	0.199	0.146	0.188	Miyamoto et al., 2001[27]
メヒルギ	7	17	4.2	1.04	0.014	0.012	0.165	0.167	Takeuchi et al., 2001[28]
オヒルギ	6	13	9.0	1.10	0.047	0.035	0.253	0.264	Takeuchi et al., 2001[28]

P：多型的遺伝子座の割合，A：遺伝子座当たりの対立遺伝子数，H_T：全集団の遺伝子多様度，H_S：集団内の平均遺伝子多様度，G_{ST}：遺伝的分化の指数．
[a] Tomaru, N. et al. (1994) では 0.034 としているが、これは各遺伝子座の G_{ST} の平均値．ここでは Nei の方法に従い，H_T と H_S の平均値から求めた値．
[b] G_{ST} ではなく，F_{ST}.
G'_{ST}：Hedrick の G'_{ST}.

第3章　天然林の遺伝的変異　　**89**

表3-4　長命の木本植物の分布範囲ごとの集団内と集団間のアロザイム変異

分布範囲	N	P	A	H_T	H_S	G_{ST}
固　有	$18 \sim 26$	26.3 a	1.48 a	0.078 a	0.056 a	0.141 a
狭　い	$40 \sim 61$	44.3 b	1.61 a	0.165 b	0.143 b	0.124 a
地域的	$103 \sim 127$	69.2 c	2.31 b	0.169 bc	0.194 c	0.065 b
広　範	$9 \sim 11$	74.3 c	2.56 b	0.257 c	0.228 d	0.033 b

N：調べた文献の数，P：多型的遺伝子座の割合，A：遺伝子座当たりの対立遺伝子数，H_T：全集団の遺伝子多様度，H_S：集団内の平均遺伝子多様度，G_{ST}：遺伝的分化の指数．ただし，G_{ST}は多型的遺伝子座のみで計算された値である．
値に付けられているアルファベットが異なるとき，それらの値は5％の有意水準で異なることを示す．　　　　　　　　　　　　　　　　　　　（Hamrick, J. L. et al., 1992 より作成）

配，同類交配があるが，自殖と他殖の割合で定量的に表すことがある．植物における後者の表し方の交配様式は生活形と強く関連し，樹木は多年生草本や一年生草本と比べて有意に高い他殖率を示す（図3-1）．この傾向は，樹木の中でも特に裸子植物で顕著である．

他殖は，特に集団内の遺伝的変異の維持に重要である．他殖は，集団のヘテロ接合度を高めるだけでなく，ヘテロ接合体間の交配が起こると遺伝的組換えにより今までにない遺伝子の組合せを持つ個体を生じさせる．さらに，自殖では集団間の遺伝子流動は起こりえないが，他殖によって遺伝子流動が生じることにより集団間の遺伝的分化が低くなる．

植物において自殖を避けて他殖を促すメカニズムにはいくつかある．自家不和合性により遺伝的に自家受精が起こらないようにする．また，個体の性を分けて（雌雄異株），あるいは花の性を分けて（雌雄異花同株），空間的に自家受精が起

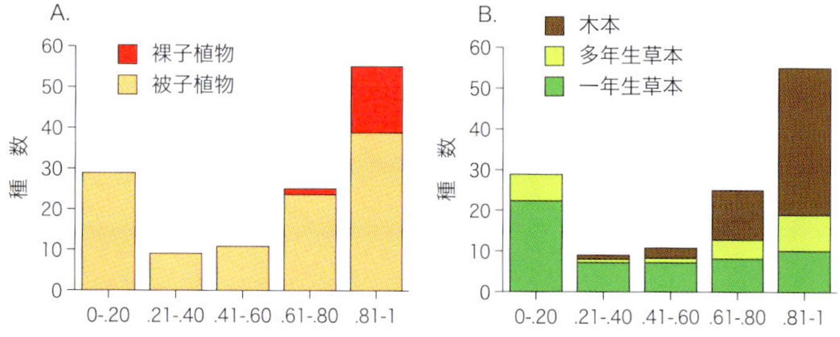

図3-1　種子植物129種の集団における他殖率の分布
A：裸子植物と被子植物，B：木本，多年生草本，一年生草本．（Barrett, S. C. H. and Eckert, C. G., 1990）

こらないようにする．両性花の雌ずいと雄ずいの成熟する時期をずらすことにより（雌雄異熟性），時間的に自家受精が起こらないようにする．さらに，近交弱勢は他殖を促すメカニズムとして考えられている.他家受精由来の個体に比べて，自家受精由来の個体が近交弱勢を発現して死亡しやすければ，個体の適応度をあげるためには他殖が有利となる．草本に比べて樹木は以上のようなメカニズムを持つものが多いといわれている．

(2) 高いレベルの遺伝子流動

樹木の遺伝子流動は高いレベルであるのが一般的である．遺伝子流動は集団間の花粉散布と種子散布による．数 km を超えるような花粉散布はまれなことではない．同様に，数 km を超えるような長距離の種子散布が報告されているが，遺伝子流動の大部分は花粉を介したものである．遺伝子流動は理論的に集団間の遺伝的分化を低下させ，集団内の遺伝的変異を高める．また，この高いレベルの遺伝子流動は，生育地分断化の影響を緩和し，断片化した小集団の絶滅を回避させる効果がある [31]．

(3) 大きな有効集団サイズ

多くの樹木の集団は大きく，多かれ少なかれ広域にわたって連続的であることが多い．このような樹木の有効な集団サイズは大きいと考えられる．遺伝的浮動は，理論的に，集団内の遺伝的変異を低下させ，集団間の遺伝的分化を進める働きがある．この働きの強さは有効な集団サイズによって決まる．したがって，一般には樹木は集団内変異が高く，遺伝的分化が低くなる．もちろん集団サイズが小さく，隔離している樹種は存在し，そのような状態が何世代も続いている場合は，集団内変異が低く，遺伝的分化が高くなる．また，まれに，広域分布している樹種なのに，集団内変異が低い場合がある．これは，過去にボトルネック（☞5.2)「遺伝的多様性の減少あるいは喪失」）を経験したためであると考えられる．逆に，小さな集団が隔離分布しているにもかかわらず，集団内変異が高い場合がある．この理由として，このような分布パターンになってからの時間が短いことが考えられる．

（4）長 い 寿 命

樹木の世代時間は長いため，世代時間が短い草本と比べて，同じ時間間隔が与えられたときに，繁殖のときに生じるランダムな遺伝的浮動の回数が減少する．結果的に，樹木は遺伝的浮動による集団内の遺伝的変異の減少や遺伝的分化の進行を受けにくくなる．また，樹木では成熟するのに時間がかかる．これは，新しい生育地に分布を拡大するときの創始者効果を著しく減少させると考えられている[32]．新しい生育地において最初に侵入した個体が繁殖を開始するときには，あとから侵入してきた個体が稚樹として林床に存在することになる（世代が重なる）．一方，一年生草本の場合は不連続世代であるため，創始者が生育地を占有したあとに繁殖し，その後代がその生育地を再び占有する．この場合，創始者効果により集団内の遺伝的変異が減少し，遺伝的分化が増加する．樹木では，そのような効果は小さいことがシミュレーションによって確かめられている[32]．

（5）多様化選択

樹木は，空間的，時間的に非常に不均一な生物的・非生物的環境にさらされている．例えば，同一林分内でも短い距離で，土壌や地形，光環境，また寄生者や植食者，競争者の存在状態などが異なるという不均一性があり，この不均一な環境が実生の生残やその後の成長に大きな影響を及ぼすと考えられる．もし，このような微妙に異なる環境において異なる遺伝子型が有利になるのであれば，特定の遺伝子型に固定化するのではなく，さまざまな遺伝子型を保存するような多様化選択が働く可能性がある．同様に，天候は年によって変動し，不均一である．また，林分が発達するにつれて樹木そのものの生育環境も変化する．同一林分内においてさえ，異なる時間に異なる遺伝子型が有利となり，異なる同齢集団（cohort）の間に遺伝的分化が生じるかもしれない．もしそうであれば，時間的な環境の不均一性でも多様化選択が生じていることになる．以上のような多様化選択は適応的な形質に対して働く．しかし，もし適応変異のレベルが中立変異のレベルと相関があるのであれば，中立変異のパターンも間接的に多様化選択に影響を受けて変異が高くなると思われる．

5）天然林のアロザイム変異とマイクロサテライト変異の比較

　近年，天然林の遺伝的変異を明らかにするための遺伝マーカーとしてマイクロサテライトが用いられるようになった．ここでは，天然林のアロザイム変異とマイクロサテライト変異を比較する．また，その比較によって明らかとなったマイクロサテライトの特徴と有効性について述べる．

　例として，スギとブナにおけるアロザイム変異とマイクロサテライト変異を，遺伝的変異を表す尺度で推定した結果を表3-5に示す[33, 34, 35]．マイクロサテライトの遺伝子座当たりの対立遺伝子数（A）は，アロザイムのものよりも1桁多い．また，マイクロサテライトで推定された全集団の遺伝子多様度（H_T）も集団内の平均遺伝子多様度（H_S）も両種ともアロザイムの約4倍の値を示した．これは，マイクロサテライトは突然変異率が高く（世代当たり遺伝子座当たり 10^{-3} ～ 10^{-6}）[36]，非常に高い多型性を持つという特徴をよく表している．なお，アロザイムの突然変異率は世代当たり遺伝子座当たり 10^{-6} 程度である[37]．一方，集団間の遺伝的分化程度（G_{ST}）は両種とも2つのマーカーで同じような値になった．したがって，アロザイムを用いてもマイクロサテライトを用いても，遺伝的分化の程度は低いという同様の解釈になる．

　ところが，ブナの例では，マイクロサテライトを用いると日本海側と太平洋側の集団間の遺伝的分化が明瞭に検出できたのに対し[35]，アロザイムではそのような遺伝的分化は検出できなかった[38]．これは，マイクロサテライトがアロザイムよりも集団間の遺伝的構造を検出する能力が高いことを意味し，マイクロサテライトによる遺伝的構造解析の有効性を示すものである．この検出力の高さは，

表3-5　スギとブナにおけるアロザイム変異とマイクロサテライト変異の比較

樹種 / 遺伝マーカー	n	A	H_T	H_S	G_{ST}	G'_{ST}	文　献
ス　ギ							
アロザイム	50.5	2.31	0.196	0.189	0.040	0.050	Tomaru et al.,　1994
マイクロサテライト	26.1	10.31	0.768	0.741	0.035	0.139	Takahashi et al.,　2005
ブ　ナ							
アロザイム	71.3	2.66	0.194	0.187	0.038	0.047	Tomaru et al.,　1997
マイクロサテライト	34.7	14.52	0.862	0.839	0.026	0.168	Hiraoka and Tomaru,　2009

n：集団当たりの分析個体数，A：遺伝子座当たりの対立遺伝子数，H_T：全集団の遺伝子多様度，H_S：集団内の平均遺伝子多様度，G_{ST}：遺伝的分化の指数，G'_{ST}：Hedrick の G'_{ST}.

マイクロサテライトの高い多型性によると考えられる．しかし，この検出された遺伝的構造の違いは，遺伝的分化程度がアロザイムでもマイクロサテライトでも同様であるということに矛盾するように思われる．

　前述したように，G_{ST} や F_{ST} は集団内の遺伝的変異の程度に大きく依存し，集団内の遺伝的変異が高いとこれらの値は低くなるという問題がある．したがって，集団内の遺伝的変異の程度が異なる種間や遺伝子座間では G_{ST} や F_{ST} を比較することができない．この問題に対処した尺度の1つとして Hedrick の G'_{ST} がある[10]．スギとブナにおいてアロザイムとマイクロサテライトそれぞれについて求めると表3-5のようになる．スギでもブナでもマイクロサテライトの G'_{ST} はアロザイムのものよりもずっと大きな値をとった．G'_{ST} の差異からすれば，マイクロサテライトの遺伝的分化はアロザイムのものよりもずっと大きいと解釈され，ブナにおいて，なぜアロザイムで検出されなかった遺伝的構造がマイクロサテライトで検出できたかということが説明されると思われる．

6）系統地理

　種子植物における核ゲノムの遺伝様式はメンデル遺伝であるが，オルガネラゲノム（ミトコンドリアと葉緑体のゲノム）の遺伝様式は一般に母親から子供へ遺伝子が伝達される母性遺伝である．この遺伝様式の違いから遺伝子流動は核では種子散布と花粉散布で生じるのに対し，オルガネラでは種子散布のみで起こる．主にこの理由から，種内の集団間の遺伝的分化や遺伝的構造の程度は，核よりもオルガネラで強まると期待される（表3-6）．なお，針葉樹の葉緑体は父性遺伝，さらに針葉樹のミトコンドリアはマツ科とイチイ科，恐らくイヌマキ科も母性遺伝であるが，それら以外では父性遺伝である[39]．

　生物の分布域は一定していてかわらないものではなく，過去の気候変動などに応じて変動してきたものである．植物が分布域を移動させる手段はほぼ種子散布に限られる．特に，長命な樹木の場合，過去の気候変動に応じて分布域を移動さ

表3-6　種子植物のオルガネラゲノムと核ゲノムの遺伝様式，遺伝子流動，遺伝的構造

ゲノム	遺伝様式	遺伝子流動の方法	遺伝的構造の強さ
オルガネラ	母性遺伝（細胞質遺伝）	種子散布のみによる	強い
核	両性遺伝（メンデル性遺伝）	種子散布と花粉散布による	弱い

94 第3章 天然林の遺伝的変異

せたルートにオルガネラ DNA のハプロタイプが足跡のように残ることがある．なぜならば，オルガネラの遺伝子流動は種子散布のみで生じ，樹木の場合，その後の種子散布による遺伝子流動が限られることが多いため，ルート上の集団が保有するハプロタイプは，その集団の創始者が保有していたハプロタイプのまま

コラム 「エゾマツ類（*Picea jezoensis*）の系統地理」

Aizawa, M. ら[41] は，北東アジアに分布するエゾマツ類の3変種（エゾマツ：var. *jezoensis*，チョウセントウヒ：var. *koreana*，トウヒ：var. *hondoensis*）の合計33集団を対象にミトコンドリア DNA と葉緑体 DNA のハプロタイプの地理的分布と系統関係を調査した．ミトコンドリアでは，日本列島周辺の海峡（宗谷海峡，津軽海峡，対馬海峡）を境に異なるハプロタイプが分布していたのに対し，葉緑体では海峡を超えて同じハプロタイプの分布が見られた．これは，ミトコンドリアと葉緑体の遺伝様式の違いで説明できる．トウヒ属樹木では，ミトコンドリアの遺伝子は母性遺伝し，葉緑体の遺伝子は父性遺伝する．そのため，遺伝子流動は，ミトコンドリアでは種子散布によってのみ起こるのに対し，葉緑体では花粉散布と種子散布の両方で起こる．そこで，このハプロタイプの分布の差異は，過去に，花粉が海峡を越えて散布されることによる葉緑体の遺伝子流動が起こったからであると考えることができる．また，著者らは，特にミトコンドリアのハプロタイプの地理的分布と系統関係から，北海道のエゾマツと本州のトウヒの系統が異なるのは，前者がアジア大陸から樺太を経由して北海道に分布を広げたのに対し，後者はアジア大陸から朝鮮半島を経由して本州に移住したからではないかと考察している（戸丸信弘）．

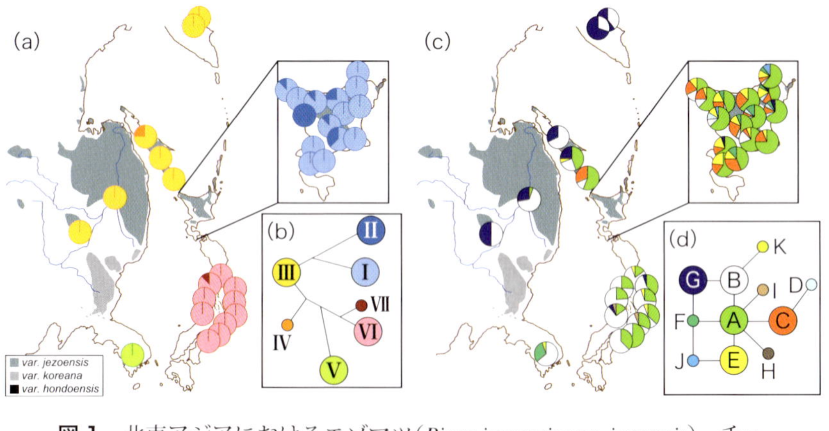

図1 北東アジアにおけるエゾマツ（*Picea jezoensis* var. *jezoensis*），チョウセントウヒ（var. *koreana*），トウヒ（var. *hondoensis*）におけるミトコンドリア DNA ハプロタイプの(a)地理的分布と(b)系統関係および葉緑体 DNA ハプロタイプの(c)地理的分布と(d)系統関係
地図上の円グラフは各集団のハプロタイプ頻度を表す．（Aizawa, M. et al., 2007 を改変）

で，他のハプロタイプと入れかわることがないと考えられる．このとき，オルガネラ DNA のハプロタイプの地理的分布とそれらの系統関係との間に強い関係が見られる．このような種内系統の地理的分布を系統地理といい，その構造を系統地理的構造という [40]．樹木においても，葉緑体 DNA ハプロタイプの地理的分布と系統関係を調べて系統地理的構造を明らかにし，最終氷期最盛期のレフュージアの分布やその後の移住ルートが推定されている（☞ コラム「エゾマツ類（*Picea jezoensis*）の系統地理」）．

２．種内の遺伝的変異 —適応的変異—

遺伝的変異の多くは進化上，中立な変異である．しかし，ごく低い割合である環境に適応した遺伝子型や対立遺伝子が存在する．西暦 2000 年代の始め頃までは，環境適応的な遺伝子を研究できるのはモデル生物だけで，一般の植物では非常に難しいと考えられていた．しかし，次世代シークエンサーなど近年の DNA 解析技術の急速な進展により，遺伝的なデータがほとんどない植物種でも適応的遺伝子の検出が可能な時代になってきた．本節では，適応的な変異がどのようにして生じるのか，またどのようにしてその遺伝子を検出するのかについて解説する．

１）適応的変異の創出

（1）突 然 変 異

突然変異には塩基置換などの点突然変異，塩基の欠失および挿入によるフレームシフト突然変異，染色体レベルで起きる欠失，逆位，重複，転座，倍数化などの突然変異がある．この突然変異の原因は DNA の複製の際のミス，化学物質や放射線による DNA の損傷などがある．また，トランスポゾンやレトロトランスポゾンにより遺伝子の近傍または遺伝子内に DNA 配列が挿入されることでも突然変異は生じる．突然変異のうち，コドンの１番目の塩基が置換してアミノ酸が変化する場合（非同義置換）や，コドンの２番目の塩基やコドンの３番目の塩基が置換してもアミノ酸が変化しない場合もある（同義置換）．この他に，挿入および欠失などによるフレームシフトで読み枠がかわり，タンパク質として機

96 第3章 天然林の遺伝的変異

能しない場合がある.

　これらの突然変異のうち，非同義置換で生じた遺伝子のほとんどは遺伝子が機能しなくなったり生存に不利であったりする．しかし，ごく低い確率で生じた突然変異によってその遺伝子を保有する個体の適応度が高くなる場合がある．このような場合，この遺伝子は急速に集団中に広がっていく．この遺伝子が特定の環境で有利に働く場合は，他地域の集団との遺伝的分化が促進される.

(2) 環境と淘汰

　環境が異なっている場合，そこで生育する植物は異なった淘汰を受ける．同じ種の植物でも広域に分布している種は，さまざまな環境に適応している場合がある．例えば，ブナは北海道南部から鹿児島県まで分布している樹種で，開葉，冬芽の形成時期，葉の大きさ，種子の大きさなどが地域によって明らかに異なる（図3-2）[1, 2].　また，日本海側と太平洋側のブナでも種子の発芽時期，開葉，冬芽の形成時期などが異なることが知られている．これも温度や日長と関連して淘汰を受けてきた結果であると考えられている.

　このように，淘汰の結果，環境に対する適応性が遺伝的に固定されている場合に，その遺伝子を特定してその機能を探り，適応のメカニズムを理解できる可能性がある（表3-7）.

高緯度 ←　　　　　　　　　　　　　　→ 低緯度

図 3-2　ブナの葉の大きさの違い
高緯度ほど大きな葉を持っている．これらは産地試験の結果，遺伝子によって決まっていることが明らかになっている.

方　法	データ	材　料	ゲノム被覆度	直接性	費　用
遺伝子塩基配列による中立性の検定	塩基配列	集　団	小	小	小
多遺伝子座マーカー解析による中立性の検定	遺伝子型	集　団	大	中	中
QTL 解析	遺伝子型，形質	家　系	大	小	中
eQTL 解析，マイクロアレイ解析	遺伝子型，遺伝子発現量	家　系	大	中～大	大
アソシエーション解析（環境，形質）	塩基配列，環境データ，形質データ	集　団	小～大	中～大	小～大
混合マッピング	遺伝子型，形質データ	家　系	大	中	中

表 3-7　適応的遺伝子の検出方法

2）適応的変異の検出方法

(1) 産地試験

　分布域のあちこちから収集した材料（母樹別の種子）を用いて，1 カ所の試験地に植栽し，それらの形態的および生理的な形質を調査することを産地試験と呼ぶ．各産地 10 母樹以上からの種子を用いると産地の平均的な値を得ることができる．地理的な違いを明確に知るためには産地数を 100 以上に増やし，1 産地からは数母樹でもよい[3]．産地試験には種子の発芽率や実生の定着などを調査する短期の産地試験と長期的に材の形成や成長を調査する長期の産地試験がある．短期の産地試験では初期成長，フェノロジー，形態的な特徴（葉のサイズ，気孔密度など），生理的特徴（光合成速度，呼吸速度など），乾燥，寒さ，病虫害などのストレス下での反応を調べることができる．各産地の環境データと試験地で得られた形態や生理形質のデータを用いて，回帰分析を行ってどの環境データと形質データが関連しているのかを調べる．短期的な調査は苗畑で行えるために，多くの材料を取り扱うことができる利点がある．しかし，制御された環境下での試験であるため，異なる環境での反応は異なる恐れがある．また，短期間のデータではすべての適応的変異をはかることができない．一方，一般的な長期の産地試験は天然林の持つ地理的なパターンを検出することと，それぞれの産地にあった植栽地を決めることを目的に行われている[4, 5]．短期の産地試験に比べ，長期に大規模な試験地では扱える産地数および母樹数は限られる．長期の産地試験では

短期試験と同様の形質の他に，長期の成長パターンと成長量，材質，幹の完満性および真円性も調べることができる．短期試験と同様に回帰分析を行って，どの環境データと形質データが関連しているのかを調べる．これらの調査によって，試験地の環境においてどの産地が最もよいパフォーマンスを示すか順位付けを行うことができる．そのため，このような試験地を環境の異なる複数の地点で実施することで産地と試験地の交互作用を調べることができる．2つの環境間で形質がどのように適応しているかを調べるためには，それぞれの種苗を他の環境と原産地の双方へ植栽する相互植栽試験を行う．

　日本ではブナやトドマツの産地試験林が作られ，開芽時期などのフェノロジーや葉面積などで地理的な違いが見られている[6, 7]．これらの形質は遺伝的に支配されていることは明らかであるが，遺伝子の特定には至っていない．

(2) 量的遺伝子座（QTL）解析

　QTL解析（☞第2章3.7）「QTLマッピング」）は，特定の家系で連鎖地図を構築し，それぞれの個体の形質を測定して遺伝子型との関係を調査し，量的形質に関わる遺伝子座の数と位置およびその効果について明らかにする方法である．その家系について目的のQTLが分離している（遺伝子型で区別できる）場合にQTLを連鎖地図上に位置付けること（QTLマッピング）が可能である．そのためには連鎖地図構築に用いる家系を適切に作成する必要がある．また，家系が異なると保有しているQTLも異なることがあるため，検出したQTLは基本的には家系内でしか意味を持たない．遺伝子座の位置や効果を調べるためには有効な方法であるが，連鎖地図の構築や正確な形質の評価が必要であるため，作物以外ではあまり研究が進んでいない．作物では生産性，開花などの農業上で重要な形質だけでなく，栽培化に関わるQTLのマッピングも精力的に行われてきた[8]．

　樹木では，マツ，ダグラスファー，ポプラ，ユーカリ，トウヒ，スギなどの有用樹種で成長，開葉時期，材質，耐寒性，着花性，発根性などの有用な形質のQTL解析が行われている．

　cDNAマイクロアレイによる発現解析およびeQTL（expression QTL）は，遺伝子の発現量の違いを用いて適応的な遺伝子を検出する方法である．cDNAは発現遺伝子であるが，部位，季節，環境によって発現量が変化する遺伝子も多い．

数万から数十万個の遺伝子について同時に解析できる画期的な技術がマイクロアレイである．マイクロアレイとは，既知の塩基配列情報をガラス基板上にプローブとして貼り付けてあるものである．それに特定の組織から抽出したメッセンジャー RNA（mRNA）を逆転写酵素で相補的 DNA（cDNA）に変換させたものをハイブリダイゼーションさせることにより，発現している遺伝子を網羅的に調べることができる．eQTL は連鎖地図を構築した家系のそれぞれの個体での遺伝子の発現を調査し，QTL マッピングすることである．

　マイクロアレイを利用した樹木の研究例として，シトカトウヒの耐寒性のメカニズムに関するものがある[9]．21,840 遺伝子について，緯度が大きく異なる 3 集団の遺伝子発現の程度を比較し，耐寒性に関する候補遺伝子が絞り込まれている．

（3）中立性の検定

　着目する遺伝子が環境に対して中立か否かを確かめることは，適応的形態の進化を探るうえで重要である．このため，遺伝子の塩基配列を複数個体で解析し，この遺伝子が中立かどうかを，モデルに基づいて検定する．代表的な検定方法として Tajima's D [10] がある．Tajima's D は調べた遺伝子の多型サイト数と塩基多様度からそれぞれ θ を求めて比較して，淘汰の有無を調べる方法である．その他，Fu&Li [11]，Fay&Wu [12]，HKA（Hudson-Kreitman- Aguadé）テスト[13]，MK（McDonald-Kreitman）テスト[14] などが提案されている．

　植物ではモデル生物であるシロイヌナズナを用いた研究で非中立遺伝子が検出されている．例えば，アロザイムの変異と関連している PgiC 遺伝子の 2 つのタイプの塩基配列のうち，一方が正の淘汰を受けていることが明らかになっている[15]．樹木でも針葉樹やポプラ，ユーカリで非中立遺伝子が見つかっている[16]．

（4）多遺伝子座解析

　多遺伝子座解析法（ゲノムスキャン法）はゲノム全体をカバーする遺伝子マーカーを作成し，複数の自然集団を対象にこれらの遺伝子型を調査して，個々の遺伝子座が集団遺伝学のモデルに照らして中立であるかどうかを調べる方法である．統計手法には集団遺伝学の島モデルを用いたものや，コアレセントシミュレー

ションを用いた方法などがある[17].

　樹木では例が少ないが，北欧のサケ8集団の95座遺伝子座を解析して，淡水，汽水，海水で有意に淘汰を受けていると考えられる遺伝子座が複数検出された[18].　また，アメリカのヒマワリの集団128座の遺伝子座を解析し，乾燥や塩耐性に関連した遺伝子の17座が検出されている.　しかし，これらの研究で検出された候補遺伝子が真に適応に関連しているかは，さらに確認する必要がある.

(5) アソシエーション解析

　アソシエーション解析は，交配家系を用いずにDNAマーカーと形質との関連を調べる手法であり，特定の形質や特定の環境に関連すると考えられる遺伝子をデータベースから選び出し，これらの遺伝子配列と形質または生育環境との関係を解析する（☞ 第5章）.　その利点として，①交配家系を要しないため，自然集団でも特定の選抜集団でも解析に用いることができる，②材料を保有しているすべてのQTLが解析対象となる，③複数の対立遺伝子の効果を調べられる，④推定精度が高いため，原因遺伝子の特定が可能な場合がある，⑤さまざまな系統で同様の効果を示すQTLが検出されることがあるため，それと強く連鎖した分子マーカーを用いた選抜（marker assisted selection，MAS）（☞ 第4章）に利用できる，などがある.

　検出手法としては多くの遺伝子マーカーを用いてゲノム全体をスキャンする手法（ゲノムワイドアソシエーション解析，genome-wide association study），遺伝子の機能から推定される候補遺伝子解析法がある.　検出されたアソシエーション（関連性）は独立した交配家系を用いたQTL解析，遺伝子の発現解析，遺伝子組換えによる確認などによって確かめる必要がある.

　樹木では，ユーカリで材組織のミクロフィブリル傾角と cinnamoyl CoA reductase（CCR）の塩基配列との相関がアソシエーション解析を用いた最初の報告である[19].　その後，テーダマツの材の特性と遺伝子の塩基配列の関係が詳細に調査されている.　例えば，春材の比重と sams-2 遺伝子および cad 遺伝子，晩材の割合と lp3-1 遺伝子，春材のミクロフィブリル傾角と α-tublin 遺伝子との相関関係が明らかにされた[20].　テーダマツについては，耐乾燥性や病害抵抗性と複数の遺伝子との関連も明らかにされている[21].　その他，ポプラの芽のフェノロジー

などと関連する遺伝子が報告されている.

3）実際に検出された適応的変異

（1）シロトウヒ

シロトウヒ（*Picea glauca*）は，北米大陸の北部に広域に分布する，林業上，生態上，重要な樹種であり，遺伝子研究が盛んに行われている[22].この樹種を用いて環境や形質の異なる6ヵ所の産地を選び調査を行った[23].この6ヵ所は中立な遺伝マーカーでは有意な違いはないが，産地試験で材密度，フェノロジー，成長が有意に異なっていた[24].これらの集団について345遺伝子座の534ヵ所の一塩基多型（single nucleotide polymorphism，SNP）を分析し，その5.5%が有意であった.また，別の方法では，解析した遺伝子の14%が有意な違いを示した.検出された約半分の遺伝子は暖かさと関連があり，20%の遺伝子は乾燥と，15%の遺伝子は寒さと関連があった.

（2）ス　　ギ

スギ天然林は，北は青森県の鰺ヶ沢から，南は鹿児島県の屋久島まで幅広く分布している.日本海側に多く，太平洋側は降水量の多い伊豆半島，紀伊半島，四国，屋久島などに分布している.一般的に日本海側に分布するスギをウラスギ，太平洋側に分布するものをオモテスギと呼ぶ（図3-3）.形態的にはウラスギは針葉が短く枝がしなやかで雪を捕捉しにくい形態をしているが，オモテスギは針葉や枝が固いものが多い.日本海側は冬期に積雪が多く湿潤であるが，太平洋側では冬期は乾燥しており，異なる環境による淘汰を受けている可能性がある.

両者の差異を調べるために分布域をカバーする29集団から材料を収集し（図3-4），148の遺伝子座について遺伝子型を調査した.その結果，遺伝的多様性は西日本の集団で高く，日本海側と太平洋側の集団は明瞭な遺伝的分化を示していた[25].調査した148遺伝子座の遺伝子分化係数 G_{ST} の平均は5%であったが，そのうちの11遺伝子座は G_{ST} が10%を超えていた.これらは2つの系統の遺伝的分化に関与する遺伝子座の可能性があり，このうち4遺伝子座が非中立とされた（図3-5）.4遺伝子座のうち3つの機能は不明であったが，これらはこれまでに機能の解明されていないスギまたは針葉樹に特異的な遺伝子である可能性

102   第3章　天然林の遺伝的変異

図3-3　ウラスギ（左）とオモテスギ（右）の針葉形態

図3-4　スギの天然分布（林，1962）と解析集団

がある．

　次に，それらの塩基配列をウラスギ集団とオモテスギ集団で比較し，共通に検出された4遺伝子座が真に適応的かどうかを検討した．スギでは完全長のcDNA

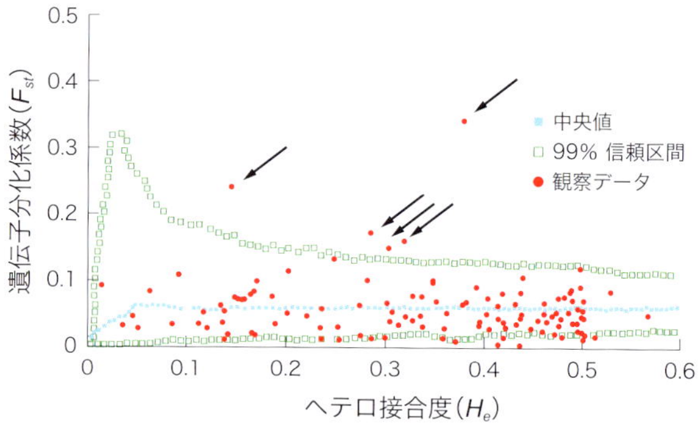

図3-5　スギの天然林で検出された地域適応に関する候補遺伝子（矢印）

ライブラリーが構築されており[26]，この中から4つの候補遺伝子の完全長クローンを探索した．このうち1つの候補遺伝子について完全長クローンを見つけ，ウラスギ12個体とオモテスギ12個体で塩基配列データを比較した．その結果，塩基配列はウラスギとオモテスギの集団間で有意に異なっていた．また，Tajima's D と Fu&Li のテストの結果はどちらも有意であった．次に，分布域全体から収集したウラスギ21集団，オモテスギ12集団の合計1,000個体について，この遺伝子座における遺伝子型を調べた．その結果，オモテスギ集団ではAAのホモ接合型が4％ほどと極端に少なく，逆にウラスギ集団はAAのホモ接合型が約1/3を占めていた．この遺伝子型データを見る限り，オモテスギ集団でAAのホモ接合型が極端に少ないのは，淘汰を受けた結果であるように考えられる．スギの集団の系統を見ると，ウラスギ集団からオモテスギ集団が派生しているように見える[27]．すなわち，オモテスギが派生してくる段階で何かしらの淘汰を受けて，遺伝子型頻度がオモテスギとウラスギで大きく異なったと考えることができる．オモテスギが分布する太平洋側とウラスギが分布する日本海側で異なるのは，冬期日本海側では積雪が多いが，太平洋側では乾燥していることが多いことである．そこで，平均年降水量と遺伝子型との関係を見ると，明らかな相関関係が見られた．

4）適応形質と有用形質の選抜と利用

　特定の形質や環境との関係について遺伝的背景が明らかになると，これらに関係する SNP は天然林の保全や遺伝子資源としての評価に使用できる．また，優良な育種素材の選抜マーカーとしても活用ができるため，育種を効率的に行うことができ，育種期間の大幅な短縮が可能になる．例えば，優れた材質に関する SNP が見つかれば，それを使って交配家系の実生の中からよい材質を持った個体の選抜ができるため，検定林を造成して 10 年や 20 年も待つ必要がなくなる．また，多雪の環境に適応した SNP が見つかれば，育種素材の選抜を幼苗段階で行うことができ，非常に短期間に優れた苗の作出が可能になる．

3．集団内の遺伝的動態

1）森林における遺伝的動態の重要性

　大量の遺伝的多様性を保持する場としての森林生態系の重要性が注目されつつある．遺伝的多様性は進化の原動力となるだけでなく，近交弱勢，自家不和合性などを介して，個体の繁殖適応度にも直接的に関係し，さまざまな環境変動や病原体への対応という点からも必要不可欠である．さらに，種内の遺伝的多様性が，群集や生態系といったより高レベルにおけるプロセスや特質に影響を及ぼすという点からも，その意義が評価されている．

　森林内の遺伝的多様性の維持機構を理解するためには，植物の交配様式，花粉，種子の動きを介した遺伝子流動や空間的遺伝構造などを明らかにする必要がある．森林生態系を構成する樹木は長寿命である．その集団は複数の世代から構成されることが多く，また個々の個体のサイズや齢にも変異が大きい．したがって，その遺伝的動態は，複雑な様相を示すことが多い．特に，動くことのできない樹木個体によって構成される森林生態系の遺伝的動態の多くは，送受粉と種子散布によって決定されるので，集団内における花粉飛散や種子散布を介した遺伝子の動きを知ることが，その遺伝的動態を知るうえで重要である．

　植物は，さまざまな仕組みで花粉や種子を空間的に移動させている．花粉流動

第3章　天然林の遺伝的変異　　**105**

や種子散布の量とパターンは種の生活史特性や，個体群の密度，位置，サイズなどに影響を受ける．そして，そのプロセスを介して世代交代とともに，集団内の遺伝的組成や空間的遺伝構造が変化し，形成されていく．このプロセスの実態を明らかにし，集団の遺伝的動態を理解することは，森林生態系の適切な管理を行ううえで重要である．また，花粉や種子の移動を介した遺伝子流動の測定は，生物保全の観点からも必要不可欠であるし，遺伝子組換え生物に由来する遺伝子汚染の検出においても考慮すべき項目である．

　本節では，遺伝マーカーを用いた解析により明らかになった森林内の遺伝的動態を中心に紹介する．

2）送受粉と種子散布解析

（1）遺伝マーカーを用いない解析

　森林における送受粉や種子散布の実態を明らかにするために，これまで，さまざまな試みがなされてきた．

　送受粉に関しては花粉の動きを直接的に肉眼で追うことが困難であるため，実態を知るために工夫が凝らされてきた．例えば，花粉トラップを用いた花粉の物理的な飛散様式観察，ポリネーター（送粉者）の行動観察や蛍光物質の移動計測などによって，花粉飛散の量とパターンが類推されてきたが，これらの方法によって，正確な花粉散布距離が明らかになったとしても，実際の遺伝子の流れが明らかになるわけではない．それは，花粉が雄ずいの葯から雌ずいの柱頭に到達しても，その後に花粉管競争，自家不和合性，近交弱勢などの要因によって選択が起こり，次世代である胚，芽生え，稚樹に遺伝子を伝えるのは，柱頭に到達した花粉のうちのごく一部であるためである．次世代に遺伝子を伝える有効な花粉散布の実態を明らかにするには，遺伝マーカーを用いた解析が不可欠である．

　種子に関しては，幸い肉眼でその動きを追うことができるものも少なくない．個々の種子の散布様式を明らかにするために，種子トラップ，種子散布者の行動観察と糞内種子分析，種子に何らかのマークを付けて追跡することなどが行われてきたが，これらの手法はいずれも間接的なものであり，種子散布の実態については，推定に頼るところが多い．また，一般に種子の生存率は低いため，個々の種子に何らかの方法でマーキングをして，その後の成長過程を追跡しても，繁殖

個体まで大きく育つ種子が示す特徴（散布距離や遺伝的組成など）に関して詳細な解析を行うことは困難である.

遺伝マーカーを用いた解析は，これらの問題の多くを大幅に改善するものであり，遺伝マーカー自体の改善や解析手法における理論の発展とともに，送受粉や種子散布などが関わる森林内の遺伝的動態について，理解が深まってきた.

(2) 遺伝構造からの間接的推定

送受粉や種子散布の詳細な実態を知るためには，遺伝情報に基づく親子解析が有効であるが，1980年代まで盛んに用いられていたアロザイムマーカーでは，対立遺伝子数が少ないために，情報量が足りず，親子解析が成功した例はさほど多くない.

情報量が少ない遺伝マーカーでは，花粉親や種子親を直接的に特定することは困難であるが，集団間における遺伝的分化の量が，主に分化をもたらす遺伝的浮動と，分化を打ち消す遺伝子流動とのバランスによって決定されると仮定し，集団レベルの遺伝子流動量を間接的に推定することは可能である．この方法によって，集団間の遺伝子流動がさまざまな分類群の生物を対象に測定されてきた．ただし，この方法は，集団間の遺伝構造や遺伝子流動が定常状態にあるということを仮定しており，実際の自然における状況を反映していないという批判もある.

(3) マイクロサテライトマーカーを用いた解析

DNAの塩基配列に関する理解が進むにつれて，ゲノム内に縦列に位置する反復配列が普遍的に存在することが明らかになった．1980年代には，ゲノム内に大量に存在する反復配列における多型を利用した，いわゆる DNA fingerprinting 法の開発によって個体識別が可能になったが，手法の煩雑さから植物の親子解析に用いられることは，ほとんどなかった.

これに対して，縦列反復配列のうち，反復単位塩基数が6塩基程度以下と短いマイクロサテライトは，ゲノム内に非常に多く存在するうえに，反復回数の多型に富み，さらにそれぞれの座位を PCR で個別に増幅することで共優性マーカーとして利用できる．そのため,マイクロサテライトマーカーから得られた情報は，さまざまな統計的処理を行いやすいというメリットがあり，多種多様な分類群を

対象に, 詳細な親子解析や, 直接的な遺伝子流動の解析がマイクロサテライトマーカーを用いて行われるようになった.

3) 親 子 解 析

マイクロサテライトマーカーのような共優性遺伝マーカーから得られた遺伝情報をもとに親子解析を行うにはいくつかの方法があるが, 最も単純なものは, 排除分析 (exclusion analysis) によるものである. この方法では, 集団を構成する親候補である繁殖個体について, 遺伝子型を明らかにしたうえで, これらの個体の交配の結果生まれたと考えられる子供の遺伝子型を調べる. ある繁殖個体と子供が親子関係にあれば, 解析を行ったすべての遺伝子座において, 2個の対立遺伝子のうち, 少なくとも1個は共通するものを保持しているはずである (図3-6). 共通する対立遺伝子を持たない繁殖個体は, 子供の親候補から排除される. このプロセスを複数の遺伝子座で繰り返すことによって, 最終的に真の親が選別できる.

単純排除法は, 単純で理解しやすいものであるが, 実際の解析においては, 繁

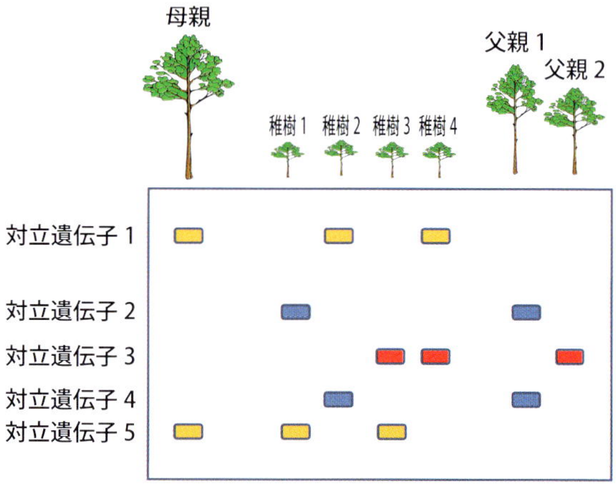

図3-6 排除分析による親子解析の例
1つの遺伝子座をPCR増幅し, 電気泳動で対立遺伝子の違いを検出した模式図を示す. 稚樹1〜4はすべて共通する樹木を母親としており, どの個体も母親の持つ対立遺伝子1または5を保持している. 稚樹1と2は父親1を花粉親としていて, 父親の持つ対立遺伝子2または4を保持している. 稚樹3と4は父親2を花粉親としていて, 父親2がホモ接合の形で把持している対立遺伝子3を受け継いでいる.

殖個体を網羅的に採集し，遺伝子型を明らかにする必要があることや，遺伝子型解読の誤りや対立遺伝子の突然変異によって，真の親を排除してしまう可能性があることなどの問題がある．また，真の親を特定するためには解析対象とするサンプル数が多くなるために，コストが増大することや，多数のサンプルを正しく排除するために，より多数の遺伝子座において遺伝子型を明らかにする必要が生じる．そして，それは親子間で突然変異した対立遺伝子を読んだり，遺伝子型決定を誤る確率を増加させることにもつながる．

　ある子供に対して，親候補が絞りきれなかった場合は，尤度に基づいて子供を繁殖個体に割り当てることが行われることもある（categorical allocation）．Categorical allocation では，絞りきれなかった個体を対象に，最も尤度の高い繁殖個体，あるいはベイズ法に基づいて選択された個体に子供を割り当てる．Categorical allocation では，例えば，1個体の稚樹に対する花粉親のように，本来1個体である親を解析するに際して，最も尤度の高い繁殖個体1個体が花粉親であるとするが，別の方法である fractional allocation では，花粉親候補として残った複数の繁殖個体に対して，尤度や事後確率の比に応じて，1個体の稚樹の花粉親である確率を評価する．したがって，fractional allocation 法では，繁殖個体が残した子供の数が小数で表現される．

4）花粉親の識別

　森林の集団内で芽生えを対象に親子解析を行った場合，その森林内に両親が存在する場合，片親のみが存在する場合，両親とも存在しない場合がある．さらに，多くの植物は両性の機能を持つので，親候補がある場合でも，核遺伝子であるマイクロサテライトマーカーを用いた一般的な解析では，親候補から花粉親と種子親を識別できない（図 3-7）．芽生えの両親候補として2個体の樹木が残ったときに，花粉親と種子親を識別する方法として次の方法がある．

（1）雌雄異株
　植物の性表現は多様であるが，解析対象としている植物がヒトと同様に個体レベルで雌雄が決定されている種であれば，当然のことながら，親候補が雄であれば花粉親，雌であれば種子親と知ることができる．

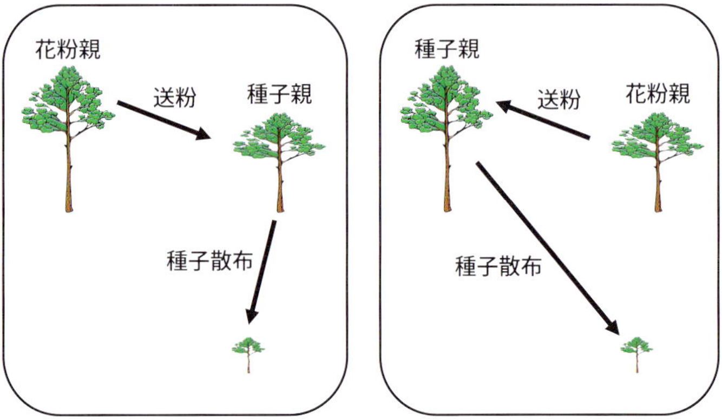

図 3-7　親子解析の例
親子解析の結果，ある稚樹に関して，2 個体の樹木が親候補として残っても，核遺伝子
に基づく解析では，花粉親と種子親を識別できない．そのため，送粉に関しては方向が，
種子散布に関しては方向と距離が不明となる．

(2) オルガネラ DNA

　葉緑体やミトコンドリアなどにもマイクロサテライトは存在する．これらオル
ガネラ DNA は片親遺伝するので，核 DNA の遺伝情報と合わせて，葉緑体 DNA
の情報を解析すれば，花粉親と種子親を識別することができる[1]．ただし，葉緑
体 DNA におけるマイクロサテライト遺伝子座は個体識別を可能にするほどには
変異に富んでいないことが多く，必ずしも有効な手法ではない[1]．

(3) 母樹のわかっている種子

　母樹から直接採集してきた種子，あるいは樹冠下に置いたシードトラップで集
めた種子を対象に親子判定をすれば，母樹以外の親候補個体が花粉親と判断でき
る．

(4) 母親の組織

　受精の結果として生じる種子は両親から遺伝子を引き継いでいるが，種子を構
成する種皮，種子の翼などは母親の組織そのものである．したがって，これらの
組織の付いた種子や芽生えを解析することで，2 個体の親候補から父親と母親を
識別することができる．

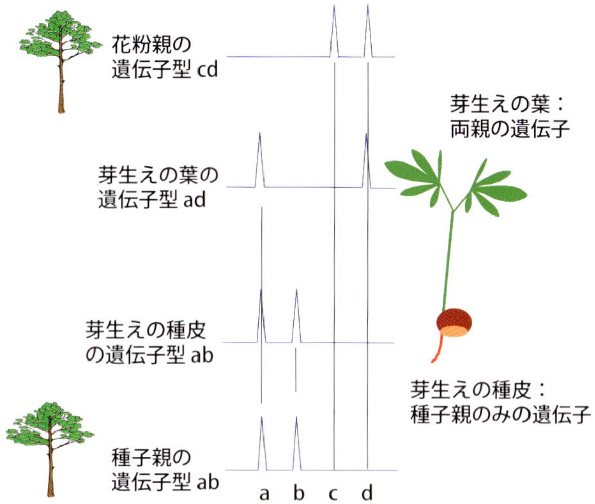

110   第 3 章　天然林の遺伝的変異

花粉親の
遺伝子型 cd

芽生えの葉：
両親の遺伝子

芽生えの葉の
遺伝子型 ad

芽生えの種皮
の遺伝子型 ab

芽生えの種皮：
種子親のみの遺伝子

種子親の
遺伝子型 ab

a   b   c   d

図 3-8　種皮の遺伝子解析による種子親と花粉親の識別
芽生えの葉の遺伝子型解析から 2 個体の樹木が親候補となった場合，種皮についても
遺伝子型解析を行うことで，種皮と同一の遺伝子型を示す樹木が種子親，残りの 1 個
体が花粉親と識別できる．

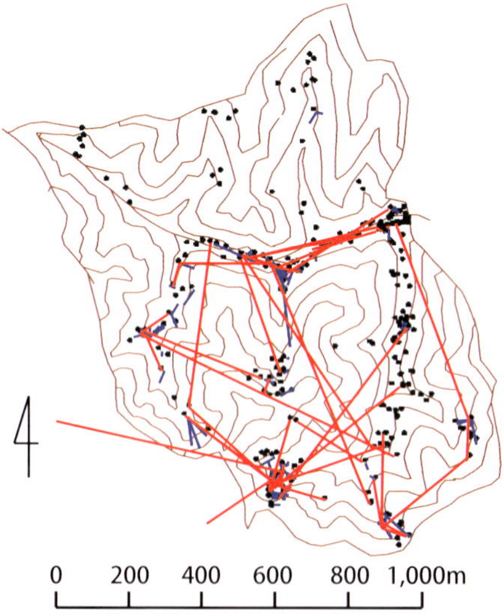

0   200   400   600   800   1,000m

図 3-9　トチノキ個体群における送粉と種子散布[2]
芽生えの葉と種皮を遺伝解析することで種子親と花粉親を特定し，その結果から送粉（赤
線）と種子散布（青線）のパターンを明らかにした．トチノキの大きな種子は散布距離
は小さいが，それでも数十 m ほどは移動している．昆虫によって行われる送粉の距離
は種子散布に比べると著しく大きく，尾根を超えて運ばれるものも少なくない．

例えば，トチノキは種皮を地中に残した状態で発芽するが，この状態の個体から種皮と葉を採集し，それぞれ遺伝解析をすれば，種子親と花粉親を識別できる（図 3-8）．稚樹の種子親と花粉親が特定できると，花粉と種子の散布パターンが明らかになる（図 3-9）．

5）マイクロサテライトマーカーで明らかになった森林内の遺伝的動態

（1）送 受 粉

マイクロサテライトマーカーを用いた集団内の遺伝的動態に関する解析は1990年代後半から報告されるようになったが，その結果は，それまでの樹木の送受粉に対して抱かれていたイメージを覆すものであった．

初期の解析は風媒のコナラ属を対象としたものが多かったが，花粉トラップなどを用いて行われていた従前の解析では，花粉は供給源から距離が離れるに従って急速に密度が低下するため，有効な送粉距離は短く，樹木は近隣の個体のみと花粉を交換し有性生殖していると考えられていた．ところが実際には，物理的な花粉の散布パターンとは異なり，柱頭に到達して実際に有効に次世代に遺伝子を伝えた花粉は，より遠い場所から運ばれたものであった．さらに，コナラ属のみならず，他の風媒樹種においても同様に，有効な花粉移動距離は大きいということが次々と報告されるようになった．調査地を設定して，その中に生育している稚樹と繁殖個体間で親子解析を行うと，親候補となる個体が調査地内に存在しないことも多かった．受精に関わった花粉のうちの数割が調査地外に由来するという報告例も多く，有効な送粉距離の平均値や最大値を算出すること自体，無意味に思えるほどである．

生物が送粉に関わっている樹木では，さらに，複雑で興味深い現象が明らかになっている．虫媒樹種として最初に送粉過程がマイクロサテライトマーカーで明らかになった熱帯の樹木 *Pithecellobium elegans* では，最も近い繁殖個体間の平均距離は 27m であるにもかかわらず，平均送粉距離は 127m であり，花粉飛散の大部分は空間的に限定されたものであるという，それまでの常識を否定するものであった[3]．昆虫による送粉距離については，マイクロサテライトマーカーを用いた解析が行われるようになって，驚くべき値が次々と報告されている．極端な例では，アフリカに生育するイチジクの仲間 *Ficus sycomorus* においてポリネー

ターとなっているイチジクコバチ *Ceratosolen arabicus* は，成虫の寿命が 48 時間以下であるにもかかわらず，送粉距離は最大 160km であったという [4]．

　前述のように，マイクロサテライトマーカーによって直接的な遺伝子流動の測定が行われるようになる前は，①ポリネーターの行動観察や代替品の色素などを用いた花粉移動の推定や，②アロザイムマーカーで測定した集団間の遺伝的分化に基づく遺伝子流動量の間接的推定がなされていた．これら 2 つのアプローチによる遺伝子流動量の推定値を比較すると，②に基づく値が①よりも著しく大きくなることが多く，遺伝子流動量の実態に関わる謎としてとらえられてきた．しかしながら，マイクロサテライトマーカーを用いた解析によって，頻度は低くても長距離の花粉移動が一般的であることが知られるようになり，長距離花粉移動を①の手法では検出していなかったために，前記の乖離が生じたものと理解されている．

　集団内の開花個体間における花粉の交換が，それまで考えられてきたよりも，ずっと不均質であることも，マイクロサテライトマーカーを用いた解析で明らかになった．例えば，ホオノキでは，自殖率，花粉移動距離などが，果実ごとに著しく異なっており，植物の種特性によって花粉飛散パターンに一定の様式が生じるというイメージを覆す結果が報告されている．ホンシャクナゲを対象に行われた解析では，個々の果実は少数の樹木に由来する花粉で受精しており，開花フェノロジーを反映した方向性のある花粉流動が報告されている [5]．大雪山系に生育するキバナシャクナゲは，雪渓の影響を受けて，近接して生育している個体間でも開花フェノロジーに大きな違いが生じるが，開花初期と後期に開花および結実した種子を遺伝解析すると，それぞれの生産量や花粉親の多様性に明瞭な違いが見出されている [6]．熱帯多雨林に生育するフタバガキ科樹木 *Dipterocarpus tempehes* は開花結実量に著しい年変動を示すが，大量に開花する年にはミツバチにより，開花量が少ない年には蛾類によって送粉が行われる．これら 2 つのタイプの送粉者は，飛行距離やパターンが異なっているが，豊作年と凶作年に由来する二年生の実生について親子解析をしたところ，豊作年と凶作年で全く異なったタイプの昆虫が訪花していたのにもかかわらず，花粉飛散距離や自殖率がほとんど変化しなかったという [7]．一般に，蛾類は単独に行動し，隣接した花を連続して訪れる．これに対してミツバチは社会性を示し，他の個体から得た情報なども

活用して，資源の多い花を集中して訪れる．このように，全く行動様式の異なる昆虫に訪花されたにもかかわらず，実生へと遺伝子を伝えた花粉の飛散距離にほとんど差がなかったというのは興味深いことであり，*D. tempehes* が豊凶にかかわらず，効率的に送受粉を行っていることを示すものである[7]．

(2) 種 子 散 布

種子は花粉よりも大型の生物によって運搬されることが多いが，散布量，散布距離，散布パターンなどに関しては不明な点が多く残されていた．遺伝マーカーを用いた解析によって，散布距離はおおむね花粉飛散距離よりは短いものの，一部の種子は長距離にわたって運ばれていることが明らかになってきた．林床に散布された種子の場所に対して最も近傍にある樹木が母樹でないことも多く，遺伝解析なしでは，樹木の繁殖能力評価，種子散布の実態，子孫間の競合などについて，的確な理解は得られないだろう．

前述のように，核DNAの解析に基づいて種子親と花粉親を特定するためには，何らかの工夫が必要となる．そのうちの1つが，母樹と遺伝的に同一である種皮を遺伝解析の対象とするものであるが，この方法のメリットは樹種によっては種皮が丈夫であり，糞の中から回収したサンプルでも親子解析が可能なことである．屋久島に生息するヤクザルの糞からヤマモモの種子を回収し，遺伝解析を行った例では，1つの糞の中には多数の種子親に由来する種子が混在していることや，種子散布距離も長いことから，ヤクザルがヤマモモの種子散布において重要な役割を果たしていることが明らかになっている[8]．

サクラ属樹木 *Prunus mahaleb* の種子散布を種皮の遺伝解析によって分析した例では，種子散布は，複数種類の種子散布者（肉食哺乳類と小型および中型の鳥類）の影響を受けて複雑なパターンを示すことが明らかになっている．すなわち，小型の鳥類による種子散布はほとんどが250m以内に収まっているのに対して，哺乳類や中型鳥類による散布は長距離のものが多かったという．この結果は，種子散布の量やパターンを論じるときには，ただ1つの単純な分布関数で解析することは不十分であることを示している[9]．

（3）空間的遺伝構造

　植物の種ごとに無性生殖の比率や，花粉や種子の散布距離，パターンは異なり，これらの違いが種に固有の空間的遺伝構造をもたらす．遺伝子流動が限定されている植物では，より明確な空間的遺伝構造，すなわち集団間あるいは集団内における対立遺伝子や遺伝子型の分布に偏りをもたらす．また，遺伝的浮動や局所地域環境への適応，生活史特性なども空間的遺伝構造に影響を与える．

　例えば，トチノキのように大きな種子を生産する樹種では，種子は成熟後，樹冠下に落下し，一部は小型哺乳類に散布される．このような樹種では空間的に近い場所に生育している個体は，より高い血縁度を示すようになるだろう（図3-10）．反対に，ホオノキのように鳥によって種子が運ばれる樹木では，森林内で近接して生育している個体間に強い血縁関係はない（図3-10）．

　はっきりとした正の空間的遺伝構造のあるトチノキの集団では，近接した個体間ほど血縁度が高い．そして，そのような個体間で送受粉した結果生まれた個体は，近交弱勢の効果によって生存率が低くなる．そのため，次世代の集団が芽生えから稚樹へと成長するにつれて，より近接した個体を両親に持つ個体が近交弱勢によって死亡して集団から除かれる．その結果，成長段階が進むにつれて，次世代に遺伝子を伝えた有効な花粉の移動距離は長くなっていたという[2]．この例は，空間的遺伝構造が近交弱勢を介して，有効な送粉距離に影響しうること，そして，個体の繁殖成功や有効に機能している花粉や種子の散布距離を適切に評価するためには，より後期の成長段階の個体を対象にした遺伝解析が重要であることを示している[2]．

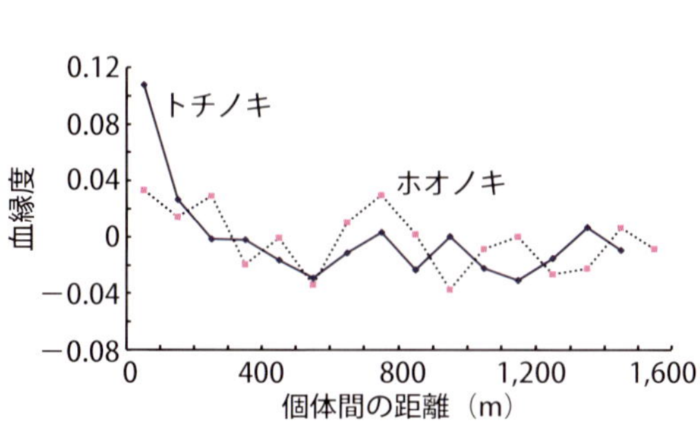

図3-10　トチノキとホオノキ個体群における空間的遺伝構造

6）人為撹乱の影響

　さまざまな生態系に対する人為インパクトの影響が大きくなるとともに，生物多様性や遺伝的多様性の喪失が問題となっている．世界的に見て森林の面積が減少傾向にあり，断片化が進行していることは紛れもない事実であるが，そのことは森林生態系を構成する植物の遺伝的多様性にどのような影響を及ぼし，また，その変化はどういった意味を持つのであろうか．

　集団遺伝学の見地から予測すると，森林生態系を構成する樹木集団が断片化や孤立化を被ると，遺伝子流動の減少，有効集団サイズの減少，遺伝的浮動の増大と対立遺伝子の固定，遺伝的多様性の低下，環境の変化に対する適応能力の低下，近親交配の増加とそれに伴う近交弱勢などが起こると考えられる（図3-11）．

　これらの予測は，物理的に断片化した森林が生物学的に孤立していることを前提としているが，森林の断片化によって遺伝子流動はどの程度妨げられるのであろうか．この問いかけに答えるために，断片化した森林生態系を対象に樹木集団の遺伝的動態について解析がなされてきたが，当初の予想に反して，小集団を対象とした集団遺伝学に基づく予測を断片化した森林にそのまま適応できない例が，多く報告されるようになった．

　例えば，送粉過程では，森林断片化は負の影響を与えると考えられるが，それ

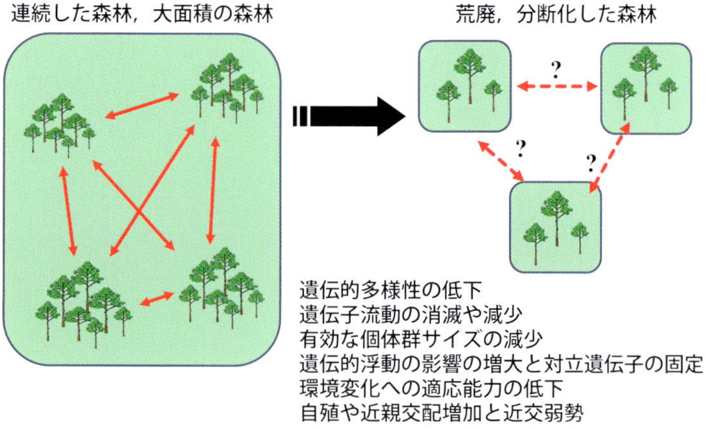

図 3-11　森林の荒廃や分断化がもたらしうる遺伝的影響

コラム 「単一花粉粒の遺伝解析（single-pollen genotyping）」

　植物の遺伝子流動を知るためには花粉や種子の動きを解析することが必要不可欠である．本文中では，集団を構成するさまざまな個体や種子を対象に遺伝解析することで，樹木集団の遺伝的動態に関わる解析が行われていることを紹介した．このような遺伝解析において，ターゲットとなる DNA 断片を短時間のうちに数十万倍にも増幅する PCR はきわめて有用なものである．一般の PCR 反応では，反応のターゲットとなる DNA 部位が多数，反応チューブ内に含まれている．しかしながら，PCR の強力な性能は，必ずしも多数のターゲットを必要とするわけではない．たった 1 粒の花粉を対象としても特定の遺伝子座の増幅と，その後の遺伝解析は可能である．

　一般に，成熟した花粉粒の中には，2 個の精細胞と 1 個の花粉管核がある．したがって，ある遺伝子座をターゲットとして PCR 増幅を行う場合，ターゲットは 3 コピーのみである．このような微量の DNA でも PCR 反応を行うことによって，十分検出可能なほどに DNA ターゲット部位は増幅される．

　花粉 1 粒を対象とした DNA 解析は，古い地層から採集された花粉に含まれる DNA を対象に塩基配列を解読し，系統解析が行われてきた．このような研究では，1 個の花粉から抽出した DNA 溶液に含まれる 1 遺伝子座を PCR で増幅することになる．

　これに対して，本章で取りあげているようなマイクロサテライトマーカーを用いた解析では，複数の遺伝子座を増幅しなければならない．1 粒の花粉から抽出した DNA には，核 DNA の場合，3 コピーしか含まれていないため，抽出液を複数の PCR チューブに分注すると，チューブによっては，PCR の増幅対象領域が抽出液中に含まれていないというケースが発生する．この点に関しては，1 つの反応チューブ内で複数の領域を対象とした PCR を行うことで，問題を回避できる（図）．

　この方法を用いることで，花粉粒レベルにおける遺伝子交流の実態を詳細に解析することが可能になった．花粉 1 粒分析の手法や生態研究への具体的応用例に関しては，Isagi and Suyama（編）『Single-Pollen Genotyping』をご覧いただきたい（井鷺裕司）．

図　ホオノキ花粉粒の遺伝子型決定例
4 座のマイクロサテライトマーカーの結果を示した．どの花粉においても，花粉親の持つ対立遺伝子のいずれかが遺伝していることがわかる．（Matsuki, Y. et al., 2006 の図を改変）

と反対の現象も複数報告されている. アマゾンの熱帯多雨林に生育するマメ科の高木 *Dinizia excelsa* では，森林伐採によって取り残された個体に，外来種の昆虫がより多く訪花するようになった結果，本来の森林中に混在していたときよりも，遺伝的に多様な種子をより多く生産するようになったという [10]. この他にも断片化や孤立化によって，有効な送粉距離が伸びたという事例，あるいは断片化以前と変化がなく，森林内や森林間で活発に送粉が行われているという例が，さまざまなタイプの生育地に生育する多様な生活史特性の樹木で報告されている.

　種子の散布に関しては，小さな風散布種子，鳥やコウモリなどが散布する種子などでは，森林の断片化にもかかわらず活発に種子散布が行われていたという報告も多い. 特に，大型の鳥類，コウモリ，哺乳類などによって散布される樹種では，これら生物の行動パターンに影響する，採餌場所，止まり木，貯蔵場所などの特異的な条件によって，種子散布距離やパターンは大きく異なる. また，種子源からの距離と散布種子量の関係は，長距離分散の種子の頻度が高い，いわゆる fat tailed と呼ばれる分布様式であることも多く，森林の断片化が種子散布に与える影響に対する評価や挙動の予測を難しいものにしている. また，断片化の結果，消失した本来の送粉者や種子散布者の機能を，複雑な生物間相互作用が補完する事例も多く報告されている.

　このように，森林の断片化は，遺伝子交流を妨げると一般に予測されることが多いが，森林における花粉散布や種子散布のプロセスは，多くの生態的，遺伝的要因に影響を受ける複雑な現象であり，実際には反応はそれほど単純なものではない.

　さらに，生育地劣化や断片化の影響評価を行うに当たって考慮すべき森林生態系の特徴として，生態系を構成する樹木が長寿命であることがあげられる. 人為の影響によって集団間の遺伝子交流が制限されたとしても，樹木の世代時間に比べれば，最近の短い間に起こったイベントである. そのため，現在，断片化した森林に生育している樹木の多くは，断片化以前からの残存個体であったり，あるいは，断片化によって物理的に孤立するようになって1～2世代を経ているに過ぎない. 森林の孤立が集団遺伝学的な影響をもたらすには，それ以上の世代交代が必要であり，森林の断片化による遺伝的な衰退は必ずしも検出可能であるとは限らない. これに加えて，森林生態系を構成する多種多様な植物は，それぞれ

118　　　第3章　天然林の遺伝的変異

が特徴ある生活史特性を持っており，すべての樹種が集団の物理的な孤立に対して類似の応答を示すわけではないことも，森林断片化に対する樹種ごとの反応を複雑なものにしている．

　森林の断片化によって，繁殖的な隔離や遺伝的多様性の喪失は起きていなくても，生態的な弊害は生じうるので，樹木集団における遺伝的動態を正しく理解するには，量的な項目が重要となる生態的要因に関わる解析も必要である．例えば，コナラ属の樹木では，長距離にわたる花粉交換が行われているが，種子生産の量は近隣の個体数に比例することが報告されている．断片化によって，実際に機能する送粉と種子散布が量的に減少するという生態的弊害は，遺伝的変異性の喪失よりも短期的で樹木集団に直接的な影響を与えるはずであり，そのような状態が長期間にわたって継続して，遺伝的弊害が表面化するものと考えられる．森林の断片化や劣化が，新熱帯における森林の遺伝的特徴に与える影響を解析したレビュー[11]では，遺伝的多様性に関しては，必ずしも人為インパクトのあとにすぐに影響が現れるわけではなく，結実率や子孫の適応度に影響を与えるのは，生態学的要因によることも多いとされている．

　情報量の多い遺伝マーカーを用いることで，多種多様な樹種によって構成される森林生態系内の遺伝的動態に関わる解析が行われてきたが，樹種ごとの遺伝的性質，種特性や生物間相互作用などによって複雑な実態を持つことも明らかになりつつある．種特性や生物間相互作用の点で対照的である種群を選定して，系統的な研究やメタ解析[注]などを進めることが必要であろう．

4．種間の遺伝的変異

　種間の遺伝的変異は，塩基配列データを用いた系統進化的な研究や種および種間が保有している遺伝的多様性の量によって表すことができる．種間の遺伝的な違いは，種がこの世に出現してからの時間とその種の変遷および近縁種との関係で決まる．単純にDNAの塩基配列を用いた調査からでも種間の系統関係だけでなく，種の有効な集団サイズ，突然変異率，過去の集団サイズの変遷などさまざまな知見が得られることがある．種間変異は種内変異の延長上にあり，種間に存

注）独立に行われた複数の研究データを統合して解析する手法．

在する変異の量や質の違いをいう．本節では種間の遺伝的変異のとらえ方を概観し，これまでに明らかになったいくつかの事例を紹介する．

1）種の定義

古くに種分化して長い間，遺伝的な交流がない，いわゆる隔離状態にあった種間では，類似した形質も少なくなっている．この場合は種間の違いは明瞭である．一方，比較的最近に分化した種は，近縁種間で類似した形質を多く保有している．これらの種間の形質の違いは比較的連続的で，種間雑種が見られる場合はさらに種の境界は曖昧になる（図3-12）．種分化はどのようなときに起こるのか．同種の分布域で環境条件が大きく異なっている場合には，そこに働く選択圧の方向が違うため，その環境に適した個体だけが生残し，相互の遺伝子の交流がない場合は，形質や形態が徐々に異なっていくことで新たな種が形成される．生物学的には相互に有性生殖が可能かどうかという点が，独立した種とみなすかどうかの基準と考えられ，こうした生殖隔離が存在するグループを生物学的種と定義する．この基準によれば，有性生殖をして遺伝子を交換できれば，それらは同種と見なされる．しかし，樹木の場合は形態的に大きく異なっていても，相互に交配可能であるなど，これに当てはまらない樹種が多く存在する．これまで多くの場合は形態の違いに基づく分類（形態的種）が行われてきた．ここでは種間の遺伝的変異は，形態的種の概念による分類に基づいて議論するが，遺伝的な解析によれば種間の進化的関係や遺伝的変異性がよりよく理解できる．

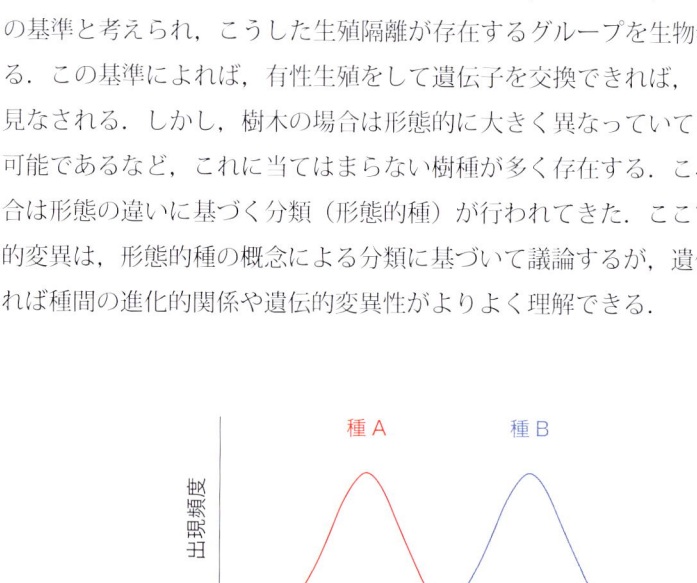

図3-12　種間の形態の違い

種内変異があるため，種内の形質に幅がある．また，種間雑種がある場合，種間で形態が類似している．

2）種間の系統，進化

　植物の種間の系統関係や進化的関係を調べるのに，葉緑体 DNA がよく用いられてきた．これは葉緑体 DNA が半数体組織であり塩基配列の直接的決定（ダイレクトシークエンス）が可能で，しかも近縁種間ではよく似た塩基配列をしているため，それを比較することで系統進化関係を調べることができるためである．属レベルや科レベルの系統関係を調べるためには，遺伝子領域である *rbc*L（large subunit of ribulose 1,5-bisphosphate carboxylase/oxygenase）や *mat*K（maturase）などの遺伝子の塩基配列がよく用いられている．また，近縁種間の系統関係や種内の系統地理の研究には，スペーサーと呼ばれる葉緑体 DNA の遺伝子間領域が適している．一般的には種内変異は種間変異を超えることはなく，クラスター分析を行うと，同じ種に属する個体は同じクラスターに属し，種間でクラスターが明瞭に分かれる．複数の近縁種との交雑を起こす種があった場合のみ，種内変異と種間の変異が重なることになる．こうした研究に基づいて，特定の領域の塩基配列ですべての種を識別しようとする DNA バーコードの研究が進んでおり（http://www.jboli.org/），DDBJ（DNA Data Bank of Japan）などの DNA データベースにアクセスして近縁種の塩基配列データを収集して系統樹を構築することにより，簡単に近縁種間の系統関係を明らかにできるようになった．

　種間の系統が明らかになると，特定の種がどのように派生してきたかがわかり，種間の進化的な位置関係が明瞭になるため，種間の遺伝的変異を理解する際の助けとなる．

　種の系統関係は葉緑体 DNA の特定領域を PCR 増幅し，シークエンサーで塩基配列を解読し，得られた塩基配列データを類似した領域を特定できるよう並べかえて（アラインメント）解析を行い，プログラムを用いて NJ（Neighbor-joining）法，最節約法，最尤法などに基づいて系統樹を作成することができる．

　葉緑体 DNA の特定領域の塩基配列を用いた分子系統樹の作成は 1990 年代から盛んに行われ，多くの新たな知見が得られ従来の分類の見直しが進んだ．例えば，被子植物の祖先的なものと考えられていたグネツムは裸子植物と単系統であり，針葉樹に近いことが明らかになった．また，ヒノキ科とスギ科の分子系統解析では，ヒノキ科はスギ科に完全に内包され，両者はヒノキ科（広義）とし

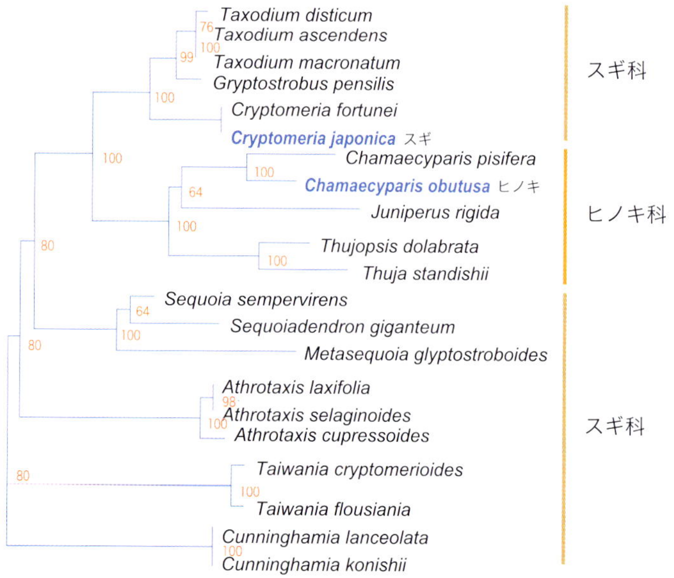

図3-13 スギ科およびヒノキ科樹種の分子系統樹

葉緑体 DNA の塩基配列ではスギ科とヒノキ科は同じ仲間となる. 系統樹上の数字はブートストラップ値を示し, 分岐の信頼性を表し, 1～100 の値をとる. 100 が最も信頼性の高いことを示す. (Kusumi, J. et al., 2000 を改編)

て統合された (図 3-13)[1]. 従来その所属に諸説のあったコウヤマキは, 独立したコウヤマキ科として扱うのが適当との結論が得られている[2]. また, マツ属の二葉松類と五葉松類は分子系統でも明瞭に分化しており, これは従来の形態分類を支持するものであった[3]. 日本のモミ属 5 種のうちではオオシラビソ (*Abies mariesii*) 系統が異なり, アメリカ西部に分布する *A. amabilis* に近縁であった[4]. このように, 多くの樹木で分子系統樹に基づく系統進化的な位置が明らかにされた.

3) 種間雑種と浸透交雑

最もよい研究例は北米大陸の *Pinus contorta* と *Pinus banksiana* である. *P. contorta* はカナダ西北部からメキシコにかけて分布し, *P. banksiana* はカナダ東部から西部のユーコン地方まで分布しており, ユーコン南部で同所的に分布している. この同所的な地域では両種の雑種と見られる個体が多く存在している.

Wheeler，N. C. と Guries，R. P. は球果や種子などの 16 形質を比較して雑種の程度を評価し，2 種が同所的に分布する地域ではかなりの雑種個体が存在し，浸透交雑が頻繁に起こっていることを示した[5]．葉緑体 DNA の解析でも両種が同所的に存在する地域では浸透交雑が認められる[6]．

　また，中国大陸の北部から中部に分布する *Pinus tabulaeformis* と南西部に分布する *Pinus yunnanensis* の 2 種の分布域の高標高に分布する *Pinus densata* は，これら 2 種の古い雑種と考えられている．これらについて Wang，X. R. ら[7]，Wang，X. R. と Szmidt，A. E.[8] および Ma，X. F. ら[9] は，それぞれアロザイム，葉緑体 DNA，核遺伝子の塩基多型を用いて *P. densata* の遺伝子頻度や葉緑体ハプロタイプ頻度がこれら 2 種の中間的な値をとっており，雑種起源であることを証明した．

　広葉樹では Whittemore，A. T. と Schaal，B. A. が，アメリカ大陸のコナラ属 5 種について母性遺伝する葉緑体 DNA 多型を用いて同所的な集団で葉緑体 DNA ハプロタイプを調べた[10]．その結果，葉緑体 DNA ハプロタイプは地理的なクラスターを作り，種でのクラスターは見られなかった．すなわち，同所的な異種は同じハプロタイプを持つが，異所的な同種はハプロタイプが異なるという結果であった．その理由は，頻繁に雑種が生じていること，それぞれの種が分化してからの時間が短いことが考えられる．

　わが国では，父性遺伝する葉緑体 DNA と母性遺伝するミトコンドリア DNA を用いた，ハイマツ（*Pinus pumila*）とキタゴヨウ（*Pinus parviflora* var. *pentaphylla*）の浸透交雑（introgression）が研究されている．浸透交雑とは種間雑種が両親種と戻し交雑を行うことで結果的に種間で遺伝子の交換が起こることをいう．ハイマツとキタゴヨウが生育する山域では，ハイマツが高標高に，その下部にキタゴヨウが分布している．このような場所では，両種の分布域の中間にハッコウダゴヨウが生育する場合がある．ハッコウダゴヨウは常にキタゴヨウを花粉親とし，ハイマツが種子親となっている一方向の雑種である．また，雑種であるハッコウダゴヨウは稔性があり，核遺伝子の解析では戻し交雑タイプの交配が起こり，ハイマツとキタゴヨウの遺伝子交換が行われている可能性が指摘されている．さらに，この現象は特定の山域だけではなく，一般的な現象であることも明らかになっている．綿野泰行は，浸透交雑が特に激しく起こっている東北南部では，標

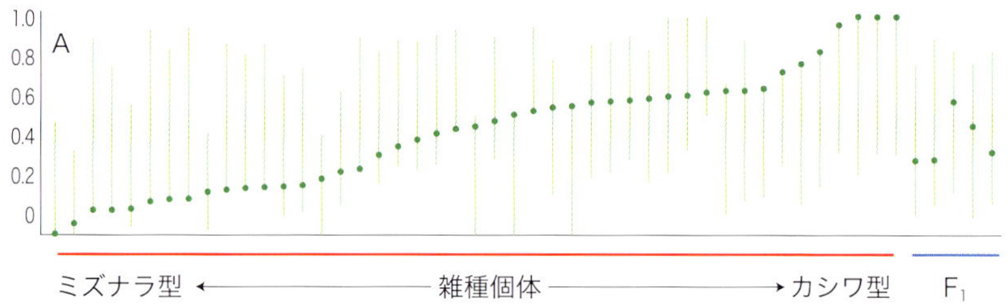

図3-14 ミズナラとカシワの雑種指数
（Matsumoto, A. et al., 2009 を改変）

高が高くなく山域が小さいことから両種の接触が起こりやすかったのではないか
と推察している[11].

　また, 北海道ではカシワ（*Quercus dentata*）は主に海岸に近いところに分布し,
ミズナラ（*Quercus crispula*）は主に内陸部に分布しており, これらの中間地に
は, 両種の雑種と思われる個体が多数存在している. これらを AFLP（amplified
fragment length polymorphism）で解析した結果では, F_1 の個体の雑種指数（hy-
brid index）[12] は中間的な値を示したが, 雑種と思われる個体はカシワに近いも
のからミズナラに近いものまでさまざまであった（図3-14）[13]. これは, これら
の雑種個体が1回のイベントで形成されたのではなく, 繰り返し戻し交雑が起
こっていることを示している.

　このように, 樹木の近縁種間における浸透交雑は, 天然分布域の端や標高の比
較的高いところなどでよく起こる現象である. 本来, 分布の中心域では両種の開
花時期は重ならないが, 標高や緯度の高い分布の端では, 開花時期が一部重なる
ことがあるために雑種ができやすくなっている. そのため, 雑種のできやすさや
浸透交雑の起こりやすさは環境によって異なる.

4）近縁種間の遺伝的変異の比較

（1）オルガネラ DNA での比較
　植物の場合は, 葉緑体 DNA およびミトコンドリア DNA の種内多型を利用して,
種間の遺伝的変異を捉えることが可能である. 葉緑体 DNA は環状でゲノムサイ
ズが 120kbp 〜 170kbp ほどで, 一般的には母性遺伝する. 一方, 針葉樹ではす
べて父性遺伝である. このゲノムは保存性が高いため遺伝子領域では種内変異は

少ないが，スペーサーと呼ばれる遺伝子間領域では種内変異がよく見られる．葉緑体 DNA は近縁種間では保存性が高いため，同じ領域の多型性を比較することにより，種間の系統関係を明らかにできるだけでなく，遺伝的多様性の比較も可能である．植物のミトコンドリア DNA は環状で，ゲノムサイズは 200 ～ 2,000kb といわれている．一般的に母性遺伝することが知られているが，針葉樹の広義のヒノキ科では父性遺伝することが明らかになっている[14, 15]．また，ゲノム内に繰返し配列（dispersed repeat sequence）が多数散在し，これらを介して頻繁に分子内組換え（intra-molecular recombination）が起こっている．遺伝子間領域の種内多型を用いた系統地理学的研究が，マツ科の樹種などで行われている[16, 17, 18]．オルガネラ DNA は有効な集団サイズが核 DNA に比べ約半分と小さく[19]，ゲノムの保存性が高いので共通な遺伝子での比較が可能である．そのため，種間の遺伝的な違いだけでなく，種間の遺伝的多様性の程度も同時に調べることができる．

　日本のコナラ属 4 種について，分布域の広い範囲から材料を集めて葉緑体 DNA の塩基配列を比較したところ[20]，それらは 2 つのハプロタイプを共通に保有していた．また，熱帯フタバガキ *Shorea* 属では，同種の複数個体の塩基配列は全く同じか，種内多型が存在しても近縁種間で共有している[21]．これらの例のように種内変異が種間変異を超えることはほとんどなく，近縁種間で同じハプロタイプを共有している場合は，過去から現在にかけて雑種が生じたか，または両種の起源が同じで分化してからの世代数が少なく，遺伝的分化がまだ十分でないことなどが考えられる．

(2) 核 DNA での比較

a．遺伝マーカーでの比較

　アロザイムやさまざまな DNA マーカーを使って種間の遺伝的多様性の比較が可能である．アロザイムの場合は共通な酵素種を用いていれば直接比較が可能である．しかし，使用できる遺伝子座が多くないため，正確な種間の系統関係は明らかにできない可能性がある．DNA マーカーの場合，RAPD（random amplified polymorphic DNA），AFLP などの優性遺伝マーカーの場合は，種間であっても同じプライマーの組合せで比較が可能である．これらは DNA フラグメントの長さ

が同じであれば同じ塩基配列であるという前提のもとに解析が行われている．同種内において同じ長さのフラグメントサイズであれば同じ確率が高い．しかし，近縁別種であると同じサイズでも同じ塩基配列である可能性は少ない．このように，フラグメントサイズは同じでもその起源が異なる場合をホモプラシーという．そのため，事前に種間の近縁性を葉緑体 DNA の遺伝子間領域の塩基配列などで明らかにしておくとよい．共優性遺伝マーカーである RFLP（restriction fragment length polymorphism），SSR（simple sequence repeat），EST-SSR（expressed sequence tag-SSR）で，同様の問題が生じる可能性がある．こうしたことから，これら DNA フラグメント解析は，同属内の近縁種でないと行えないことが多い．

b．塩基配列での比較

種間の系統関係や遺伝的多様性を調べるには，起源を同じくする遺伝子の塩基配列の比較が適している．遺伝子によって進化速度が異なるため，特定の核遺伝子の解析により，その系統関係を明らかにできる．種間の遺伝的多様性の違いも複数の遺伝子を用いることにより比較できる．この場合，塩基多様度（π），ハプロタイプ多様度（Hd）などが遺伝的多様性指標として利用される．

5）日本産樹木の系統

(1) モミ属のオルガネラ DNA の遺伝的分化と多様性

わが国にはモミ属（*Abies*）樹種が 5 種存在しているが，*rbc*L の塩基配列からオオシラビソ（*A. mariesii*）が他の 4 種とは大きく異なっていることが明らかになった[16]．世界中から集めたモミ属 32 種を対象に系統関係を推定したところ（図 3-15）[4]，日本および北米のモミに 2 つの系統があり，オオシラビソは北米のいくつかのモミと同じ群を作り，特に Farjon[22] の分類で近縁とされた *A. amabilis* と同じ群に属した．また，日本の他の 4 種は他のアジアおよび北米のモミと同じ群を作った．このうち，トドマツ（*A. sachalinensis*），シラビソ（*A. veitchii*）は全く同じ塩基配列であり，モミ（*A. firma*）とウラジロモミ（*A. homolepis*）は区別され，トドマツ，シラビソと姉妹群を形成した．ミトコンドリア DNA の解析結果からも同様に，オオシラビソが他の 4 種とは異なる系統であることが明らかになっている[16]．葉緑体 DNA の塩基配列の結果とミトコンドリア DNA の RFLP 解析結果では，オオシラビソ以外の 4 種の系統関係は非常に類似したもの

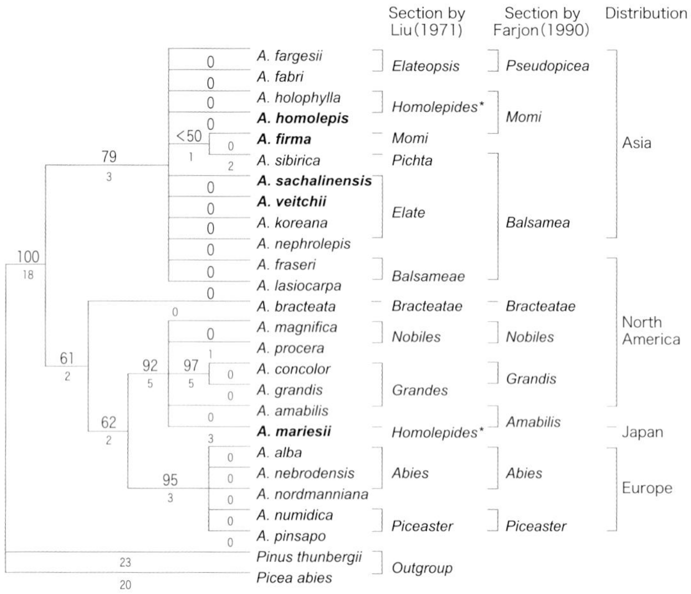

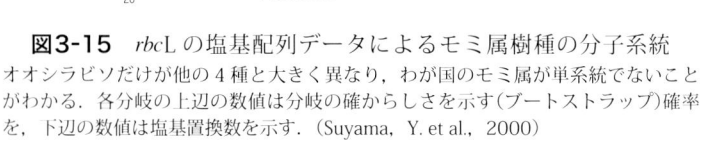

Section by Liu(1971) | Section by Farjon(1990) | Distribution

```
                          A. fargesii        ] Elateopsis    Pseudopicea
          0
              0           A. fabri                                            Asia
              0           A. holophylla      ] Homolepides*
              0           A. homolepis                        Momi
        <50               A. firma             Momi
    79    1   2           A. sibirica          Pichta
    3                     A. sachalinensis
              0           A. veitchii
              0           A. koreana           Elate          Balsamea
              0           A. nephrolepis
              0
100                       A. fraseri         ] Balsameae
18            0           A. lasiocarpa
              0
                          A. bracteata       ] Bracteatae    Bracteatae
          0
              0           A. magnifica       ] Nobiles       Nobiles
61                        A. procera
 2    92   97 1           A. concolor                        Grandis
      5    5  0           A. grandis         ] Grandes
              0           A. amabilis                         Amabilis
    62                    A. mariesii        ] Homolepides*
     2      3             A. alba
          95  0           A. nebrodensis     ] Abies         Abies
           3  0           A. nordmanniana
              0           A. numidica        ] Piceaster     Piceaster
              0           A. pinsapo
                23        Pinus thunbergii   ] Outgroup
                20        Picea abies
```

Asia / North America / Japan / Europe

図3-15 *rbc*L の塩基配列データによるモミ属樹種の分子系統
オオシラビソだけが他の4種と大きく異なり，わが国のモミ属が単系統でないことがわかる．各分岐の上辺の数値は分岐の確からしさを示す（ブートストラップ）確率を，下辺の数値は塩基置換数を示す．(Suyama, Y. et al., 2000)

であった．

　ミトコンドリアDNAの解析では，それぞれの種に種内多型が見られたため，種間の系統だけでなく，種内の遺伝的多様性も明らかにできた．これによると，モミ，ウラジロモミ，シラビソ，トドマツ，オオシラビソの遺伝子多様度（h）は0.741，0.604，0.039，0.292，0.000と大きな違いが見られた．わが国のモミ属5種のうち，モミとウラジロモミが最も遺伝的多様性が高く，続いてトドマツ，シラビソとなり，オオシラビソには種内変異がなかった（図3-16）．これは種内の集団の変遷と密接な関連がある．氷期や間氷期などグローバルな気候の変動とともに植物も分布域をかえたり，集団サイズの縮小や拡大を繰り返している．急速に分布が拡大した地域や集団サイズの縮小により植物集団の遺伝的多様性は小さくなる．特に，急激なボトルネック（☞5.2）「遺伝的多様性の減少あるいは喪失」）が働くと遺伝的多様性も極端に小さくなることがある．また，ミトコンドリアDNA多型が全くないオオシラビソでは核DNAの多型性も極端に低

く，アロザイム分析の結果では平均ヘテロ接合度（H_e）が6.3％であった[23]．天然分布の端である八甲田山で$H_e = 1.4$％とわずかで，極端に遺伝的変異を減少させていることがわかる（図3-17）．なお，拡大ルートから逸れた月山，早池峰山では，強いボトルネックが働いたようで，ヘテロ接合度がそれぞれ0.2％，0.3％であった．アメリカ大陸から北回りでわが国に入ってきた際か，あるいはその後の氷期および間氷期の影響で生息域が限られたために，遺伝的多様性を大きく減少させたのではないかと考えられる．一方，遺伝的多様性が高いモミとウラジロモミは他の3種と比較すると分布域も比較的広く，温暖な地域に分布している．そのため，氷期には低標高や南方に逃避しており，集団の縮小規模が大きくなかっ

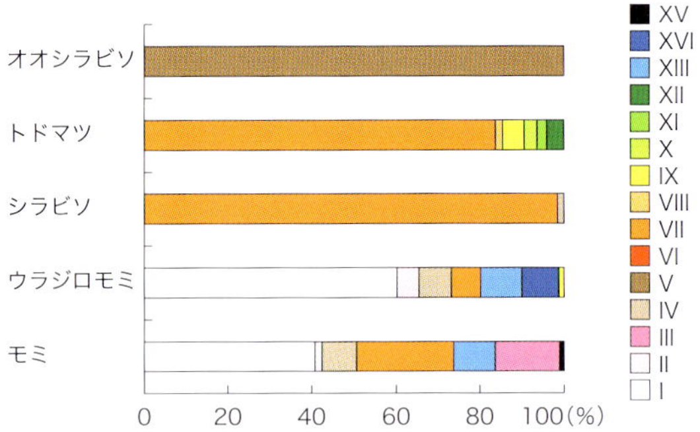

図3-16 モミ属5種のミトコンドリア DNA ハプロタイプ頻度分布
（Tsumura, Y. and Suyama, Y., 1998）

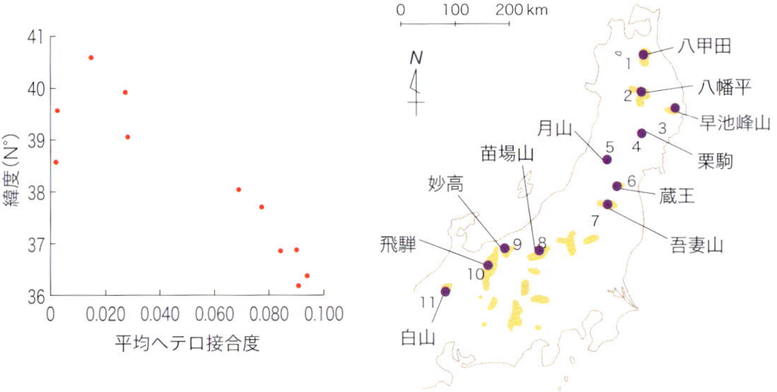

図3-17 オオシラビソの天然分布と遺伝的変異の地理的勾配
北へ行くほど遺伝的変異が減少していることがわかる．（Suyama, Y. et al., 1997）

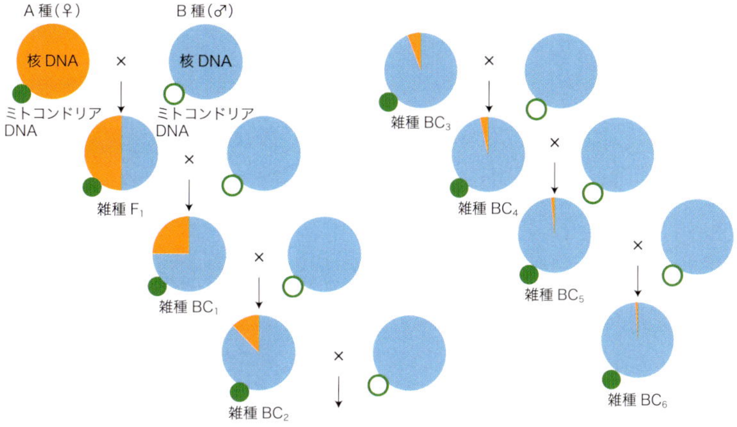

128　第3章　天然林の遺伝的変異

図3-18　オルガネラ置換

オルガネラ置換は雑種起原が原因で細胞質が近縁他種のものと入れかわる現象．雑種
BC$_6$ になると核 DNA はほぼ B 種になっているが，ミトコンドリア DNA は A 種のも
のになっている（葉緑体 DNA の場合も同様である）．

たため，現在でも比較的高い多様性を維持しているのではないかと思われる．

　また，モミの天然分布の北限に近い集団では，過去にシラビソとの種間雑種が
形成され，モミのミトコンドリア DNA ゲノムがシラビソと置きかわっている．
これは種間交雑でできた雑種が，その後，父親となった種との複数回の戻し交
雑によって核ゲノムが父親の種に近くなるため，核 DNA は父親の種でミトコン
ドリア DNA は母親の種という雑種が形成される．この現象のことを Organelle
capture あるいはオルガネラ置換（organelle transfer）という（図3-18）．雑種形
成が頻繁に起こるとオルガネラ DNA だけでなく，核 DNA の多様性も高くなり，
種内の遺伝的多様性に変化が生じる．

(2) スギ科およびヒノキ科の塩基配列による比較

　分子系統研究の結果，現在ではスギ科は広義のヒノキ科とされる[1]．わが国で
林業上，最も有用なスギおよびヒノキの 2 樹種は比較的近縁なので，同じ遺伝
子の塩基配列データを使った遺伝的多様性などの比較が容易である．10 遺伝子
座を使った比較では，ハプロタイプ多様性はスギ，ヒノキ，サワラでそれぞれ
0.486, 0.453, 0.792 であった．同義置換の塩基多様度（π_{SYN}）はスギで 0.0038,

ヒノキで 0.0069，サワラで 0.068 とスギが低い多様性を示した[24]．塩基多様度が高くなるのは集団サイズが大きいか，突然変異率が高いかのどちらかである．ヒノキではスギや他の針葉樹よりも高い平均ヘテロ接合率が報告されている[25,26]．Kusumi, J. ら[27] による 11 遺伝子の塩基多様性解析では，ヒノキ亜科の突然変異率がスギ亜科よりも 1.5 倍高いことが報告されている．これらのことから，スギとヒノキの 1 世代の時間が同じならば，ヒノキ亜科の突然変異率がスギよりも高いために，塩基多様度が 2 倍も高いことが考えられる．

　また，スギと最も近縁なヌマスギとの 6 遺伝子を用いた比較では，それぞれ0.0035 と 0.0058 と，やはりヌマスギの方が高い塩基多様度を示した[28]．中立性の検定ではスギはほとんど正の値をとり，集団の縮小が最近起きたことが考えられ，一方，ヌマスギは負の値をとったことから集団の拡大が最近起こったと考えられる．このように，塩基配列データで種間の比較を行うことで種の系統関係だけでなく，集団サイズの変遷や突然変異率などの情報も得ることができる．

6）種分化の分子メカニズム

　種分化を起こすための遺伝的なメカニズムで重要なことは突然変異であり，塩基置換や塩基の欠失および挿入によるフレームシフト突然変異などがある（☞第 2 章 1.6）「形質の差異を生み出す DNA の変異」，第 3 章 2.1）「適応的変異の創出」）．この中でまれに起こるアミノ酸置換を伴う変異が種分化にとって重要な役割を果たす．また，淘汰も集団分化や種分化にとって重要な要因となる．この他に遺伝子の重複（gene duplication）や遺伝子ファミリーの存在も重要である．遺伝子の重複により生まれた少しだけ異なる機能を持つ遺伝子群は，発達段階や環境条件で異なる発現をしたりすることがある．これらも種分化にとって重要な遺伝子となる．この他に倍数化（polyploidy）も種分化にとって重要な要因となる．同じ種から生じる同質倍数体（autopolyploid）と異なる種間の雑種起源の異質倍数体（allopolyploid）がある．樹木の倍数体はハンノキ属，カバノキ属などによく見られる．針葉樹ではまれで，広義のヒノキ科のレッドウッド（*Sequoia sempervirens*）が六倍体であることがよく知られている[29]．

5．遺伝的多様性の保全

　前節までに述べてきたように樹木に限らず生物は，その種内に多くの遺伝的な変異を保有しているのが普通である．これは，それぞれの種の進化や分布変遷など複雑な歴史と多くの世代を重ねたことによって蓄積されたものである．こうした遺伝的多様性は，それぞれの種がこれからの長い世代において生存し続け，新たな環境に適応した遺伝変異の獲得により進化することを保証するという意味を持ち，生物の存続にとって不可欠といえる．こうしたことから，遺伝的多様性の保全は将来にわたる生物多様性の保全にとってきわめて重要である．また，遺伝的多様性を人間にとって有用な遺伝子の供給源（遺伝資源）と考える立場からは，未利用，未発見の機能を持った遺伝子を失わないために自然集団の持つ遺伝的多様性を保存することが重要とされている．本節では，遺伝的多様性保全にとって必要な事柄と実際の取組みについて解説する．

１）遺伝的多様性の保全とは何か

　遺伝的多様性を保全することは，種の進化プロセスを保全することと同義である．遺伝子が世代を超えて伝えられていく過程で，突然変異によってもたらされた遺伝子の多様性が，さらに次の世代に伝えられていくことによって，生物は存在し続けるとともに，新たな環境への適応を果たし進化し続けることが可能である．そこで，個々の集団の持つ遺伝的多様性と種全体の遺伝構造の両者が保全されることによって初めて目的が達成される．

　遺伝子は DNA として核やオルガネラに存在するが，通常は個体という形をとって存在している．それでは，個体を保全することが遺伝子を保全することになるのだろうか．どんなに長命な生物でも個体の寿命というものがある．すなわち，個体が死滅してしまえば遺伝子もまた消滅してしまう．遺伝子が保全されるためには，個体が死滅する前に繁殖によって次の世代にその遺伝子が引き継がれる必要がある．すなわち，健全な世代交代こそが遺伝子保全の鍵である．

　もちろん，人間にとって有用な遺伝的変異に着目し，そうした遺伝子を持った個体を保存して利用するといった立場からの遺伝子保存という考え方も可能であ

る．こうした場合でも，その遺伝子の保存には繁殖あるいは増殖のプロセスが不可欠である．

　一方，どんな生物でも個体数には限りがある．そのため，その生物のある世代が保有している遺伝子が，次の世代に伝えられるかどうかは確率的である．そこで，世代間での遺伝的多様性の変化（欠落）を極力小さくすることが重要であり，そのために必要な条件として，①さまざまな個体同士が交配することによって十分多くの種子が生産されること，②そうした種子の多くが適切な生育場所に定着し，十分多くの次世代個体が成立すること，③さらにそれらの個体が，前の世代同様な交配を行い子孫を残すこと，すなわち高い繁殖成功が求められる．

　こうした，健全な遺伝的多様性の世代間の伝達は，健全な生態系においてのみ実現される．また，自然の撹乱体制の中での，種や個体群の消長または遺伝的多様性の喪失は自然のプロセスの一部と見なされる．そうしたプロセスを損なわないように生態系を維持していくことが，本当の意味での遺伝的多様性の保全といえる．しかし，今日の森林は，開発による面積の減少，それに伴う分断化など多様性に対するさまざまな脅威が存在し，自然のプロセスに任せるのみで生物の遺伝的多様性を維持できる環境にあるとは言い難い．そこで，そうした圧力に抗して，極力，遺伝的多様性の喪失を少なくするための方策が求められる．

2）遺伝的多様性の減少あるいは喪失

　遺伝的多様性の減少とは種内の遺伝変異が減少することである．具体的には，①集団内の各遺伝子座における対立遺伝子そのものの喪失あるいは著しい遺伝子頻度の減少，②種内の遺伝構造の喪失である．

　①集団内の対立遺伝子の喪失…極端に集団サイズが小さくなった場合（ボトルネック）を仮定すると理解しやすい．十分に大きな集団サイズで何世代も維持されてきた集団では，その間に起きた突然変異が一定程度集団内に蓄積されており，遺伝子頻度の低い対立遺伝子（まれな対立遺伝子＝レアアレル）が多く認められる．また，遺伝子頻度の高い対立遺伝子では，それぞれの頻度が比較的均等に保たれている．しかし，その集団が何らかの理由で大きくサイズを縮小させると，最初にまれな対立遺伝子が消失する．しかし，まれな対立遺伝子はその遺伝子頻度の低さから，近交係数の上昇にはほとんど影響を及ぼさない．しかし，個体数

の少ない集団では交配の偏りが生じやすく，世代を追うごとに特定の親個体の子孫が集団内に増加し，近交係数が高くなる．近交係数の上昇は，特定の対立遺伝子への固定化を意味する．このことによって，集団内の対立遺伝子の多様性の減少はさらに進行する．

②**種内の遺伝構造の変化**…種内の遺伝的多様性は，集団内，集団間に分かれて存在する．これを種内の遺伝構造と呼ぶ．複数の集団からなる種では，集団ごとに異なる進化プロセスが働き，それぞれ異なった対立遺伝子とその頻度が存在する．そのため，集団自体の喪失や他集団からの遺伝子の流入による均質化は，種内の遺伝構造を変化させ，結果的に多様性低下を引き起こすことになる．

3）遺伝的多様性への脅威

人為による遺伝的多様性の減少の主要因として，①分断化，②集団サイズの縮小（個体数の減少），③遺伝子撹乱などがあげられ，それぞれの影響は遺伝的多様性に対して異なった結果をもたらす．

①**分断化**…きわめて大きな森林が伐採などによりいくつかの森林に分断化された場合を考える．集団間の距離が相互の遺伝子流動を妨げるほどに離れてしまったときには，分断化以降それぞれの森林の内部だけで遺伝的多様性が伝えられることになる．すなわち，それ以前には1つの遺伝子プールとして同じ進化プロセスを共有していたものが，それぞれ別々の遺伝子プールとして異なるプロセスをたどることになる（図3-19）．

②**集団サイズの減少**…集団の個体数が少なくなれば，集団の保有する遺伝的多様性も小さくなる．さらに，限られた個体間の交配による遺伝的浮動により，次世代へ伝えられる遺伝的多様性が変化しやすくなり，まれな対立遺伝子の脱落を招き遺伝子の単純化が進む．さらに個体数の減少が続けば，近親交配が卓越し対立遺伝子の固定化が進行するので，遺伝的多様性は極端に小さくなってしまう．また，固定化に先立って個体の生存にとって不利な遺伝子がホモとなることによって，個体の適応度が著しく低下し，さらに集団サイズの縮小が進む．多くの場合，分断化と集団サイズの減少は同時に進行する（図3-19）．例えば，スペインのカタロニア地方のブナ林の分断化した集団の多くは，集団サイズの減少によるボトルネックを経験していた．また，連続集団に比べ，近親交配や集団間の遺

伝的分化が進み，遺伝子の多様性も低下
しているなど，分断化の影響がよく表れ
ていた[1]．

③**遺伝子撹乱**…それぞれの生物はその
歴史の中で形成されてきた地理的な遺伝
構造を持っている．こうした中，特定の
種の種苗が人為的に本来の生息場所と異
なる地域へ植栽された場合，さまざまな
問題が生じる．遺伝的に隔たった系統間
の交配では，交配した次世代において適
応度の低下が引き起こされる場合が見ら
れ，このような現象を遠交弱勢と呼ぶ．
適応度の低下だけでなく，交雑により地
域本来の遺伝構造にも変化がもたらされ
る．

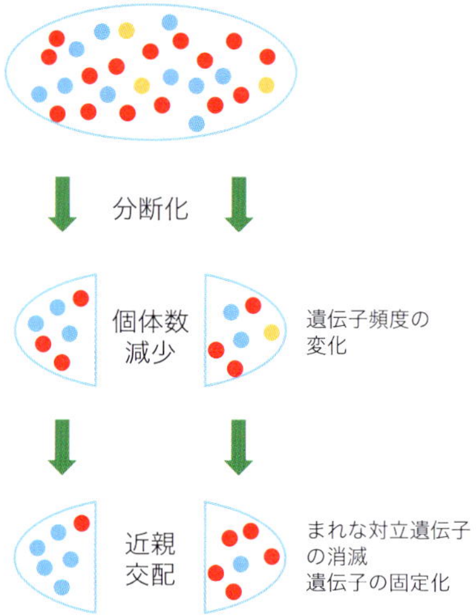

図3-19 分断化による遺伝的多様
性の変化
図中の●, ●, ●は，遺伝子プール中の対立遺
伝子を表す．

　現在の森林状況は，こうした要因が別個に存在するのではなく，複合して存在
する．例えば，森林伐採により集団のサイズが縮小すると同時に，残存した森林
の分断化が進み，さらにそこに人工林が造成されれば，遺伝子撹乱の恐れが生じ
る．このような人為的な遺伝的多様性の変化は，種の進化プロセスに大きく影響
するだけでなく，絶滅リスクの増大にもつながる．こうしたことから，開発や伐
採，再生などあらゆる森林に関わる人為的な関わりにおいて，遺伝的多様性の喪
失リスクを最小限にするような関わり方を考え，実行していく必要がある．

4）遺伝的多様性保全の方策

（1）生息域内保全

　前述したように，それぞれの種がそれぞれの生息域において，その遺伝的多
様性を十分高い状態で維持できることが本来的に重要である．そこで，一般には
保護すべき種を特定し，その生息域を保護林などに指定して，種とその遺伝的多
様性を維持しようとする方策が取られる．こうした，本来の生息地において保全
を実現しようとする方法を，生息域内保全（現地保全ともいう，*in situ* conserva-

tion）と呼ぶ．現地保全では，その範囲や保全する種を指定するのが一般的である．しかし，種レベルではなくもっと広範な，生態系レベルでの保全を目指す場合もある．

　直接的に樹木の遺伝資源保全をうたっている保護林に「林木遺伝資源保存林」があるが，国立公園をはじめとする各種の自然公園やその他の保護林の多くも，種の特定こそされていないが，生物多様性や遺伝的多様性を保全する機能も合わせ持っていると考えられる（☞ 第4章7.2)「森林遺伝資源の保存」）．

　ところで，多くの保護林はいったん設定されると，それ自体に手を入れることなく，自然の成り行きのままに放置される（保護される）のが一般的である．その結果，遷移の途中段階にあるような種の場合は，遷移の進行に伴ってやがて枯死して失われていくことになる．前述したように，遺伝的多様性は健全な繁殖によって維持されるので，こうした保護林にあってもその種の更新が保障されるような手立てが必要である．しかし，更新にまで配慮した保護林の管理というものはほとんど行われていない．

（2）生息域外保全

　一方，生息地においてその生存が危ぶまれる場合や人間の手元において遺伝資源としての活用を図る場合には，保存したい集団や個体からクローンや実生を育成して，樹木園などに植栽保存する場合がある．これを，生息域外保全（現地外保全ともいう，*ex situ* conservation）と呼ぶ．前者の場合，本来は生息域で保全できることが望ましいが，将来にわたって生息域における自律的更新が難しいような場合に取られる方策と考えるべきである．わが国では，国有林を中心にヤツガタケトウヒ，ヒメバラモミ，ヤクタネゴヨウなどの希少種の現地外保全が実施されてきた（☞ コラム「ヒメバラモミの保全事業」）．林業用種苗の育種のために収集された，「精英樹」などのクローンを集めた圃場なども，広義には遺伝子保存林と呼ばれる．また，種子や花粉といった生殖質を施設で保存することも，遺伝子の現地外保全に含まれる．

（3）種苗の移動規制

　林業では，適応性という観点から造林のための種苗の配布地域を限定するこ

コラム　「ヒメバラモミの保全事業」

　ヒメバラモミは八ヶ岳と南アルプスの一部にのみ分布する日本固有種であり，分布が限られ絶滅のリスクが高い．そこで，中部森林管理局の事業としてその現地外保全が実施された．ここでは，保全事業の完了までの経過を紹介する．

　①保全対象種の確定…本州中部に産するトウヒ属樹木については，その分類が確定しておらず，保全を進めるべき種がいったい何者なのかを，明らかにする必要があった．そこでまず形態的特徴を整理して，保全対象種としてのヒメバラモミを分類学的に特定した．

　②分布実態の調査…現地踏査が行われ，八ヶ岳地域および南アルプス地域の分布が特定された．

　③遺伝的多様性の調査…各SSRマーカーを用いて分布域における遺伝的多様性を調査し，両地域に遺伝的な違いを明らかにした．

　④現地外保全策の検討…2004年に①〜③の結果に基づいて保全策を確定した．両地域から多数の個体を集収し，増殖した接ぎ木クローンにより種子生産も目指した地域別集植地を設定することとした．

　⑤個体の収集と増殖…2004年〜2009年，各生育地の実態を調査するとともに採穂を行い（図1），接ぎ木苗を養成した（図2）．この間に行われた接ぎ木は，4,500本にのぼり，取得できた苗木は1,000本あまりであった．

　⑥現地外保存林の造成…2010年八ヶ岳西岳国有林に遺伝資源林として2ヵ所，八ヶ岳地域69クローン，南アルプス地域65クローン，それぞれ375本の苗木を植栽した（図3）．

　現地外保全は，希少樹種についてはきわめて有効な手段である．しかし，このように，ただ1樹種の現地外保全を行うだけでもきわめて多くの手順と時間，経費がかかる．こうしたことが実現できる種は限られており，樹木の遺伝的多様性は可能な限り現地で保全されるのが好ましいあり方である（井出雄二）．

図2　接ぎ木による増殖

図1　木登りによる採穂

図3　保存林の設定

（写真提供：石井正氣氏）

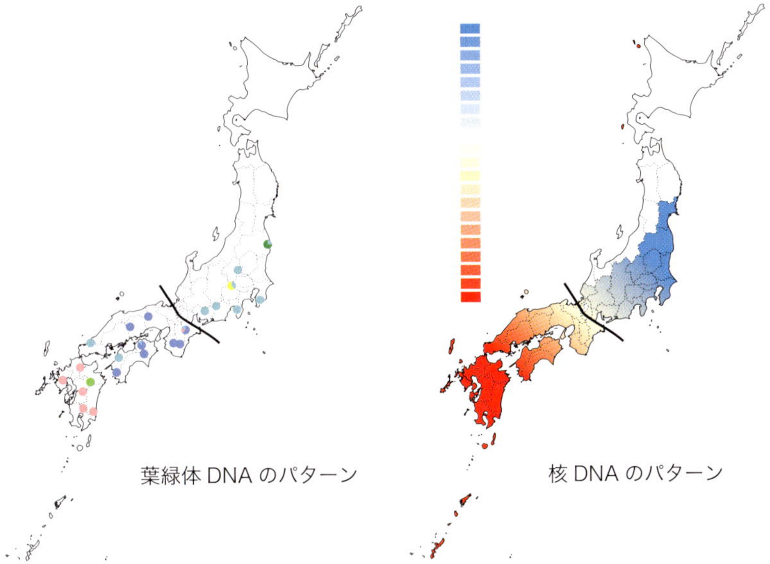

図3-20 イロハモミジの種苗移動ガイドライン
（森林総合研究所，2011；http://www.ffpri.affrc.go.jp/pubs/chukiseika/documents/
2nd-chukiseika20.pdf）

とが行われてきた．今日，多様性保護の観点から林業用以外，例えば緑化用樹
木などにおいても，その種苗配布区域を設定すべきであるとの考え方が一般的に
なっている．そこで，森林総合研究所は日本の広葉樹10種について「広葉樹の
種苗の移動に関する遺伝的ガイドライン」を作成して，注意を喚起している（図
-20）．また，このような同一種内での遺伝的多様性への人為的影響の他，種間交
雑による雑種形成なども遺伝的多様性への重大な脅威と考えられており，広義の
遺伝子撹乱と定義される．

5）森林施業と遺伝的多様性保全

　以上は，遺伝的多様性保全を目的とした積極的な取組みについての解説である
が，遺伝的多様性保全のためには，実際の林業における日々の施業が周囲の森林
や樹木の遺伝的多様性に影響を及ぼすことについての理解も重要である．
　天然林からの木材収穫は，日本では一般的ではないが世界的には普通に行われ
ている施業である．天然林伐採は，その方法によっては収穫対象種の遺伝的多様

表 3-8　択伐を 5 回繰り返したトドマツ天然林の遺伝的多様性

	母樹集団		稚樹集団	
	択伐区	保存区	択伐区	保存区
ヘテロ接合度の観察値：H_o	0.160	0.136	0.119	0.146
ヘテロ接合度の期待値：H_e	0.169	0.198	0.151	0.192
近交係数：F_{is}	0.060	0.346	0.249	0.230

（木佐貫博光ら，1999）

性を大きく損なう．皆伐はもとより択伐や天然下種更新を前提にした伐採でも，残存させる母樹の数や結実の有無によって，後継樹の遺伝的多様性が変化する．そのため，伐採は結実年を選んで十分な数の母樹を残す必要がある．トドマツの択伐施業では，択伐を繰り返した場合，施業を行っていない天然林に比べて遺伝的多様性が減少し，その影響は次世代にも及んだ（表3-8）[2]．さらに，天然林における個体数の減少は，交配プロセスの変化を通じて，次世代の遺伝的多様性に影響を及ぼす．

　一方，人工林は，それ自体は高い遺伝的多様性を前提としてはいないが，周囲に造林木と同じ樹種の天然林が存在すれば，天然林への人工林からの花粉流入によって，天然林の次世代の遺伝的多様性が変化する恐れがある．人工林が少数のクローンからなっている場合には次世代の遺伝的多様性低下への影響はさらに大きいと考えられる．実際，オーストラリアのユーカリ（*Eucalyptus loxophleba*）では，植栽亜種と在来亜種との間で交雑が生じていることが確認されている[3]．このように一般種苗の造林においても，少なくない遺伝的多様性への影響が考えられることから，今後進むであろう遺伝子組換え樹木の利用に際しては，遺伝的多様性の観点からの検討が十分になされる必要がある．

引 用 文 献

1．種内の遺伝的変異－中立変異－

1）El Mousadik, A. and Petit, R. J.: Theoretical and Applied Genetics 92, 832-839, 1996.
2）Ohba, K. et al.: Silvae Genetica 20, 101-107, 1971.
3）Nei, M.: Molecular Evolutionary Genetics, Columbia University Press, 1987.
4）Wright, S.: Genetics 28, 114-138, 1943.
5）Wright, S.: Annals of Eugenics 15, 323-354, 1951.
6）Weir, B. S. and Cokerham, C. C.: Evolution 38, 1358-1370, 1984.
7）Slatkin, M.: Genetics 139, 457-462, 1995.

8) Pons, O and Petit, R.J.: Genetics 144, 1237-1245, 1996.

9) Excoffier, L. et al.: Genetics 131, 479-491, 1992.

10) Hedrick, P. W.: Evolution, 59, 1633-1638, 2005.

11) Jost, L.: Molecular Ecology, 17, 4015-4026, 2008.

12) Nybom, H.: Molecular Ecology, 13, 1143-1155, 2004.

13) Hamrick, J. L. and Godt, M. J. W.: Conservation genetics of endemic plant species (in Avise, J. C. and Hamrick, J. L. eds., Conservation Genetics), Chapman & Hall, 281-304, 1996.

14) Duminil, J. et al.: American Naturalist 169, 662-672, 2007.

15) Hamrick, J. L. et al.: New Forests 6, 95-124, 1992.

16) Uchida, K. et al.: Breeding Science 47,7-14, 1997.

17) 戸丸信弘・内田煌二：北海道の林木育種 50, 1-5, 2007.

18) 宮田増男・生方正俊：日本林学会誌 76, 445-455, 1997.

19) Tani, N. et al.: Canadian Journal of Forest Research 26, 1454-1462, 1996.

20) Tani, N. et al.: Heredity 91, 510-518, 2003.

21) Nagasaka, K. et al.: Forest Genetics 4, 43-50, 1997.

22) Suyama, Y. et al.: Journal of Plant Research 110, 219-226, 1997.

23) Wang, Z. M. and Nagasaka, K.: Heredity 78, 470-475, 1997.

24) Wendel, J. F. and Parks, C. R.: American Journal of Botany 72, 52-65, 1985.

25) 河原孝行・吉丸博志：プランタ 39, 9-13, 1995.

26) Soejima, A. et al.: Genes & Genetic Systems 73, 29-37, 1998.

27) Miyamamoto, N. et al.: Journal of Forest Research 6, 247-251, 2001.

28) Takeuchi, T. et al.: Journal of Forest Research 6, 157-162, 2001.

29) Petit, R. J. and Hampe, A.: Annual Review of Ecology, Evolution, and Systematics 37, 187-214, 2006.

30) White, T. L. et al.: Forest Genetics, CAB International, 149-186, 2007.

31) Frankham, R. et al.: Introduction to Conservation Genetics, Cambridge University Press, 395-418, 2002.（西田 睦(監訳)：Frankaham, R. J. et al.・保全遺伝学入門, 文一総合出版）

32) Austerlitz, F. et al.: Genetics 154, 1309-1321, 2000.

33) Tomaru, N. et al.: Plant Species Biology 9, 191-199, 1994.

34) Takahashi, T. et al.: Journal Plant Research 118, 83-90, 2005.

35) Hiraoka, K. and Tomaru, N.: Journal of Plant Research 122, 269-282, 2009.

36) Hancock, J. M.: Microsatellites and other simple sequences: genomic context and mutational mechanisms (In Goldstein, D. B. and Schlotterer, C. eds., Microsatellite: Evolution and Applications), Oxford University Press, 1-9, 1999.

37) Mukai, T. and Cockerham, C. C.: Proceedings of National Academy of Sciences of the USA 74:2514-2517, 1977.

38) Tomaru, N. et al.: Heredity 78, 241-251, 1997.

39) Mogensen, H. L.: American Journal of Botany 83, 383-404, 1996.

40) Avise, J. C.: Phylogeography: the History and Formation of Species, Harvard University Press, 3-36, 2000.（西田 睦・武藤文人（監訳)：Avise, J.C.・生物系統地理学―種の進化を探る―, 東京大学出版会, 2008）

41) Aizawa, M. et al.: Molecular Ecology 16, 3393-3405, 2007.

２．種内の遺伝的変異－適応的変異－

1) 萩原信介：種生物学研究, 1, 39-51, 1977.
2) Hiura, T. et al.: Ecoscience, 3, 226-228, 1996.
3) Campbell, R. K.: Silvae Genetica, 35, 85-96, 1986.
4) Morgenstern, E. K.: Geographic Variation in Forest Trees: Genetic Basis and Application of Knowledge in Silviculture, UBC Press, Vancouver, 209pp. 1996.
5) Ladrach, W.E.: Provenance Research: The Concept, Application and Achievement(in Mandal, A. K. and Gibson, G. I. eds., Forest Genetics and Tree Breeding), CBS Publishers and Distributors, New Delhi, pp. 183-193. 1998.
6) 橋詰隼人ら：日林誌, 78, 363-368,1996.
7) 畠山末吉：北海道林業試験場報告, 19, 1-91, 1981.
8) Ross-Ibarra, J. : Genetica, 123, 197-204, 2005.
9) Holliday, J. A. et al.: New Phytologist, 178, 103-122, 2007.
10) Tajima, F.: Genetics, 123, 585-595, 1989.
11) Fu, Y. X., and Li, W. H.: Genetics, 133, 693-709, 1993.
12) Fay, J. C. and Wu, C. I.: Genetics, 155, 1405-1413, 2000.
13) Hudson, R. R. et al. : 1987 Genetics 116: 153-159.
14) McDonald, J. H. and Kreitman, M.: Nature, 351(6328), 652-654, 1991.
15) Kawabe, A. et al.: Genetics, 156, 1339-1347, 2000.
16) Neale, D. B.: Current Opinion in Genetics & Development, 17, 1-6, 2007.
17) Vasemägi, A. and Primmer, C. R.: Molecular Ecology, 14, 3623-3642, 2005.
18) Vasemägi, A. et al.: Molecular Biology and Evolution, 22, 1067-1076, 2005.
19) Thumma, B. R. et al.: Genetics, 171, 1257-1265, 2005.
20) González-Martínez, S. C. et al.: Genetics, 175, 399-409, 2007.
21) Eckert, A. J.et al.: Genetics, 185, 962-982, 2010.
22) Pavy, N. et al.: BMC Genomics, 7, 174-187, 2006.
23) Namroud, M. C. et al.: Molecular Ecology, 17, 3599-3613, 2008.
24) Jaramillo-Correa, J. P. et al.: Molecular Ecology, 10, 2729-2740, 2001.
25) Tsumura, Y. et al.: Genetics, 176, 2393-2403, 2007.
26) Futamura, N. et al.: BMC Genomics, 9, 383, 2008.

３．集団内の遺伝的動態

1) Powell, P. J. et al.: Trends Ecol. Evol., 16, 142-147, 2001.
2) Isagi, Y. et al.: J. Ecol. 95, 983-990, 2007.
3) Hall, P. et al.: Conserv. Biol., 10, 757-768, 1996.
4) Ahmeda, S. et al.: PNAS, 106, 20342-20347, 2009.
5) Kameyama, Y. et al.: Mol. Ecol., 10, 205-216, 2001.
6) Hirao, A. S.: Mol. Ecol., 15, 1165-1173, 2006.
7) Kenta, T. et al.: Mol. Ecol., 13, 3575-3584, 2004.
8) Terakawa, M. et al.: Ecol. Res., 24, 663-670, 2009.
9) Jordano, P. & Schupp, E. W., Ecol. Monogr., 70, 591-615, 2000.
10) Dick, C. W.: Proc. R. Soc. Lond. B Biol. Sci. 268, 2391-2396, 2001.

11）Lowe, A. J. et al.: Heredity, 95, 255-273, 2005.

4．種間の遺伝的変異

1）Kusumi, J. et al.: American Journal of Botany, 87, 1480-1488, 2000.

2）Tsumura, Y. et al.: Theoretical and Applied Genetics, 91, 1222-1236, 1995.

3）Wang, X.-R. et al.: American Journal of Botany, 86, 1742-1753, 1999.

4）Suyama, Y. et al.: Molecular Phylogenetics and Evolution, 16, 271-277, 2000.

5）Wheeler, N. C. and Guries, R. P.: Canadian Journal of Botany, 65, 1876-1885, 1987.

6）Wagner, D. B. et al.: Proc. Natl. Acad. Sci. USA, 84, 2097-2100, 1987.

7）Wang, X.-R. et al.: Genetics, 159, 337-346, 2001.

8）Wang, X.-R., and Szmidt, A. E.: Evolution, 48, 1020-1031, 1994.

9）Ma, X.-F. et al.: Molecular Biology and Evolution, 23, 807-816, 2006.

10）Whittemore, A. T. and Schaal, B. A.: Proc. Natl. Acad. Sci. USA, 88, 2540-2544, 1991.

11）綿野泰行：種を超えた遺伝子の流れ：オルガネラ DNA の遺伝子浸透 (種生物学会編：森の
分子生態学)，文一総合出版，111-138, 2001.

12）Buerkle, C. A.: Molecular Ecology Notes, 5, 684-687, 2005.

13）Matsumoto, A. et al.: Botany, 87(2), 145-153, 2009.

14）Neale, D. B. et al.: Natl. Acad. Sci. USA, 86, 9347-9349, 1989.

15）Mogensen, H. L.: American Journal of Botany, 83, 383-404, 1996.

16）Tsumura, Y. and Suyama, Y.: Evolution, 52, 1031-1042, 1998.

17）Liepelt, S. et al.: Natl. Acad. Sci., USA 99, 14590-14594, 2002.

18）Godbout, J. et al.: Molecular Ecology, 14, 3497-3512, 2005.

19）Birky, C. W. et al.: Genetics, 121, 613-627, 1989.

20）Kanno, M. et al.: Journal of Plant Research, 117, 311-317, 2004.

21）Tsumura, Y. et al.: Journal of Plant Research 124, 35-48, 2011.

22）Farjon, A.: Pinaceae. Drawing and Descriptions of the Genera, Koelzt Scientific Books, Koe-nigstein, 330pp, 1990.

23）Suyama, Y. et al.: Journal of Plant Research, 110, 219-226, 1997.

24）Kado, T. et al.: Tree Genetics and Genomes, 4, 133-141, 2007.

25）Tomaru, N. et al.: Plant Species Biology, 9,191-199, 1994.

26）Uchida, K. et al.: Breed Sci, 47, 7-14, 1997.

27）Kusumi, J. et al.: Molecular Biology and Evolution, 19, 736-747, 2002.

28）Kado, T. et al.: Genes and Genet Systems, 81,103-113, 2006.

29）Ahuja, M. R. et al.: Silvae Genetica, 51, 93-100, 2002.

5．遺伝的多様性の保全

1）Jump, A. S. and Penuelas, J.: PANAS, 103, 8096-8100, 2006.

2）木佐貫博光ら：北海道の林木育種，42(2), 11-14, 1999.

3）Sampson, J. F. and Byene, M.: Molecular Ecology, 17(11), 2769-2781, 2008.

第4章

林木育種

●●● 　人類は古来より植物を栽培化し，人類にとってより望ましく優良なものにするために遺伝的な改良を加えてきた．これを育種といい，林木の遺伝的改良を林木育種という．

　林木の生育は，土壌，気候条件などの環境および下刈りや間伐などの保育の影響が大きく，遺伝の影響についてわが国ではあまり認識されていなかった．ところが，成長量の大幅な向上に成功したニュージーランドのラジアータマツに見られるように，海外の先進林業地では林木育種の活用が成功要因の1つになっている．わが国の本格的な林木育種も1950年代に開始され，多くの成果が得られており，これを活かしていくことが林業活性化に必須である．

　林木も植物であり，育種の原理はイネや野菜などの作物と基本的に同じであるが，林木は，寿命や収穫までの期間が長く，成熟して花を着けるまでに長期を要し，樹体が大きく，育種に広大な用地を必要とする．また，苗木を植栽する林地は自然に近い環境にあり，環境の人為的制御が困難であるなど農地とは条件が大きく異なっている．さらに，林木は他殖性植物であることから，自家受粉した種子から育成した個体では成長の低下や劣悪遺伝子が発現する近交弱勢が生じる．これらのことから，林木においては，一・二年生植物が主体である作物育種の手法の単純な応用ではなく，林木という素材に合った育種法が必要である．

　この章では，林木育種の全体像を理解できるように，その基礎となる目標設定や基本戦略，実行に当たってのさまざまな手法，技術，さらに実際の応用例まで幅広く述べる．　　　　　　　　　　　　　　　　　　　　　　　　　　　　●●●

1．林木育種の発展

1）林業と林木育種

　初期の林業は，自然に成立した森林（天然林）から木材などを伐採利用する採取林業（gathering forestry）であり，人間は主に収穫管理という形で関わった．そして，次の段階として，苗木を植えて保育する育成林業（raising forestry）が行われるようになった．ここでは，一般の林から採種した普通種苗（common seed）が用いられた．やがて，遺伝的に改良が行われた育種種苗（bred seed）を用いた育成林業が行われるようになり，今日の先進的林業では造林される種苗の繁殖管理も含めた林業体系が成立している．

　主要林業樹種の造林では育種種苗が用いられるようになり，森林生産性や病虫害抵抗性などに大きな成果をもたらしている（☞ 6.「林木育種の実際」）．この一例として，表 4-1 にブラジルのユーカリ（*Eucalyptus*）林業において行われた育種プロジェクトの成果を示す．Aracruz Forestal 社では，このプロジェクトが行われる前は，造林地で採取した種子から育苗された実生苗を用いた造林が行われていた．1973 年以降，FAO（国連食糧農業機関），CSIRO（オーストラリア科学

表 4-1　ブラジルのユーカリ林業における林分生産性とパルプ材特性の育種の成果（アラクルス社の 7 年生時）

項目 ＼ 林分	普通種苗 (a)	育種種苗 (b)	育種の成果 (b/a)
年間成長量（m³/ha/y）			
最　小	26	54	×2.08
最　大	53	113	×2.13
平　均	33	70	×2.12
パルプ材特性（絶乾容積重 kg/m³）	300〜900	500〜600	
平　均	460	575	×1.25
パルプ歩留り（％）	48	51	×1.06
パルプ収量（kg/m³ 皮付）	238	293	×1.23
原木使用量（皮付 m³/t・パルプ）	4.20	3.41	×0.81
林分生産性（t・パルプ /ha/y）	7.85	18.45	×2.35

（千葉　茂, 1987 を改変）[1]

産学研究機構）から種子（51 樹種，1,254 産地／家系）を導入し，大規模な種子産地試験を行った．一般林分と導入種子で造成された林分から，周囲の個体に比べ表現型において著しく優れた個体（プラス木，わが国では精英樹と呼ぶ）を選抜した．選抜に当たっては，①造林特性として，成長性（材積），耐病性（特に幹胴枯病），耐虫性（アリの害），幹通直性などに優れたもの，②クローン繁殖による苗木生産を可能にするため，挿し木発根性と萌芽性の高いもの，さらに，③パルプ原料として使用することからパルプ特性および収量に大きく影響する材の容積重，繊維長，細胞壁厚，蒸解特性などの優れたもの，といった選抜基準を設定した．このプロジェクトによって，成長量が 2.12 倍，材容積重が 1.25 倍，パルプ収量が 1.23 倍，最終的な単位面積当たりのパルプ収量は 2.35 倍となり，大きな経済効果をもたらした．このように，わずか 1 回の遺伝的改良によって大きな成果を得ている．これまで育種的行為がほとんど行われていない樹木においては，集団に内在している豊富な遺伝的変異の中から，遺伝的に優れた個体を選抜することで，大きな育種の成果を達成できる．

　一般的な育種（遺伝的改良）は，次の 3 つの段階を経て行われる．

　①変異の創出：選抜の対象となる遺伝子型を作出する．

　②選抜：人間が好ましい形質を持つ個体を選び出す．

　③増殖：普及するために選抜個体を大量に増やす．

　育種の成果をあげるためには，選抜対象集団が豊富な遺伝的変異を有していることが不可欠である．これまでに育種が行われてきた農作物などの育種では，交雑，突然変異の誘導，遺伝子の導入などにより，新たな変異を創出し，変異の拡大が行われる．このような育種では，交雑などによる変異の拡大が最も重要とされている．しかし，遺伝的に未改良な樹木を対象とした林木育種では，選抜の対象となる集団の中にすでに保持されている豊富な遺伝的変異を活用できるので，新たな変異創出の過程は必ずしも必要ではない．

　林木育種においては選抜が基本となっている．多くの場合，膨大な遺伝的変異を持つ個体群の中から優良な遺伝子型を持つ個体を選抜することで，大きな育種効果を達成できることが林木育種の利点である．

　また，増殖も林木育種において重要である．選抜によりどんなに優れた個体が得られたとしても，それらを増やすことが困難であれば実際の造林のために利用，

普及することはできない．選抜個体（プラス木）による採種園および採穂園（☞ 4.2)「育種種苗の増殖」）の造成と造林用種苗生産，さらに将来世代の育種素材となる個体群を維持および管理するうえでも，確実な増殖法は不可欠である．

2）育種対象樹種

わが国でよく利用されている樹種は 200 種[2] を越えているが，このうち造林されている樹種は約 50 種[3] である．この中で，育種の対象とされている樹種は，スギ，ヒノキ，アカマツ，クロマツ，カラマツ，トドマツ，エゾマツ，リュウキュウマツなどの用材向け針葉樹とクヌギ，コナラなどの特用林産樹種の約 20 種である．今後，精油や生理活性物質などの成分育種，バイオマス林業のための早成樹育種などが盛んになるにつれ，対象樹種は拡大すると思われる．

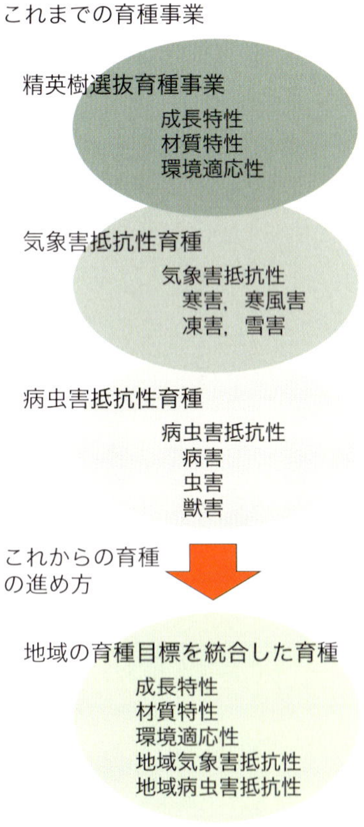

3）育 種 目 標

育種計画を立てるうえで，最初に明確にしておかなければならないことは，どのような品種を作出するかである．これを育種目標という．林木育種で一般的に目標とされるものは，①成長がよく，伐採時の収穫性や成長の持続性のあるもの，②木材生産目的であれば，幹の通直性，真円性，完満性や材の強度，材色など，バイオマス利用であれば成長性，幹の通直性，容積密度など，特用林産が目的の場合には，種子や果実の生産性，成分量とその品質などが優れたもの，さらには，③環境適応性の高いも

これまでの育種事業

精英樹選抜育種事業
　　成長特性
　　材質特性
　　環境適応性

気象害抵抗性育種
　　気象害抵抗性
　　　寒害，寒風害
　　　凍害，雪害

病虫害抵抗性育種
　　病虫害抵抗性
　　　病害
　　　虫害
　　　獣害

これからの育種
の進め方

地域の育種目標を統合した育種
　　成長特性
　　材質特性
　　環境適応性
　　地域気象害抵抗性
　　地域病虫害抵抗性

図4-1 育種目標の多様化と統合化
これまで，育種目標の多様化に伴い複数の育種事業が別々に実施されてきた．今後は，地域ごとに，これらの事業の統合化を図り，すべての育種目標をクリアーする品種を創出するための包括的育種事業が求められている．（大庭喜八郎，1991 を改変）

の，④病虫害や気象害（雪害，寒害，冠雪害，寒風害）などに対する抵抗性を持つものである．

　この育種目標は，林木育種を行ううえで常に備えていなければならない共通の目標（十分条件，一般目標）と，生育環境条件などによる地域特異的な制約要因を解決するための目標（必要条件，地域目標）とに分けられる．十分条件としては，幹の通直性，幹の真円性および完満性，成長速度，成長持続性，枝張りが狭い，枝が細いなどがある．必要条件としては，病虫害や気象害に対する抵抗性などがある．さらに，十分条件，必要条件は，それぞれ，必ず達成しなければならない目標（必須目標）と，達成することが望まれる目標（二次目標）に分けられる．今日，病虫害や気象害が多発し，これに伴い育種目標も多様化しており，複数の育種目標を同時に達成すること，すなわち重複化が求められている（図4-1）.

4）わが国の林木育種史

　わが国の林木育種の発展は戸田良吉の『育種』[4] および大庭喜八郎の『林木育種学』[5] にまとめられている．わが国で本格的な人工造林がスギやヒノキで始まったのは室町時代とされる．京都の北山（1400年頃）や九州の大口・人吉の国境（熊本県・鹿児島県境，1568年）では挿し木造林が行われた．一方，奈良県吉野地方では，実生苗を用いた造林が行われた（1500年頃）.

　吉野地方では，古くから実生苗の育成に使う種子を採種する母樹の重要性が認識され，高齢で健全な木から採種された．一方，南九州地方では，直挿し造林が行われ，成長や幹通直性，挿し木発根性，適応性などに優れた個体が選抜され，今日の挿し木在来品種群が成立した．

　わが国の近代林学は，ドイツ林学の模倣から始まった．当時ドイツでは種内変異を否定する傾向にあり，採種母樹の重要性についての関心は低かった．明治末には，吉野地方で採種された大量のスギ種子が全国の造林に使用された結果，大面積に及ぶ不成績造林地が生じた．

　1899年以降，国有林で大面積造林事業が展開されるとともに，1910年，国際林業試験研究機関連合（IUFRO）の勧告を受け，アカマツ，クロマツ，スギ，ヒノキで産地試験（provenance test）が実施された．産地とは種子源（種子産地）のことで，各地の天然林で採取した種子を同一環境下で生育させることにより，

その植栽環境における林業上重要な諸形質（形態形質，生理形質，環境適応性）が評価できる．すなわち，形質は遺伝的要因だけでは決まらず，生育環境の違いによる影響を受けるので，それを評価するために行われる．1910年代にはこれらの初期成績が報告され，種子産地の重要性が認識され始めた．

1920年代になると，市販種苗に対する不信を背景に種子産地への関心が高まり，産地間の遺伝的差異についての議論がなされた．長谷川孝三は種子産地の選択に加えて，採種母樹の重要性を説き，健全な高齢木からの採種を勧め，採種母樹および採種母樹林が指定されるようになる．

1930年代，外山三郎は林木育種の可能性と育種戦略について検討し，選択（selection），交雑（crossing），突然変異（mutation），倍数体（polyploid）の利用を提案している．また，組織的な育種研究を進めるための研究組織の必要性についても述べている．また，この時期，国有林では，国有林産種子の払下げを開始し，そのための配布区域を設定した．のちに，「種苗配布区域」となり，林業種苗法（1939年）の制定をもたらした．この配布区域は，今日ではその科学的根拠が乏しいとされているが，気象条件，森林植生，造林的経験（生育状況など）を考慮し，スギ，ヒノキ，アカマツ，クロマツで設定されている．

1940年代に入ると，種間雑種の作出が盛んに行われるようになった．東京大学北海道演習林では，カラマツ属（ニホンカラマツ，グイマツ，チョウセンカラマツ）で種間交配を行い，雑種が創られた．その中から耐鼠性のあるグイマツを雌親とし，成長および形質のよいニホンカラマツを雄親とした交配は，両者の長所を合わせ持つ雑種として実用化されている．この他，トウヒ属（エゾマツ，カナダトウヒ，ドイツトウヒ），ヒノキ属（ヒノキ，サワラ），ポプラ類などで種間雑種の作出が行われた．また，ハゼ，キリ，スギ，カラマツ，アカマツ，ミツマタなどでは，倍数体を含む突然変異の研究が行われている．

5）計画（組織）的な育種

20世紀中頃に，スウェーデンにおいて近代的な林木育種が開始され，①種子の採取源となる優良採種林の認定，②採種林をミニチュア化した採種園の造成，③優良個体群（プラス木）の選抜とこれを用いた採種園の造成，が進められた．なお，採種園は，デンマークのSyrach Larsen, C.によって果樹園を参考に考案

されたものであり，これを Jensen, H. と Lindquist, B. がスウェーデンに導入した．1936 年に Nilsson-Ehle, N. H. と Sylven, W. によって林木育種協会が設立され，さらに 1941 年，Lindquist が林木育種実行協会を設立，ヨーロッパアカマツ（*Pinus sylvestris*），ヨーロッパトウヒ（*Picea abies*）を対象として組織的な育種を行った．スウェーデンで確立されたこの集団選抜育種法では，プラス木で作られた採種園で生産される種子から育成された苗木を，直ちに実際の造林に使用する．林木では非常に長い年月を要することから，それまで農作物で用いられる育種法を導入しても，林木での育種は困難と考えられていた．しかし，この育種法により，林木の育種が可能となった．その後，Lindquist が著した『Genetics in Swedish forestry practice』[6] は，アメリカ，日本など多くの国の林木育種に影響を与え，今日では，集団選抜方式による林木育種が世界の主流になっている（☞ 第 1 章 1.3）「初期の人工林における種苗」）．

第二次世界大戦後，復興のための急増する木材需要に応えるために，林野庁は，①奥地林の開発（拡大造林），②適地適木と林地肥培，③林木育種，を推進した．この森林生産力の増強策の 1 つが「優良木の選抜から採穂園の造成まで一貫した育種事業としてやる」計画（1951 年）である．翌年，Lindquist が来日し，1954 年には国有林で，1955 年には民有林でも精英樹（プラス木）の選抜が開始された．この事業を全国で一元的に実施するために，1956 年に「林木育種事業指針」が制定され，主要林業樹種（スギ，ヒノキ，アカマツ，クロマツ，カラマツ，エゾマツ，トドマツなど）の育種が国と都道府県の直接事業（国家的事業）として行われることとなった．恒久的な対策として精英樹選抜育種事業が開始された．また，精英樹選抜育種事業の成果が出るまでの暫定措置として，①在来の母樹，母樹林の再検討，②優良林分の種子による造林用種苗の供給，③在来品種の特性調査とその適用範囲の解明および普及，が行われている．1970 年には林業種苗法が改正され，林木育種事業で産出される種苗に対する法的な整備が行われた．

1970 年代以降，拡大造林に伴い発生した種々の問題や森林利用の変化に伴う育種目標の多様化に対応するため，新たな育種事業（気象害抵抗性育種事業，マツノザイセンチュウ抵抗性育種事業，シイタケ原木育種事業，地域虫害抵抗性育種事業，カラマツ材質育種事業）が逐次実施され，林業の発展に貢献してきた．

２．林木育種の基礎と基本戦略

１）林木育種の特殊性

　林業では，イネなどの農作物とは異なり，栽培環境の人的制御はほとんど行われない．これは林木育種戦略にも大きく影響している．図4-2に育種対象生物の生育環境管理の容易さと遺伝的改変に対する制約の大きさを示す．イネのように耕耘，灌水，施肥，病虫害の薬剤防除が行われるものでは，育成する品種が必ずしも高い病虫害抵抗性，貧栄養耐性，乾燥耐性などを備えている必要はなく，生産性や食味などを最優先することができる．また，温室などの温度制御下で栽培される花卉などの園芸植物では，野外で生育させるものでは必須条件となっている低温耐性より，他の要因が重要となる．さらに，完全人工環境下で培養される抗生物質生産菌などの微生物の育種では，自然界での生存能力を全く考慮する必要がなく，抗生物質などの生理活性物質の生産効率だけを高めることに専念できる．これに対し，自然共存型産業である林業で使用される品種では，自然環境下で健全に生存できることが必須であり，すべての品種がこの条件を満たしていなければならない．

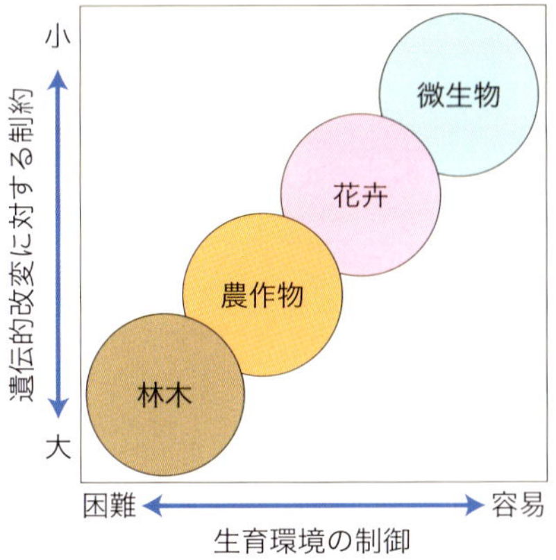

　作物や果樹の育種では，研究機関が10年〜数十年をかけて開発し，検定が完了した新品種を一斉に普及する，いわゆる決定論的育種法が採用されている．一方，今日林木育種のグローバルスタンダードとなっている集団選抜育種法では，選ばれた個体（プラス木）は，①不良な個体（次世代）を生むことはまれで，確率的に平均以上の子を生み，②次世代に非常に優秀な個体を生む可能性が高い．このため，林木育種では，地域別に優良な形質を持つ個

図4-2　生育環境制御の困難さと遺伝的改変に対する制約の関係

体（プラス木）を多数選抜し，プラス木で構成された採種園を造り，種子の生産を行う．この種子は，一般種子（未改良種子）よりも遺伝的に優れているという理論に立っている．そこで，まず採種園産種苗を実際の造林材料として普及させ，その後，真に遺伝的に優秀であるかを検証するために次代検定が行われる．この確率論的育種法は，伐期の高い林業樹種にとって唯一現実的な方法である．この育種法が確立されたことによって，林木育種は，新品種の普及までに長い年月を要するといった宿命から解放された．

　林木育種は，農作物の育種とは異なり，比較的長年月を必要とすること，樹体が大きく広大な面積を必要とすることから，大規模な組織で実施される．このため，スウェーデン，ニュージーランド，日本をはじめ多くの国で国家プロジェクトとして開始された．アメリカにおいても，産官学が育種プロジェクトごとにコンソーシアムを組織し，これが主体となって進められてきた．大学や森林林業研究機関はアイデアの提供と育種計画の策定を担当し，木材工業や紙パルプ産業関連の民間企業が，プロジェクトを推進するうえで必要となる資金，労力，育種素材，フィールドを提供することで，育種事業と育種研究が一体となって進められている．現在では，国による林木育種をやめた国もあるが，わが国では独立行政法人森林総合研究所林木育種センターが中心となり，県，大学の協力のもと，林木育種が推進されている．

　イネのように育種が何代にもわたり行われてきた生物の育種集団では，遺伝的変異が減少する遺伝的侵食（genetic erosion）が進み，新たな育種活動によって得られる育種の成果（育種効果）は小さく，やがて成果が得られなくなる．そこで，成果をあげるためには，新たな遺伝的変異の創出および導入が必要となる．これに対し，これまで遺伝的改良がほとんど行われていない生物では，豊富な遺伝的変異が維持されている．林木のほとんどは遺伝的に未改良であることから，生物進化の過程で蓄積された有用遺伝子を持つ個体を選抜することで大きな改良効果が期待できる．

2）選抜と増殖

（1）選　　抜

育種において，1つの形質について選抜を行うことを単形質選抜という．しか

し，この単形質選抜はまれであり，多くの場合複数形質の改良を目標に育種（多形質選抜）が行われる．1つ1つの形質について単形質選抜を順次進める方法が順繰り選抜（tandem selection）である．ある1つの形質での選抜が完了したあとに，他の形質の選抜を順次行うため，育種目標としたすべての形質を改良するまでに長い年月を要することから，林木育種では採用が難しい．林木育種で広く用いられているのが独立淘汰法（足きり選抜，culling selection）である．いくつかの形質について，それぞれ一定の基準を設け，いずれかの形質で基準以下の個体を排除し，すべての形質で基準を満たす優良個体を選抜する．わが国の精英樹選抜育種事業では，これに準ずる方法が用いられた．また，重回帰モデルを使い，複数形質の測定値から偏回帰係数（生産量や収益などに対する重要性に応じて形質間に重み付けをした多項式）を求める．これによって得られる選抜指数（selection index）の大きい個体を選抜し，最大の選抜効果を得ようとする方法も提案されている．

　近年のDNA分析技術の進展に伴い，詳細なゲノム解析が可能となってきた．その1つにDNAマーカーがある．多くの樹種でDNAマーカーによる高密度の連鎖地図が作成されており，特定の質的形質を支配する遺伝子と連鎖するマーカーを用いた早期選抜（marker assisted selection，MAS）や，量的形質に関与する遺伝子群を検出できるQTL（quantitative trait loci）解析を用いた選抜も始まっている（☞ 第2章1.3）「連鎖と連鎖地図」）．クロマツでは，マツバノタマバエに対する抵抗性遺伝子と強く連鎖するDNAマーカーが検出され，MASにより抵抗性遺伝子を保有する個体の早期選抜が可能となっている．

(2) 量的形質と質的形質

　葉の形や色，樹高や直径成長，材質や材色，病虫害や気象害に対する抵抗性，生育環境への適応性などのさまざまな性質（特徴）を形質（trait）という．形質は，質的形質（qualitative character）と量的形質（quantitative character）に分けられる．質的形質は，主働遺伝子（major gene）と呼ばれる1個またはごく少数の遺伝子によって決定され，不連続変異（discontinuous variation）を示す．一方，量的形質には，互いに類似した働きを持つ多数の遺伝子（ポリジーン，polygene）が相加的に形質の発現に関与しており，連続変異（continuous variation）

となる（☞ 第2章 3.「量的形質の遺伝」）．林木育種で目標となる成長，材積，材質，抵抗性のような重要な形質の多くは量的形質と考えられている．

　量的形質に関与するポリジーンの解明には，これまで主として統計遺伝学的手法（☞ 5.「林木育種の統計学」）が用いられ，遺伝子そのものを直接検出することは困難とされてきた．しかし，現在ではゲノム情報（特に，連鎖地図解析）を利用した QTL 解析により，量的形質に関連する遺伝子群の探索と，各遺伝子の働きの程度の解明が可能となっている．

(3) 表現型選抜

　個体が持つ遺伝子組成を遺伝子型（genotype）といい，これが個体のさまざまな形質を決定するうえで大きな役割を持っている．個体間にはさまざまな遺伝子型（遺伝子型変異，genotypic variation）が存在する．しかし，この遺伝子型だけで個体の示す形質（表現型，phenotype）が決まるのではなく，個体の生育環境の違い（環境変異，environmental variation）の影響を受けて後天的に変化する．遺伝子型に生育環境の影響が加わり，表現型が決まる．この関係は次のように表される．

$$V_P = V_G + V_E$$

集団全体の分散（表現型分散，V_P）は，個体間の遺伝子型の違いにより生じる分散（遺伝分散，V_G）と生育環境の違いによる分散（環境分散，V_E）が合わさったものとなる．すべての個体が同じ遺伝子型を持つクローン（clone）や純系（pure line）集団で観察される形質の変異（表現型変異，phenotypic variation）は，環境変異のみを反映したものである．

　林木育種で行われている集団選抜育種法では，育種目標とする形質が優れた個体を選抜する．これは優れた表現型を持つ個体を選抜（表現型選抜，phenotypic selection）しているにすぎない．遺伝的にはさほど優れていない個体でも，生育環境が良好で優れた表現型を示す個体が選抜されることもある．環境変異は次代に遺伝しない．また，育種の最終目標は，遺伝的に優れた個体の選抜である．このために行うのが次代検定（progeny test）であり，この検定の結果，真に遺伝的に優れた個体が決定される．

(4) 選抜育種の効果（遺伝獲得量）

　ある形質において，親集団を構成する個体群の表現型が正規分布すると仮定する．親集団の表現型の平均値を X_m，選抜された個体群の平均値を X_{sm} としたとき，両者の差（$X_{sm}-X_m$）を選抜差（selection differential）と呼ぶ．この選抜差が大きいほど強い選抜を行ったことになり，選抜差を親集団の標準偏差で割った値を選抜強度（selection intensity）または選抜反応（response to selection）と呼び，選抜の強さを示す指標として使われる．選抜集団から育成された次世代集団の表現型の平均値 X_{pm} は，X_{sm} と X_m の間の値をとる．次世代集団と親集団の平均値の差を遺伝獲得量（ΔG, genetic gain）と呼び，選抜育種によって得られる効果の大きさを示している（図 4-3）．選抜強度を高めることにより，1回の選抜で得る遺伝獲得量を大きくすることができる．また，表現型は遺伝要因と環境要因によって決まるので，同じ選抜強度でも，遺伝要因の影響が大きく働く形質では遺伝獲得量は大きくなり，環境要因の大きい形質では，大きな遺伝獲得量を望むことはできない．表現型に占める遺伝要因の割合を遺伝率（h^2）（☞ 5.「林木育種の統計学」）といい，選抜育種による効果を推定するうえで重要な情報として使われる．

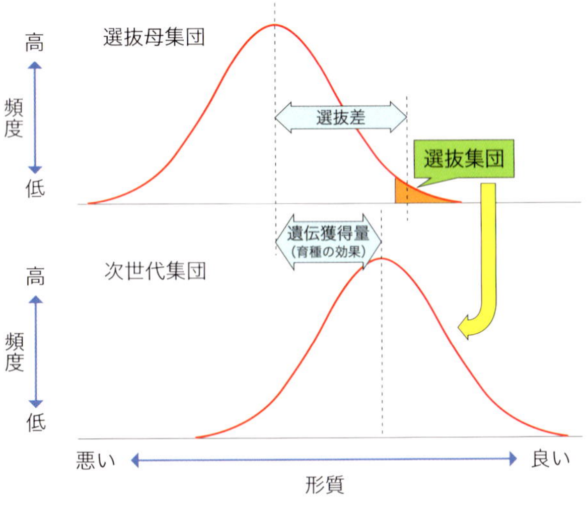

図4-3　選抜育種と育種効果（遺伝的進歩）

（5）次代検定

選抜個体の子供（次代もしくは後代）の成績から選抜個体の遺伝的能力を評価することを次代検定（後代検定）と呼ぶ．わが国の集団選抜育種法では次代検定が行われており，次代検定付き集団選抜育種法という．遺伝率の低い量的形質では環境の影響を大きく受けることから，表現型だけによる選抜に比べ，選抜個体をさらに次代検定することによって，その遺伝的能力を正しく評価できる．このために造成された試験林を次代検定林と呼ぶ．この検定林は，次世代のプラス木を選抜（循環選抜）するための選抜対象集団としても利用される．

（6）選抜限界と元親効果

ある集団を対象に選抜を繰り返すと，次第に選抜効果が小さくなり，やがて効果が得られなくなる．すなわち，最終的に到達できる遺伝的進歩量には限界がある．これを選抜限界（selection limit）という（図4-4）．この現象は，改良形質に関与する優良な量的遺伝子の集積が飽和することによって起こる．強度の選抜を行うと1世代当たりの進歩量は大きくなるが，選抜限界は下がる．また，早い世代で選抜限界に達する．選抜強度を50％にして繰返し選抜したとき，選抜限界は最大となる．また，集団の最初の親の数が多いほど，長期にわたり選抜効果が得られる．これを元親効果（founder effect）という．

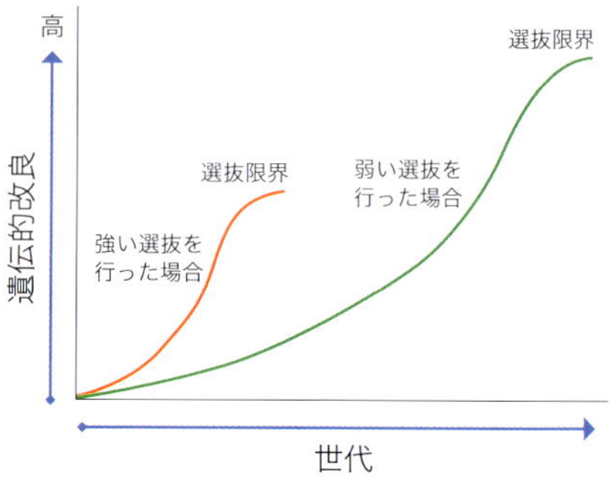

図4-4　選抜の強度と遺伝的改変（遺伝的獲得量）の関係

（7）組合せ能力と繁殖方法

ある個体が他の個体と交雑し，優れた子供を生む能力は，育種を進めるうえで重要な情報となる．この潜在的な能力を組合せ能力という．組合せ能力は，一般組合せ能力（general combining ability，GCA）と特定組合せ能力（specific combining ability，SCA）とに分けられる．一般組合せ能力が多数の個体と交雑した

ときに，その子供において発揮される平均的な能力であるのに対し，特定組合せ能力は，特定の個体との交雑においてのみ特異的に発揮される能力である（☞5.「林木育種の統計学」）．

　この2つの組合せ能力は，親の表現型のみから推定することはできず，親個体間の総当たり交配（ダイアレル交配）などによって作られた子供群から推定される．一般組合せ能力には相加効果が，特定組合せ能力には優性効果などの非相加効果が働いている．

　選抜されたプラス木を用いて造林用または次代検定用の苗木を生産する場合，実生苗生産に使う種子を得るために採種園が，挿し木苗に使う穂木のために採穂園が造成される．有性繁殖をベースとする育種（採種園方式）においては，採種園を構成する親（クローン）には一般組合せ能力の高いものが望ましい．無性繁殖をベースとした育種（採穂園方式）では，特定組合せ能力の高い親の組合せから生まれた優秀な個体が，挿し木などの栄養繁殖により大量に増殖され，造林に利用される．このような林業をクローン林業（clonal forestry）と呼ぶ．また，特定組合せ能力の高い2クローンで造られた採種園（biclonal seed orchard）で生産される種子が苗木生産に利用されることもある．

(8) 雑種強勢と近交弱勢

　交雑によってできた子供（F_1）がその両親を凌ぐ現象が起こる．これを雑種強勢という．育種ではこれを一代雑種（F_1 hybrid）品種として利用してきた．クローン林業では雑種強勢を発揮した優良個体を無性繁殖し利用している．雑種強勢の類似語にヘテロシス（heterosis）があるが，今日ではほとんど同義で使われている．雑種強勢が起こるメカニズムは未だ明らかではなく，いくつかの説が考えられている．両親では異なる遺伝子座にあった優性対立遺伝子を子が合わせ持つことによって起こるとする説（優性説），特定の遺伝子座にある2つの対立遺伝子の交互作用によって起こるとする説（超優性説），異なる遺伝子座にある対立遺伝子間の交互作用（エピスタシス）により起こるとする説（エピスタシス説）がある．

　林木育種の対象となる樹種の多くは他殖性である．他殖性でも人工交配により自殖が可能なものと，受粉しても自殖できない自家不和合性のものとがある．多くが他殖性の樹木では，血縁関係にある個体間の交雑（近親交配，近交）や自殖

により，生存力や成長力が著しく低下した子供が生まれる．これが近交弱勢，自殖弱勢である．これは，他殖性植物には多くの劣性有害遺伝子がヘテロ接合した状態で保持されており，近交により有害遺伝子のホモ接合性が高まることなどによって起こる．このように，林木育種では近交係数の高い個体間での交雑を避ける必要があることから，厳格な家系管理，系統管理が不可欠となる．

(9) 種間雑種と種内雑種

雑種というと異なる樹種間での交雑によって作られる種間雑種（interspecific hybrid）をイメージする人も多いと思われる．これまで林木育種によって，リキテーダマツ（*Pinus taeda* と *P. rigida* の雑種），雑種カラマツ（グイマツ（*Larix gmelinii* var. *japonica*）とカラマツ（*L. kaempferi*）の雑種など），ハイブリッドアカシア（*Acacia mangium* と *A. auriculiformis* の雑種），ハイブリッドユーカリ（*Eucalyptus*×*urograndis E. grandis* と *E. urophylla* の雑種）など多くの種間雑種が育成，利用されている．これに対し，同じ種の個体間の交雑によってできた個体を種内雑種（intraspecific hybrid）という．

3）将来世代の林木育種

(1) 育 種 の 波

大庭[1] は，林木育種が林業に及ぼす効果を「育種の波」と呼び，図4-5のように図解している．この図では，横軸に林齢が，縦軸に森林の蓄積や諸害への抵抗性といった森林の価値がとられている．育種により生まれた種苗を使って造林された森林の価値は，以前の種苗を使用した場合のものと比べて大きくなる．この新たな育種種苗によってできるピークが「育種の波」である．すでに主要樹種では，第1世代の育種種苗（第1の波）が実際の造林に用いられて

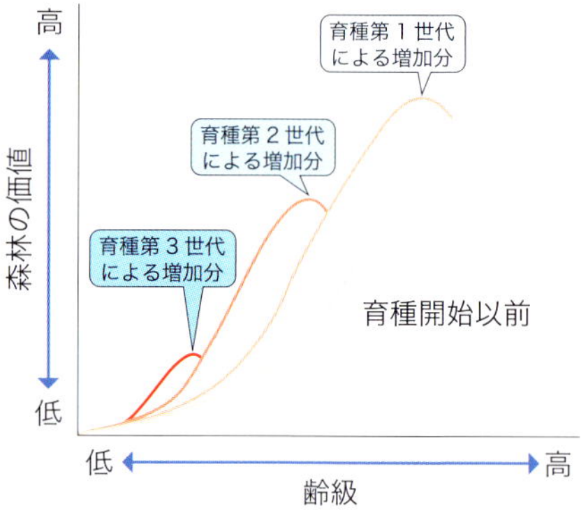

図4-5 林木育種戦略（育種の波）
（大庭喜八郎，1991を改変）

156　第4章　林木育種

いる．今後，第2世代，第3世代の育種種苗の育成と普及で生ずる，第2，第3の波により，さらに森林の価値が大きくなることが期待できる．今後の林木育種技術に求められているのは，①この波をいかにして頻繁に送り出すか，②1回の波の高さをいかして高くするか，である．

(2) 育種集団と生産集団

　集団選抜育種における強度の選抜は，1回の選抜で得られる育種効果は大きいものの，集団の遺伝的変異の急激な減少と近交度の上昇を引き起こすため，各世代の選抜を適切な強度で実施することが必要となる．一方，造林に供する種苗には，育種による大きな改良成果が期待される．育種の効果を何世代にもわたり持続し，その成果を林業に最大限反映させるといった相反する要求を両立させるためには，将来世代までも考慮した育種の基幹となる集団（育種集団）と，実際に森林造成に使用する育種種苗を生産および普及するための集団（生産集団）を，各育種世代において構築する必要がある．現世代の育種成果を森林に最大限フィードバックするためには，生産集団を造る際に育種集団からの二次選抜が必要となる．2種類の集団のそれぞれが持つ役割を十分考慮し，その使命が十分発揮されるように両者を明確に区別することが大切である（図4-6）．

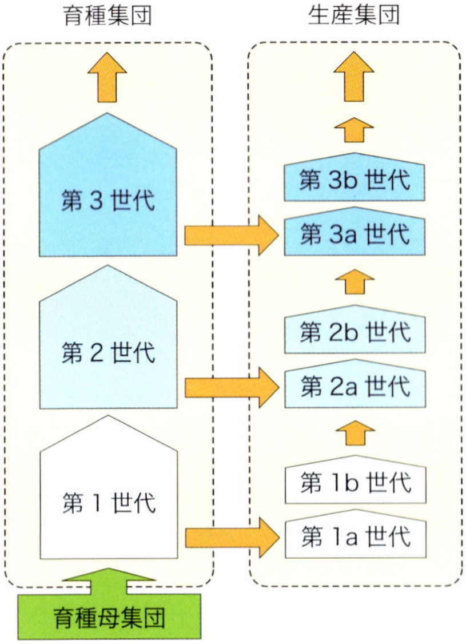

(3) DNA親子鑑定による家系管理

　普及した育種種苗の遺伝的優秀性を確認するために次代検定が行われる．また，次世代以降の育種では，選抜が繰り返されることから，その中で起こる近親交配の影響を排除する必要がある．このため，家系の正確な管理が不可欠となる．一方，林木育種では，育種の成果を即普及する方法（確率論的育種）がとられており，完成された品

図4-6　林木育種戦略（育種集団と生産集団の関係）

種を普及させる農作物の育種（決定論的育種）とは大きく異なる．確率論的育種法では，普及した育種種苗の遺伝的優秀性を検証するために，次代検定が普及後に行われる．また，林木育種は，林業経営と一体となって推進されることが理想である．

今日，DNA 情報を利用することにより，親子などの家系管理を確実に行うことができ，造林地に植栽された個体群から有用な遺伝育種情報を得ることも可能である．また，今後は地域の特性を生かした地域林業の経営目標に適したさまざまな育種種苗を提供することが必要となる．新しい家系管理技術の導入により，林業経営と林木育種のさらなる融合が可能となっている．

4）遺 伝 資 源

（1）遺伝資源保全の必要性

地球上に生命が誕生して以降，長い生物進化の歴史の中で，膨大な遺伝子が蓄積されてきた．遺伝資源（genetic resources）は，必ずしも直接的に利用され役立つとは限らないが，人類に有用なもの，または，その可能性がある形質（遺伝子）を指す．また，遺伝子資源（gene resources）は，厳密な意味では遺伝子レベルのものを指すが，両者の厳密な使い分けは行われていない．現在，人間の活発な活動によって自然環境が破壊され，地球上の生物多様性の減少が加速度的に進んでいる．これに伴い，将来の人類生存や資源問題の解決のために不可欠である遺伝資源も消失の一途をたどっている．また，遺伝資源利用の 1 つである育種の進展により，品種の画一化が進み，遺伝的多様性が減少している．この現象を遺伝的侵食（genetic erosion）と呼ぶ．1974 年に国際植物遺伝資源理事会（IBPGR）は国際協力のもと，有用遺伝資源の探索，収集，保存のための国際ネットワーク化を始めた．今日，多くの国で遺伝資源の保全が進められている．

（2）森林遺伝資源の特徴

森林は地球上で最も複雑な生物社会を形成しており，とりわけ熱帯林は遺伝子の宝庫と呼ばれている．森林生態系をそっくり保護することにより，樹木や草本などの植物遺伝資源だけでなく，そこに生息する動物，微生物などのさまざまな遺伝資源を保全（生息域内保全または現地保全，*in situ* conservation）すること

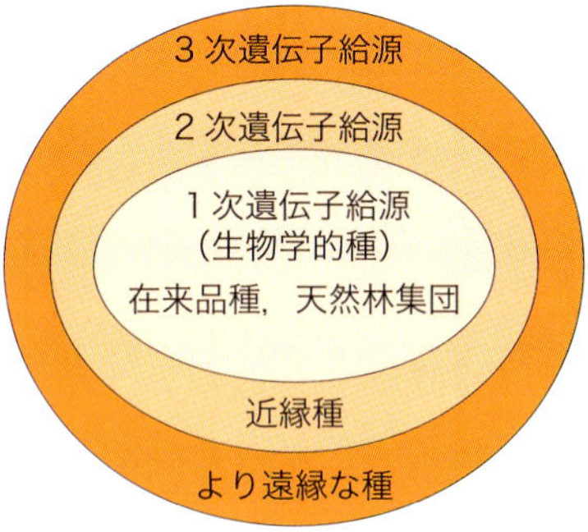

図4-7 Harlan と de Wet (1971) による遺伝子給源の分類体系
（菊池文雄，1991 を改変）[3]

ができる．森林は将来の人類の生存に必要となる遺伝子の供給源（潜在的遺伝資源）として重要であることが認められている．

(3) バイオテクノロジーと遺伝資源

遺伝資源利用の1つが育種である．新たな有用遺伝子の導入元を遺伝子給源という．Harlan, J. R. と de Wet, J. M. J.[2] はこれを3段階に分類した（図4-7）．1次遺伝子給源は同一種（生物学的種）である．同一種内の個体間では交雑が容易であり，得られる種子の稔性も高いことから，容易に遺伝子導入が可能である．2次遺伝子給源は近縁種である．近縁種との交雑は可能な場合もあるが，雑種種子の稔性は悪く，雑種弱勢を示し，成熟させることが困難な場合が多い．しかし，胚培養や胚珠培養などの特別な方法により，なんとか導入が可能である．3次遺伝子給源はより遠縁な種群を指し，交雑しても異常，致死，完全不稔となり，遺伝子の導入がきわめて困難である．しかし，今日，遺伝子組換え技術の発達によって種の壁を越えた遺伝子導入が可能となっており，従来の遺伝子給源の概念は大きくかわっている．

(4) 生物多様性条約と名古屋議定書

遺伝資源をめぐっては，資源ナショナリズムと南北問題が大きな課題とされ，遺伝資源を活用した新規ビジネスによる利益配分をめぐって先進国と途上国が対立してきた．これによって生まれる利益を地球上の生物多様性保全に役立てることも考えられている．1992年，ブラジルのリオ・デ・ジャネイロで開催された国連環境開発会議（UNCED，通称「地球サミット」）において，地球上の生物多様性を包括的に保全するとともに，生物資源を持続的に利用するための新たな国際的枠組みとして，①生物多様性の保全，②生物多様性の構成要素の持続可能な利用，③遺伝資源の利用から生ずる利益の公正かつ衡平な配分，を目的とした生物多様性条約が採択された．さらに，2010年10月の生物多様性条約の第10

回締約国会議（COP10）において名古屋議定書が採択され，遺伝資源の利用と利益配分（Access to Genetic Resources and Benefit Sharing，ABS）に関する国際ルールが始動した.

3．実生林業とクローン林業

1）林 業 品 種

　品種の育成には多大な経費，長い年月，技術革新を要することから，工業における特許と同様の権利が植物品種においても保護される必要がある．1978年に，それまでの農産種苗法にかわり，新しい種苗法が施行され，育種家（品種育成者）の権利（育成者権，breeder's right）が保護されるようになった．種苗法はすべての栽培植物（種子植物，シダ類，蘚苔類，多細胞藻類）と一部のキノコを対象としている.

　さらに，植物の新品種保護のための国際条約（UPOV）の改正（1991年），生物多様性条約（1992年）の遺伝資源に関する権利問題，遺伝子組換えに代表される生物工学的技術の発展などの国際的・社会的状況の変化を反映して，1998年には種苗法の一部改正が行われた．育成者権は林木などの永年性植物では25年（作物などでは20年）と定められている.

　品種の普及のためには種苗の供給が不可欠である．種子繁殖の植物では，種子から種苗が生産される．また，栄養繁殖が可能な植物では，挿し木，接ぎ木などのクローン増殖が行われている．近年では組織培養や細胞培養技術を導入したクローン増殖も行われるようになっている.

　松尾孝嶺[1]によれば，「品種とは，同一繁殖法により，直接または間接的に，ある特定の遺伝型として実用上支障のない均等性と永続性を保持し得る作物・家畜の個体群」としている．実際の品種改良においては，①成長，材質，環境適応性，病虫害抵抗性などにおいて優れていること（優秀性），②これらの形質が実用上支障がない程度で均一であること（均一性），③特徴となる形質が子孫に安定的に遺伝すること（安定性），が要求される．なお，種苗法における品種登録では，優秀性は必ずしも必要でなく，既存の品種と諸形質が明確に区分できること（区

別性）が求められている.

樹木の多くは他殖性であり，各遺伝子座におけるヘテロ性が高い．このため種子繁殖で育成された種苗（実生苗）は，遺伝的に不均一である．すなわち，遺伝的固定度は低く，多様性を保有している．佐藤敬二[2] は，「林学上の品種とは，一樹種中において一定の形質を有し，その形質が遺伝的要因に関係を有する場合，その形質を有する一群の樹木を総称した応用分類学的単位である」とし，また，戸田良吉[3] は，「ある樹種の中に，何らかの原因によって互いに遺伝的に切り離され，かつ遺伝的構成に違いの認められる集団が二つ以上あるとき，そのおのおのを品種と呼ぶ」としている．このように，林業品種は，農業で広く理解されている品種の概念とは大きく違っている.

実生苗によって造成される森林（実生林）は，多様な遺伝子型を持つ個体から構成されるため，高い遺伝的均一性は望めない．しかし，実生林業においても，種子の採取源を指定母樹林や育種事業により造成された採種園に固定することにより，遺伝的均一性が高まる．今日，個々の採種園，採穂園から生産される種苗は1つの品種とされている.

これに対し，挿し木，接ぎ木，根分けなどにより，1つの個体から無性繁殖（栄養繁殖）された苗（クローン苗）は，すべての個体（ラメット）が同一の遺伝子型を持ち，遺伝的に全く均一な個体群である．クローン林業では，主として挿し木で増殖された挿し木苗が使われ，多くの挿し木品種が古い時代から育成されてきた．挿し木品種は，遺伝的な均一性と永続性（安定性）を備えていることから，農業で使われている品種の概念で説明できる．なお，繁殖の元となった個体をオルテット（ortet），これから無性生殖（栄養繁殖）させた個々の個体（クローン）をラメット（ramet），ラメット全体の集まりをジェネット（genet，栄養繁殖集合体）という.

2）地域品種と挿し木品種

わが国の代表的な林業樹種であるスギでは，概念を異にする2通りの品種が存在している．1つが地域品種（天然品種あるいは地方品種，geographic race）であり，もう1つが栽培品種（cultivar）である．地域品種は，各地域の天然林に由来し，気候などの生育環境による自然選択を受け，地域間で遺伝的に分化し

た集団を指す．表4-2に示したアキタスギ（秋田県），タテヤマスギ（富山県），ヤナセスギ（高知県），ヤクスギ（鹿児島）などがこれに該当する．栽培品種は，古くから直挿し造林や挿し木苗による造林が行われてきた地域で成立した．無性繁殖を繰り返す間に徐々に構成クローン数が減少し，少数のクローンからなる品種が生まれたと考えられる．2クローン以上で構成される品種を複合栄養系（clone complex）といい，1つのクローンのみからなる品種と，ある特定の1個体からの無性繁殖で作られた品種を純粋栄養系(monoclone)という．九州地域(表4-3)および千葉・山武地方，北陸地方，京都・北山地方（表4-4）では，数多くの挿し木品種が成立している．今日挿し木林業が行われている地域では，両者が混在していると考えられており，DNAマーカーを用いてその整理が進められている．

　宮島寛[5)]は，栽培品種をさらに在来品種（native cultivar）と育成品種（improved cultivar）に分けている．在来品種は栽培の過程での自然選択または無意識な人為選択よって生じたものである．挿し木品種の多くはこれに属する．一方，育成

表4-2　スギ地域品種と分布地域

名　称	地　域	名　称	地　域
アキタスギ	秋　田	チョウカイムラスギ	秋　田
アジガサワスギ	青　森	トウドウスギ	秋　田
アシュウスギ	京　都	ノトジスギ	石　川
アズマスギ	福　島	ハクサンスギ	石　川
アミダスギ	新　潟	ハチロウスギ	広　島
イケダスギ	福　井	ハンバラスギ	福　井
イトシロスギ	岐　阜	ヒョウノセンスギ	兵　庫
イボラスギ	岐　阜	フナコシスギ	兵　庫
ウヅカスギ	兵　庫	ヘイセンジスギ	福　井
エンドウスギ	岡　山	ホウライジスギ	愛　知
オウシュクスギ	岩　手	ホンナスギ	福　島
オキノヤマスギ	鳥　取	マキノサキスギ	宮　城
カマクラスギ	岐　阜	ミョウケンスギ	兵　庫
カミミヤツスギ	京　都	ムマイスギ	岐　阜
クマスギ	長　野	ムラスギ	新　潟
コシロスギ	兵　庫	ヤクスギ	鹿児島
シソウスギ	兵　庫	ヤナセスギ	高　知
ジュボウスギ	鳥　取	ヤマノウチスギ	山　形
タテヤマスギ	富　山	ヨシノスギ	奈　良
チグサスギ	兵　庫		

（戸田良吉・佐藤　享，1969より作成）[4)]

162　　第4章　林木育種

表 4-3　九州地域のスギ在来品種と分布地域

在来品種名	分布地域（県名）	在来品種名	分布地域（県名）
アオシマアラカワ	宮崎　　　　　　　＊	ナガエダ	福岡
アオスギ	福岡，大分，熊本	ナカマ	福岡
アオバ	福岡，大分	ナカムラ	福岡
アカエド	熊本	ニシゾノ	鹿児島
アカバ	福岡，佐賀	ネジカワ	佐賀
アヤスギ	福岡，大分，熊本	ノガラミ	福岡
アラカワ	宮崎　　　　　　　＊	ハアラ	宮崎　　　　　　　＊
イワオ	佐賀	ハナガ	熊本
ウラセバル	福岡，大分	ハライガワ	鹿児島
エダナガ	宮崎　　　　　　　＊	ハングロ	鹿児島
オオエダ	福岡	ヒキ	宮崎　　　　　　　＊
オオセ	佐賀	ヒダリマキ	宮崎　　　　　　　＊
オオツキ	熊本	ヒノデ	大分
オオノ	熊本	ヒロカワ	佐賀
オオブチボ	福岡	フジスギ	佐賀
オトヘイ	熊本	フネサコ	福岡
オドリ	鹿児島	ホッシンアオバ	福岡
オビアカ	熊本，宮崎　　　＊	ホンスギ	福岡，佐賀，大分
カキノタニ	大分	マタサン	福岡
カゾウ	福岡	ミゾロギ	宮崎　　　　　　　＊
カミスギ	福岡	ミノスギ	佐賀
カラツキ	宮崎　　　　　　　＊	メアサ	宮崎，鹿児島
ガリン	宮崎　　　　　　　＊	モトエ	大分
カワシマ	熊本	ヤイチ	福岡
キウラ	福岡	ヤクシドウ	福岡
キジン	鹿児島	ヤブクグリ	福岡，佐賀，大分，熊本
クマント	大分	ヤマグチ	福岡
クモトオシ	熊本	ヤマダ	鹿児島
クラキ	大分	ヤマト	鹿児島
クロ	宮崎　　　　　　　＊	ヤマンカミグロ	鹿児島
クロエド	熊本	ユウヤケ	大分
ゲンベエ	宮崎　　　　　　　＊	リュウスギ	福岡
コガボ	福岡	リュウノヒゲ	熊本
コバノウラセバル	福岡，佐賀，大分	リョウタロウアオバ	福岡
シチゾウ	福岡	ワカスギ	大分
シャカイン	佐賀，熊本	ワカツ	福岡
シラサヤ	大分	チリメンドサ	宮崎　　　　　　　＊
セトイシ	熊本	ツエスギ	福岡
ゼンダ	福岡	トサアカ	宮崎　　　　　　　＊
タノアカ	宮崎　　　　　　　＊	トサグロ	宮崎　　　　　　　＊

＊オビスギ系.　　　　　　　　　　　　　　　　　（宮島　寛，1989より作成）[5]

品種は，ある目標を持って人為的な選択が行われて成立したもので，京都・北山
林業の天然絞丸太を生産する品種群はこれに該当する．また，精英樹選抜育種事

在来品種名	分布地域（県名）		在来品種名	分布地域（県名）	
サンブスギ	千　葉		三　五	京　都	天然絞品種
リョウワスギ	富　山	ボカスギ系	雲　外	京　都	天然絞品種
ベッショスギ	富　山	ボカスギ系	中　源	京　都	天然絞品種
イバラスギ	富　山	ボカスギ系	ウメダ	京　都	天然絞品種
ボカスギ	富　山	ボカスギ系	よしべえ	京　都	天然絞品種
ハラマキスギ	富　山	ボカスギ系	ク　ロ	京　都	天然絞品種
ホンジロ	京　都	シロスギ系	古念谷	京　都	天然絞品種
ミネヤマジロ	京　都	シロスギ系	クラマ	京　都	天然絞品種
ホウズキジロ	京　都	シロスギ系	秀ノ手	京　都	天然絞品種
コネンダニジロ	京　都	シロスギ系	中　茂	京　都	天然絞品種
シバハラ	京　都		広河原	京　都	天然絞品種
ゲンベイ	京　都	天然絞品種	入絞（中源）	京　都	天然絞品種
奥　山	京　都	天然絞品種	月　夜	京　都	天然絞品種
善兵衛	京　都	天然絞品種	打　合	京　都	天然絞品種

（三上　進ら，1969 より作成）[6]

業の採種穂園を単位とする品種もこれに属する．なお，戦後始められた組織的な育種（精英樹選抜育種事業）以前に成立していた品種を広義で在来品種という．挿し木品種では，苗木生産のための種子を必要としないことから，雄花，雌花の着果性が悪い個体でも品種化が可能である．挿し木品種には，ヤブクグリ，メアサ，サンブスギなど，雄雌花をほとんど着生しない品種が多く見られ，スギ花粉症対策にも長けている．

　地域品種は，スギ以外でも，ヒノキ，アカマツ，カラマツなど広く分布する樹種で存在する．また，挿し木品種としては，ヒノキのナンゴウヒ（南郷桧，熊本・阿蘇地方），アスナロのマアテ，クサアテ，オオバアテ，エゾアテ（スズアテ），カナアテ（石川・能登地方）などが有名である．

3）クローン林業

　今日の木材需要の多くは工業原料としての利用である．工業原料では，良質の木材であることはもちろん，高い均質性が求められる．今後の林業の1つの形態として高い品質管理を行う品質管理型林業が発達すると思われる．

　種子から苗木を用いて造成された林分を実生林といい，このような林業形態を

図 4-8　スギのクローン林と実生林の林相
左：クローン林，右：実生林．（写真提供：大平峰子氏）

実生林業と呼ぶ．有性繁殖法でできた苗木は，すべてが異なる遺伝子型を持っているので，実生林の個体間には，さまざまな形質の表現型において大きな違いが認められる．クローン林業では特定のクローン品種（純粋栄養系，複合栄養系）が使用され，環境変異による形質の多少のバラツキはあるものの，無性繁殖された個体群（品種）は高い遺伝的均一性を有することから，表現型の変異幅は実生林業に比べきわめて小さく抑えることができる（図 4-8）．

　クローン林業は，挿し木苗や接ぎ木苗といったクローン苗を用いて人工林を造成する林業である．わが国では，北九州を除く九州地域，京都・北山地方，北陸，千葉・山武地方で古くからクローン林業が行われ，このための挿し木品種が育成されてきた．特に，九州地域では非常に多数の在来品種が成立しており，クローン林業の先進地域となっている．クローン林業はわが国が世界に誇る林業技術といえる．今日，この技術は世界の産業造林の多くで採用され，ユーカリ，アカシアなどの早成樹種を用いた短伐期林業において，パルプ原料などの工業原料に適した品種の開発が進められている．また，メラルーカ（*Melaleuca alternifolia*）やユーカリ（*Eucalyptus* spp.）などが産生する精油の量的・質的改良といった成分育種も行われている．

4）クローン林業の得失

　森林を造成するうえで，実生林の方がクローン林より諸害に対する安全性が高い，また，多数の家系またはクローンを混合する方がよいとする考え方がある．一方で，スギの赤枯病やテーダマツの紡錘サビ病では，挿し木の方が強い抵抗性を示す例が報告されている．

　大庭喜八郎[7]と Libby，W. J.[8]は統計学的手法を用いて，この森林の遺伝的多様性と安全性の関係について検討した．森林被害に対する許容限度と集団が持つ抵抗性の強度とその頻度の関係で，必要となる混合クローン数や家系数はかわり，一概に繁殖方法の違い（クローンと実生）での優劣はないことを明らかにした．Libby は，個体が被害を受ける確率（R）と許容できる最大値（最大許容限度率，M）の関係を次のようにまとめている．①家系／クローン間に抵抗性の違いがなく，すべての家系／クローンの抵抗性が低い場合には，多くの家系／クローンを混合しても意味がない，②MがRより小さい場合，被害が発生するとすべての個体が被害を受ける危険性が大きいことから，1 家系／クローンの植栽でもよい，③MがRよりわずかに小さい場合には，多数家系／クローンの混合が有効であり，④MがRより大きくなるにつれて，より少ない家系／クローンの混合で安全性が得られるとしている．また，⑤家系／クローン間に抵抗性と罹病性に明確な違いがある場合には，少数家系／クローンの混合はかえって不利となる．

　病虫害や気象害に対する抵抗性には，同一樹種においてもクローン間，家系間，個体間で大きな違いが認められる．例えば，耐虫性には，抵抗性（resistance）と耐性（tolerance）があり，抵抗性には，①昆虫の産卵および摂食を忌避させる物質，発育や生存に必要な栄養物質や有毒物質を含有するといった生化学的抵抗性と，②産卵，摂食，生育に不適な表面および内部の組織構造を持つといった物理的抵抗性がある．また，Painter，R. H.[9]は，昆虫の誘引および忌避を選好性（preference or non-preference）とし，摂食・生育阻害や栄養的欠陥を抗生作用（antibiosis）としている．一方，耐性とは宿主が虫に加害されても補償・回復力が強く，加害の影響を受けない現象である．

　集団内には病虫害や気象害に対し，異なる抵抗性メカニズムと抵抗性強度を持つ個体が存在する可能性がある．これまで，これらのメカニズムの解明は困難と

されてきたが，今日の分子生物学的研究法の急速な進展により，分子遺伝学，分子生理学的解析が可能となってきた．マツ材線虫病に対するクロマツの抵抗性について，その分子メカニズムの解明が行われている．

5）育種によるリターンとリスク

　クローン林業は，遺伝的に全く同じ遺伝子を持つ優良な個体を育成できるメリットがある一方，万が一，病虫害や気象害が発生した場合には大きな被害を招くことも考慮しておく必要がある．すでに述べたように，林木育種では未検定の品種が，直接，造林事業に使用されるため，伐期までに負の影響を受ける可能性（リスク）がある．今日世界の主流となっている集団選抜育種は，さまざまなリスクからの回避を最大限考慮した育種法ともいえる．

　今日，高い育種効果（高リターン）を求めた林業が行われるようになっている．高リターン林業では，育種戦略を誤ると大きなリスクを招く可能性がある（図4-9）．このリスクを回避するためには，高い抵抗性を持つ品種の開発が必要となる．短伐期林業では，このような品種の開発は比較的容易と思われるが，長伐期林業では品種開発に長い年月が必要となる．

　これまでの育種事業における次代検定により，精英樹クローンなどの遺伝的特性に関する膨大な情報が集積されてきた．一方，近年のゲノム研究の進展は目覚しく，将来はゲノム情報を利用した適切な育種戦略の立案が可能となる．これらの遺伝育種研究の進展によって得られる遺伝情報は，育種によるリスクを大幅に

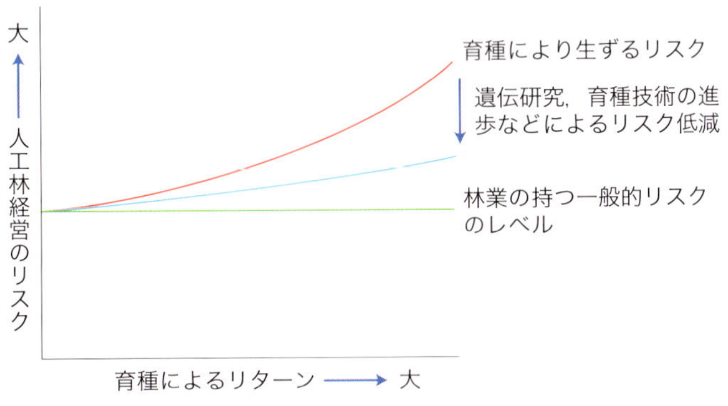

図4-9　育種によるリターンとリスクの関係およびリスク低減

第4章　林木育種　　**167**

低減させ，長伐期林業においても高いリターンが得られる品種の育成に貢献すると思われる．

4．林木育種の体系

1）林木の育種法

育種のやり方を育種法といい，育種が積極的に活用されている農作物では，対象とする作物の特性や育種目標に応じてさまざまな育種法が用いられている．林木育種では集団選抜育種法を基本としているが，目的に応じてそれ以外の育種法も採用されている．

(1) 集団選抜育種法

集団を継続的に改良していく集団選抜育種法（mass selection breeding）がわが国をはじめ世界共通で用いられている．この育種法は，まず望ましい形質を持つ個体を相当数選抜し，その交雑種子から次代を作り，そこから再度選抜するという個体選抜（individual selection）と交雑（crossing）を繰り返すやり方である．対象とする形質に1〜2個の遺伝子が関与している場合には，形質が揃った望ましい特性を示す集団が比較的早い代で実現できる．一方，対象とする形質に多数の遺伝子が関与している場合には，代を重ね，選抜個体間の交雑による遺伝子の組換えを繰り返すことによって次第に集団中の好ましい遺伝子の頻度を高めることにより遺伝的改良が達成できる．単純なやり方であるが，元の集団が過去に強い選抜を受けておらず十分な遺伝的な変異があり，選抜が容易で，遺伝率が高い形質では急速な改良が期待できる．

わが国の集団選抜の進め方を図4-10に示す．最初に多数の優良個体を植林地などで選抜し，その後，交雑と個体選抜を繰り返していく．この選抜個体をプラス木（plus tree）といい，わが国の林木育種では，精英樹と呼んでいる．これに検定を加え，その形質の遺伝性が確認されたもので，特性が優れたものを，特にエリートツリー（エリート木，elite tree）という場合もある．精英樹は，生育地などの環境の影響も含んだ成長や適応性の成績，すなわち表現型（phenotype）

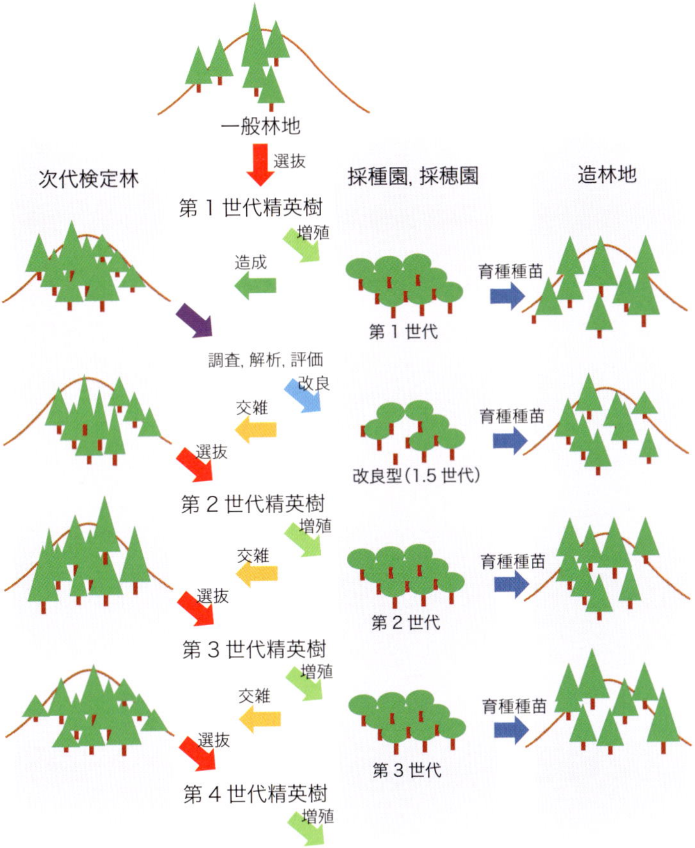

168　第4章　林木育種

図4-10　わが国の集団選抜育種の流れ

で選抜しているので，遺伝的に優れているかどうかをその個体のクローンや実生
家系を使った次代検定（progeny test）などにより評価する．次代検定では，実
験計画法に基づいて精英樹のクローンや家系を配置した次代検定林において，精
英樹の評価のための特性を定期的に調査および解析する（☞ 5.「林木育種の統計
学」）．その一方で，実際の植林に用いるために，精英樹を用いて種子の生産用に
採種園，穂木の生産用に採穂園を造成する．このように実際の植林に用いる集団
を生産集団といい，今後，さらに改良を加えていく育種集団と分ける．育種集団は，
近親交配（inbreeding）を避けつつ，改良効果があがるよう一定以上の個体数が

第4章　林木育種　　*169*

表4-5　わが国と海外の林木育種の進捗状況

国	樹　種	伐　期	選抜世代	実用世代
日　本	ス　ギ	40 ~ 100	2世代	1.5世代
アメリカ	テーダマツ	25 ~ 40	4世代	2世代
〃	スラッシュマツ	25 ~ 40	3世代	2世代
〃	ダグラスファー	40 ~ 60	3世代	2世代
ニュージーランド	ラジアータマツ	30 ~ 40	3世代	1.5世代
スウェーデン	ヨーロッパアカマツ	80 ~ 100	3世代	1.5 ~ 2世代

必要であり，生産集団は，実用的な優良種苗を生産するために，その中でも特に優れた個体を用いる．採種園や採穂園では，次代検定の評価が進んできた段階で，評価の低かった精英樹を除き，評価の高い精英樹を追加し改良する．最初に選んだ精英樹で作られた採種園や採穂園が第1世代であり，この改良型のものを1.5世代という．わが国の植林用の種子や穂木の生産は2012年現在この段階にある．育種集団においては，優良な精英樹同士を交雑した子供で次の精英樹を選抜するための集団を育成し，これらが大きくなった適切な時期に第2世代の精英樹を選抜する[1]．それ以降は同じ進め方を繰り返す．なお，第2世代以降では，あとの世代で近親交配にならないように，1つの集団としてではなく細かな集団に分けて交雑を行う．

　わが国では第2世代精英樹の選抜に進んでいるところであるが，表4-5に示す通り，アメリカのテーダマツでは第4世代まで進んでおり，世界の林木育種先進国に比べると遅れている．わが国では正確を期すために次代検定林の調査に時間をかけてきたが，海外ではより早期（最も効率がよい時期）に検定し，世代を重ねており，わが国でも検定期間の短縮化が重要な課題となっている．

(2)　一代雑種育種法

　トウモロコシや多くの野菜で用いられている育種法である．近親交配を繰り返し，遺伝的な同質化を進めた異なる親間で交雑した場合，その子供が旺盛な生育を示すことを利用した育種法である．雑種が両親よりも旺盛な生育を示す現象を雑種強勢（hybrid vigor）あるいはヘテロシス（heterosis）という．林木においては，種内で近親交配を繰り返すと発芽率などが低下し，世代を重ねることが困難で時間もかかる．このため，この育種法が種間雑種の作出に利用されている．わが国

ではグイマツ（*Larix gmelinii*）とカラマツ（*L. kaempferi*）の雑種が，成長に優れ，ネズミの食害を受けにくいことから実用化されている．東南アジアではアカシア属の *Acacia mangium* と *A. auriculiformis* の雑種が成長，樹形，耐病性に優れていることから，ブラジルではユーカリ属の *Eucalyptus urophylla* と *E. grandis* の雑種が成長に優れていることから，また，オーストラリアではカリビアマツ（*Pinus caribaea*）とスラッシュマツ（*P. elliottii*）の雑種が成長に優れ，風に対する抵抗性があることから利用されている．一代雑種育種法（F_1 hybrid breeding）は，農作物では雑種強勢を活用して極端に成長の優れたものを育成するために用いられているが，林木ではそれぞれの樹種が持つ望ましい特性を組み合わせることの意義が大きい．よりよい雑種を得るためには優良な親を用いる必要がある．特に，現在自然雑種が多く使われているものについては，人工交雑手法を確立し，優良な個体間の交雑を行うことでさらに効果が期待できる．

(3) 倍数性育種

林木を含む植物の大多数が二倍体（diploid）で，両親からそれぞれ1組の染色体を受け継ぎ，合計2組の染色体となっている．この染色体の組を3組にしたのが三倍体（triploid），4組にしたのが四倍体（tetraploid）で，倍数化に伴い細胞や有用器官が一般に大きくなる現象を用いるのが倍数性育種（polyploidy

図4-11　ヒノキとサワラの雑種三倍体（ヒノキ精英樹 '富士2号'）
'富士2号' の針葉はヒノキやサワラに比べてやや大きく厚みがあり，葉裏の気孔条は両者の中間的な形態を示す．（写真提供：袴田哲司氏）

breeding）である．1938 年にコルヒチンという薬品が染色体の倍加にきわめて有効であることが明らかになったことや，成長の優れた三倍体のポプラが発見されたことから，成長や材積の向上を期待して，林木でもコルヒチンを使って四倍体が作出されたが，優良品種の開発までには至っていない．その後の細胞学的研究によって，スギ在来品種のヒノデとウラセバルが三倍体であること[2)]，スギ精英樹の約 1.4％が三倍体であること[3)]，ヒノキ精英樹の‘富士2号’（図4-11）がヒノキとサワラの雑種三倍体であること[4)]が明らかにされ，三倍体が有用であることが示された．しかし，三倍体を作出するには，まずコルヒチンを使って四倍体を作出し，次にその四倍体と二倍体との交雑を行う必要があ

コラム　「スギ精英樹の中の三倍体」

　九州のスギ挿し木品種の中に三倍体があることが見出されたことを発端に，スギ精英樹の中の三倍体の調査が開始された．スギの三倍体の染色体数は，二倍体の 22 本（図 1）の 1.5 倍の 33 本である（図 2）．三倍体は種子の発芽率が 1〜2％程度と低いことから，発芽率の低い精英樹の中から数本の三倍体が見出されたが，より規模の大きいスクリーニングのために，細胞核の DNA 量を比較する方法によってスギ精英樹の約 3/4 に当たる 2,655 本を調査したところ，38 本（約 1.4％）が二倍体の約 1.5 倍の DNA 量を示し，三倍体であると考えられた[3)]．この頻度は苗畑（自然発生）での出現頻度に比べて相当高い．木本作物のクワでは 85 品種中 40 品種が，チャの在来品種では 54 品種中 6 品種が三倍体であることが報告されており，倍数化することで細胞や組織が大きくなるなどの利用上のメリットが生じて選抜されたと考えられる．三倍体は，卵細胞あるいは花粉細胞が，細胞分裂の際の異常で複製され倍になった染色体が分離できなくなり，それが交配することによって生じる（近藤禎二）．

図1　スギの二倍体の染色体（2n = 22） 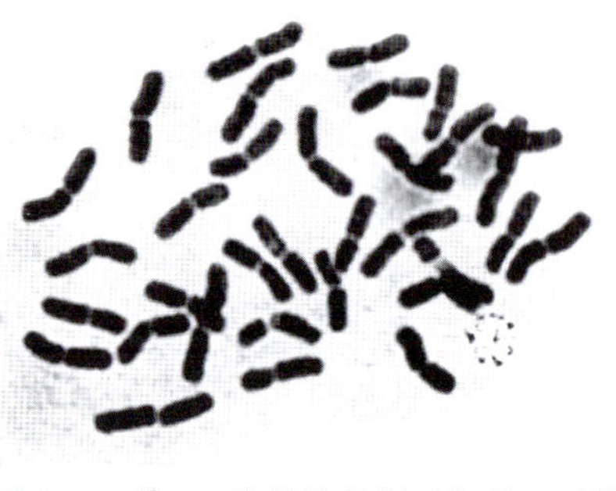　　**図2**　スギの三倍体精英樹‘久慈 30 号’の染色体（2n = 33）

り，手順が複雑で時間がかかり，二倍体を用いた育種に比べ簡便さとスピードで劣り，品種育成には活用されていない．また，三倍体は種子の稔性が悪く種子繁殖ができないので，ヒノデやウラセバルは挿し木品種として利用されている．なお，スギの三倍体のように同じゲノム（☞第5章）のものを同質倍数体（autopolyploid），ヒノキとサワラの雑種三倍体のように異なるゲノムのものを異質倍数体（allopolyploid）という．'富士2号'については，染色体および葉緑体DNAの分析から，ヒノキのゲノム2組，サワラのゲノム1組を持ち，母親がヒノキであるとされている（図4-11）．

(4) 突然変異育種

突然変異育種（mutation breeding）はガンマー線などの放射線や化学物質によって，人為的に突然変異を誘発し品種育成する育種法である．既存の遺伝資源の中に必要とする遺伝子が存在しない場合，あるいは優良品種の特性を大きくかえずに新たな特性を付与したい場合に有効な育種法である．この育種法では，目的の突然変異を得るのに大量の個体を扱う必要があること，人為突然変異のほとんどが劣性であること，目的形質について遺伝子型がヘテロな状態にないと1回の突然変異では誘発できないことが前提となるが，林木ではそれらを満たすことが難しい場合が多いので品種開発に用いた例はない．野外でガンマー線を照射しているガンマーフィールド（農業生物資源研究所放射線育種場）ではさまざまな突然変異が得られており（図4-12），他の植物と同様に一定の頻度で突然変異

図4-12　ガンマーフィールドで見出されたヒノキの葉型突然変異

が生じる．木本植物では，ガンマーフィールドにおいてナシ黒斑病耐病性品種，海外ではグレープフルーツで‘スタールビー’という果肉が赤い品種が開発されており，林木でも有用形質の遺伝解析が進んでくれば活用が期待される．

（5）遺伝子組換え

従来の育種法が，種内の遺伝変異あるいは近縁の種の遺伝子を利用しているのに対し，遺伝子組換えでは種の壁を超えた育種も可能である．詳細については第5章で扱う．

（6）導 入 育 種

外来樹種（exotic species）の導入と改良を行うことを導入育種（introduction breeding）といい，林木においては重要な育種法である．針葉樹では，アメリカのカリフォルニア州のごく一部に分布するラジアータマツ（*Pinus radiata*，図4-13）が，ニュージーランドに導入され大きな成功を収めている．この他，アメリカ南部に分布するスラッシュマツ（*P. elliottii*）や，中米などに分布するカリビアマツ（*P. caribaea*）が，オーストラリアや南米などに導入され林業に貢献し

図 4-13 ラジアータマツの造林地
ニュージーランド．

ている.

　広葉樹で最も成功しているのは，オーストラリア，パプアニューギニア，インドネシアに分布し 500 種以上あるといわれているユーカリ属（*Eucalyptus*）である．*E. camaldulensis*，*E. globules*，*E. grandis*，*E. pellita*，*E. saligna*，*E. urophylla* などがアジア，アフリカ，南米，ヨーロッパの広い地域で用いられている．この他，オーストラリアなどに分布するアカシア属（*Acacia*）の *A. mangium*，*A. auriculiformis* などが東南アジアに導入されている．また，インドネシアに導入されたチーク（*Tectona grandis*），中近東に導入されたポプラ類など多くの成功例がある.

　Zobel，B. と Talbert，J.[5] は，それまでの経験から樹種や産地の移動について次の傾向があると述べている.

　①地中海気候から大陸性気候への移動は避ける.

　②夏に雨が多い地域と少ない地域の間，あるいは雨が冬に多い地域と少ない地域の間の移動は失敗するのが一般的である.

　③気温や降水量の変動の少ない地域から，変動の大きな地域への移動は避ける.

　④高海抜あるいは高緯度から，低海抜あるいは低緯度への移動を避ける．また，この逆もしない．ただし，低緯度・高海抜から高緯度・低海抜への移動はしばしば成功する．その逆も同様である.

　⑤もともとアルカリ土壌で生育していたものを酸性土壌へ移動することは避ける．逆も同様である.

　導入育種においては，導入の目的を十分考慮のうえで樹種を選択するとともに，それらの最適生育環境と今後植栽する地域の環境を比較し，候補となる樹種を選択し，実際の植栽試験に移る．まず，樹種レベルの植栽試験（species trial）では，特定の種子源（種子の産地，seed provenance）に偏らないようにする．樹種が決まれば，その樹種の分布の中で適切と思われる産地を複数選び産地試験（provenance test）を行い，最適産地を見出す．植林用の種子は最適産地から入手するが，産地試験地を優良産地だけの採種園に誘導できるように配置しておけば，実生採種園に転換してすぐに種子を生産できる．その後，大規模な植林が行われれば，それを対象にした本格的な集団選抜育種を開始する．なお，この手順は基本を述べたものであり，すでに広大な植林地がある樹種では，すぐに精英樹の選抜に取りかかることができる．Zobel，B. と Talbert，J.[5] は，外来樹種で新しい植

栽地に適応した個体の集団を在来系統（land race）と呼び，適応性が証明されていることから育種や種子生産に重要であるとしている.

2）育種種苗の増殖

（1）繁殖法と種苗の増殖

種苗とは，種子，挿し木用の穂木，苗木のことをいうが，林業種苗法においては，政令で定めた樹種の林業用の種子，穂木，茎，根および苗木としている.

林木の繁殖には，種子によって子孫を殖やす種子繁殖（seed propagation）と，挿し木などにより無性的に殖やす栄養繁殖（vegetative propagation）とに大別される.

種子繁殖には，同一個体の雌雄の配偶子が受精し結実する自殖（selfing）と，異なる個体間で受精，結実する他殖（outcrossing）がある. 主として自殖によって繁殖する植物を自殖性植物（self-fertilizing plant, autogamous plant），他殖によって繁殖する植物を他殖性植物（cross-fertilizing plant, allogamous plant）といい，多くの林木が他殖性植物である. 他殖性植物では，近親交配（inbreeding）でできた個体の生育が任意交配による個体より劣る近交弱勢（inbreeding depression）という現象が生じる. そこで，林業用種子を生産する採種園では，近親交配を避けるクローンの配置を行っている. 近交弱勢はスギでは発芽率，苗木の生存率や成長の減退として現れるが，樹種によってその程度は異なる.

栄養繁殖のやり方には，挿し木，接ぎ木，組織培養などがある. 挿し木では，栄養器官の一部を切り取り培土に挿して発根させて植物体を育成する. 接ぎ木では，栄養器官の一部を台木に接いで植物体を育成する. 挿し木，接ぎ木とも材料には枝の先端部を使うことが多い. 栄養繁殖のもととなった個体をオルテット（ortet），それから増殖された個体群をラメット（ramet）と呼び，これら両者を含め遺伝的に同一な個体群をクローン（clone）と呼ぶ. 栄養繁殖において林業用の苗木生産に利用されているのは挿し木によるものがほとんどであり，穂木を得るために採穂園を造成する.

176 第4章 林木育種

（2）採種園と採穂園

a. 採　種　園

　採種園（seed orchard）は，種子を採取するための木（採種木，seed tree）を
まとめて植栽した場所である（図4-14）．採種園は，採種木として接ぎ木や挿
し木で増殖した精英樹などのクローンを用いるクローン採種園（clonal seed or-
chard, CSO）が一般的であるが，栄養繁殖が難しい樹種では精英樹などの実生個
体で構成する実生採種園（seedling seed orchard，SSO）とする場合もある．採

図4-14　スギの採種園

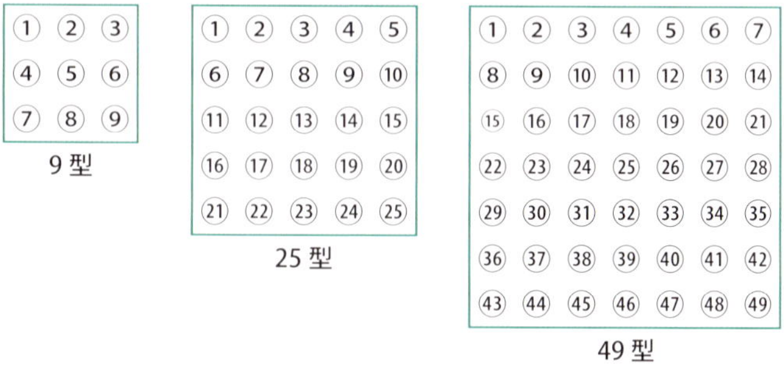

図4-15　採種園の基本型とクローン配置
構成するクローン数が少ない場合には9型，それより多い場合には25型や49型を基
本形とする．枠の中の数字はクローンの番号を示し，同じクローンが隣りにこないよう
配置する．

種園はある程度大きな面積となるので，クローン採種園の場合は同じクローンを複数個体用いる必要があるが，自然交雑による種子生産を行うので，自殖弱勢による悪影響を避けるために同じクローンが隣り合わないよう配置する必要がある．そのため，最小の単位でも9クローンが必要となり，このタイプを9型といい，図4-15のようなセットを繰り返して採種園を設計する．25クローンを1セットとする場合には25型，49クローンを1セットとする場合には49型といい，少なくともそれぞれの型を構成するクローン数以上の精英樹などを準備しておく必要があり，クローン配置についてはコンピュータソフトウェアが用いられている．多くの樹種で球果採取などの作業を効率的にできるように整枝剪定を行うが，北方針葉樹の中には剪定によって着花が抑制されるものがあることから自然樹形にするものが多い．また，樹勢を衰えさせないための施肥，病害虫防除のための薬剤散布などを行う．

　採種園では大量の種子が生産できることから，大量の苗木生産に適している．種子繁殖では，交雑を介すことから採種木の遺伝的能力のうち相加的遺伝分散（☞第2章3.4）「分散の分割と遺伝率」）を利用するが，採種園外からの花粉による交雑も生じ（花粉汚染，pollen contamination），一部の種子の品質低下が生じる．また，多くの樹種で年によって種子の豊凶（隔年結果性）があり，種子生産が安定しない．さらに，種子が生産できるまでには，採種木の成熟を待つ必要があり，10年以上を要する場合が多いが，一部樹種では着花を促進するための植物成長調節物質処理を行うことで多量の種子を早期に生産できる．スギやヒノキでは植物成長調節物質の一種であるジベレリンのGA_3が，海外ではマツやカラマツに$GA_{4/7}$が用いられている．近年，スギでは一般の採種園よりはるかに小さい採種木を使って，集約的に管理するミニチュア採種園の造成が進み，造成4年目から種子生産が可能となり，優良品種の種子の早期供給に寄与している．

b. 採 穂 園

　採穂園（scion garden, hedge orchard）は，挿し木用の穂を採取するための木をまとめて植栽した場所で，採穂する木を採穂台木（scion stock）あるいは採穂木という（図4-16）．採穂木は採穂の際にクローンや家系の取り違えが生じないように配置する．挿し木では短期間に苗木を増殖することができるが，大量の苗木を生産するためには採種園に比べるとより広い面積を必要とする．挿し木増

図 4-16　スギの採穂園

殖が容易な樹種では採穂木にクローンを用いるが，マツなどの挿し木が困難な樹種では採穂木に実生の若齢の個体を用い，数年経って発根率が低下した段階で更新する．剪定は必須で，新たに発生した萌芽枝（sprout, coppice shoot）を用いることでより高い発根率を得ることができる．

　採穂台木の仕立て方は，台木の高さ，刈り方および仕立てた形によって分けられる．高さでは，低台，中台，高台に分けられ，低台は雪の多い地方に適し，高さ 1.5m 程度，中台は高さ 2.5m 程度でやや大型の穂が取れ，高台は高さ 4m 程度である．刈り方には，平刈り，低刈り，高刈りがある．平刈りでは主となる 2 ～ 3 本の枝を互いに離して配置し，平面状の樹冠をつくり，低刈りでは非常に低い位置から平刈りを行い，高刈りでは高さの違う数段に枝を残し，下のものを長めに刈り込む．仕立てた形には円筒形，円錐形，自然形がある．仕立て方はこれらを組み合わせて表し，雪国では低台平刈り式，その他の地域では高台円筒形や高台円錐形などの仕立て方が用いられている．

（3）人工交配

　採種園においては自然交雑種子を採取するので，両親の組合せについては不明であるが，人工交配（artificial crossing）によって両親の長所を併せ持つ，より

優れた子供を育成することができる．人工交配の手順は樹種によって異なるが，わが国の林木育種で人工交配技術が確立しているスギでは，人工交配を行う前年の夏にジベレリンの GA_3 の水溶液を葉面散布し着花促進を行う．関東地方では，7月初旬に散布すると雄花が，下旬に散布すると雌花が多く誘導される．翌年の2月頃の花粉飛散が始まる前に雄花からの花粉の採取と雌花への交配袋かけを行う．花粉の採取では，花粉親（雄親）の木の雄花の多い枝を切り取り，温室内で水差しし，花粉を採取する．母樹（雌親）の方は，自分の花粉が受粉しないように，雌花を残し雄花を取り除き，さらに，別の個体の花粉による自然授粉を防ぐために交配袋をかける．雄花を取り除く作業を除雄（emasculation）といい，人手によって行うことが多いが，アカシアでは多くの雄ずいがあり，人力での除雄に相当時間がかかるので，お湯に浸漬する温湯除雄が有効なことが明らかにされている．スギでは，雌花が開花する3月頃に花粉銃を用いて花粉親の花粉を袋の中に注入し受粉させる（図4-17）．雌花の開花の時期は個体（クローン）によって異なるが，雌花の先端に珠孔液という液体の分泌が見られるときが適期である．人工交配した球果はその年の10月頃採取し，種子を得る．アカマツやクロマツでは春に人工交配を行い，種子を採取できるのはその翌年の10月になる．

　人工交配ではクローンを取り違えないように材料を列状に植栽するのが好まし

図4-17　スギの人工交配

い．さらに，鉢植えにして温室内で袋かけを行ったり，温室内で密閉可能な小型のフレームを使って袋かけを省略することも可能であり，効率化が図れる．ニュージーランドのラジアータマツでは，特に成長の優れたトップクローン間の人工交配によって作られた種子は特に高い価格で取引きされている．

（4）種子の取扱い

結実はヤナギやシラカンバでは 10 年前後から開始するが，トドマツやエゾマツのように 40 年近くを要するものもある．結実周期は，ヤナギやハンノキのように毎年かなり結実するものから，カラマツやブナのようにおおむね 4 〜 5 年間隔で豊作になるものまで樹種によって大きく異なる．大量に種子を必要とする樹種あるいは結実がまれな樹種については種子の保存が必要である．

採種時期は種子の成熟後が好ましいので，林業種苗法施行規則において，スギ，ヒノキ，アカマツ，クロマツ，リュウキュウマツでは 9 月 20 日以降，カラマツ，トドマツでは 9 月 1 日以降，エゾマツでは 9 月 10 日以降の都道府県知事が定める時期となっている．

採取した球果の乾燥は，マツなどでは天日に直接当ててよいが，サワラやヤシャブシなどでは種子の発芽能力を低下させないよう，日陰で過度に乾かさないように乾燥させ，種子をはたき出す．はたき出した種子は適当な大きさの目のふるいでふるったのち，風選，水選，食塩水選など，樹種の特性に合わせて精選する．種子の発芽鑑定には，所定の条件下で発芽させる直接発芽試験法，水に一定時間浸漬したのち切断し，内部の胚乳などの充実度で推定する切断法，テルル酸ソーダなどによる胚の呈色反応で判定する還元法，軟 X 線により胚の充実度を見る方法（図 4-18）などがある．

種子の貯蔵は，乾燥貯蔵と保湿貯蔵に分けられ，乾燥貯蔵ではマメ科やユーカリ属の種子のように常温で貯蔵するものと，スギやヒノキの種子のように低温で保存するものとがあり，スギやヒノキではより低温の−20℃で貯蔵すると貯蔵期間を延ばすことができる．乾燥に弱いクヌギ，オニグルミなどの種子は保湿して貯蔵し，土中貯蔵あるいは保湿状態で低温貯蔵する．

発芽促進については，スギでは冷水に 1 〜 7 日，ヒノキでは 1 〜 3 日浸漬する．トドマツでは 5℃で 1 ヵ月間低温処理する．保湿状態で低温に曝す低温湿層処理

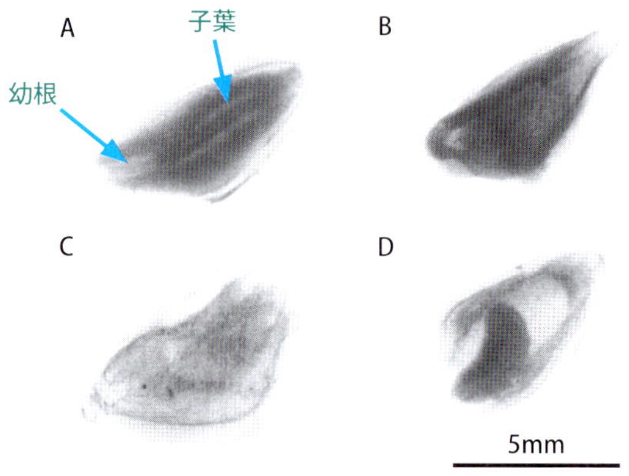

図 4-18　モミ種子の軟 X 線写真

A：健全種子（子葉と幼根が確認できる），B：不健全種子（幼根の一部は見えるが子葉は確認できない），C：シイナ（無胚種子），D：虫害種子（種子内にタネバチ類と思われる幼虫が見える）．（写真提供：齊藤陽子氏）

が必要な樹種もある．カラマツでは 1 日水に浸漬後，低温に 1 ヵ月以上，ゴヨウマツでは 2℃で 2 ～ 4 ヵ月，ブナでは 2 ～ 5℃で 2 ヵ月，保湿状態での処理が必要である．大量の種子を取り扱う場合には，雪中貯蔵を行うことにより，同時に発芽促進効果を得ることができる．

　種子の品質の指標に，純度，発芽率，発芽効率および発芽勢がある．純度とは，種子全体の重さに対する純正な種子の重さの百分率である．発芽率とは，所定の条件で，所定の期間内に発芽した種子の百分率であり，これと純度の積を百で除したものが発芽効率である．発芽勢とは，発芽試験において最初の一定期間内に発芽した種子の百分率で，期間はスギやアカマツ 12 日，ヒノキ 10 日などとする場合が多い．

（5）栄養繁殖法

a．挿 し 木

　挿し木（cutting）に用いる枝の先端部を穂木または挿し穂（scion），挿し付ける場所を挿し床という．挿し床の培土には，砂，鹿沼土，赤玉土などさまざまな素材を用いるが，挿し木の成功率に大きな影響があり，樹種や品種に応じて最適な素材や配合割合を決める必要がある．水分管理もたいへん重要で，乾燥させ

182   第4章　林木育種

ないために水を霧状に噴霧するミスト灌水やプラスチック容器などの中で挿す密閉挿しなどが行われる．また，植物成長調節物質のオーキシンの一種であるインドール酪酸（IBA）が発根促進のためによく用いられる．発根能力は親木の樹齢が増すにつれて低下し，挿し木が困難な樹種あるいは品種ほどその傾向が強い．この樹齢による効果を母樹齢効果（cyclophysics）といい，高い発根率を得るために剪定することによって生理的に若く保たれている萌芽枝を利用する．また，樹冠からの採穂位置により穂木の形質発現に違いが見られる．この現象を樹位性（topophysis）という．一般に，下枝から採取した穂木の方が発根性は優れているが，樹種によっては枝の性質（枝性）が数年間残り，立ち上がらないことがある．主要な針葉樹では春挿しが一般的であり，新芽が展開する前に挿し付ける．常緑広葉樹では夏挿しに適したものが多い．

　挿し木の難易度は樹種によって大きく異なる．スギやメタセコイア，ヤナギ類やポプラ類は容易な樹種である．一方，マツやカラマツ，シイ類やナラ類は困難な樹種である．挿し木が容易な樹種であっても個体（クローン）によって発根の容易さに大きな違いがあり，事業的規模で増殖する場合には発根が容易な個体（クローン）を選ぶ必要がある．

　わが国は挿し木の先進国で，九州地方では300年前からスギの挿し木が行われており，非常に多くの挿し木品種が開発されている（☞ 3.2）「地域品種と挿し木品種」）．海外の林業先進地においては，ニュージーランドでラジアータマツ（図

図 4-19　ラジアータマツの採穂台木
ニュージーランド．

図 4-20　フタバガキ科樹木の挿し木
インドネシア．

4-19)，ブラジルなどでユーカリの雑種が挿し木増殖され，高い生産力を持つクローン林業（☞ 3.3）「クローン林業」）が成立し，パルプ産業などの振興に大きく貢献している．熱帯地域の有用樹種で，伐採によって大幅に資源量が減少しているフタバガキ科の樹木においても挿し木増殖が可能である（図 4-20）．これらの樹種では，葉が大きいことから蒸散量を少なくするために図 4-20 のように葉の一部を切り落とす処理が有効である．

b. 接 ぎ 木

接ぎ木（grafting）に用いる枝の先端部を穂木または接ぎ穂（scion），接ぐ相手を台木（rootstock）という．台木は同じ樹種の場合が多いが，樹種が異なってもうまくいくことも多い．穂木と台木の活着やその後の成長の善し悪しを接ぎ木親和性（graft compatibility）といい，接ぎ木親和性が低い場合には，台木に穂木と同じ家系の個体を用いるなど近縁のものにすることでよい結果が得られる場合がある．接ぎ木が成長したとき，穂木部に比べて台木部の肥大が著しい場合を台勝ち，その逆を台負けという．接ぎ木は挿し木に比べて手間がかかり苗木の大量生産には向かないが，挿し木での増殖が困難な場合や確実に増殖したい場合に用いる．また，接ぎ木をすることで結実までの期間を短縮できることが知られており，結実までに長期間を要する樹種や個体から種子を得る場合には有効である．

接ぎ木のやり方は多数報告されているが，林木育種で主に用いられている，切接ぎ，割接ぎ，袋接ぎについて説明する．これらの接ぎ木法（図 4-21）では，穂木を生育休止期に保存し，台木の活動が始まった春に接ぎ木を行う．切接ぎは，多くの広葉樹や針葉樹でも用いる方法で，穂木の台木に接する面を垂直，平滑に削り，その反対側を斜めに鋭角に切り落とす．台木は適当な太さのところを水平に切り，穂木の大きさに合わせて垂直に切込みを入

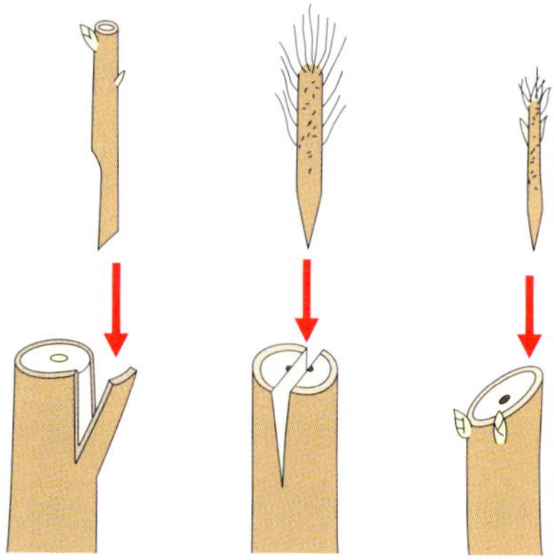

図4-21 林木でよく用いる接ぎ木法
左から，切接ぎ，割接ぎ，袋接ぎ．

れる．形成層の位置が互いに合うように穂木を台木に挿入し，接ぎ木テープで固定し，削った面が露出している場合には乾燥防止のため接ぎロウを塗り，全体をビニール袋で覆う．ビニール袋で覆った場合には，内部の温度上昇を避けるために日よけを施し，袋は1ヵ月程度で取り外す．

割接ぎは，スギ，ヒノキ，マツ（図4-22）など多くの針葉樹に用いる方法で，やり方は基本的には切接ぎと同様であるが，穂木をくさび形に削る点，穂木の大きさに合わせて台木に割目を入れる点が異なる．穂木と台木の形成層の位置を合わせるのは切接ぎと同様で，両者の大きさが異なるときは片側の形成層だけ合わせる．

袋接ぎは，カラマツやヒノキに用いる方法で，穂木はくさび形に削り，台木は側芽が穂木を挿入するところ以外になるようにして斜めに切り，切断部をもんで樹皮と木部を離したところに穂木を挿入する．樹皮が柔らかいので破らないように注意する．その後の処理は切接ぎと同様である．

この他，ミズナラやブナでは，新梢部接ぎ木法といって，前年に成長した部分を穂木にし，台木の当年成長した部分に接ぐ．この方法で高い活着率を得ることができる[5]．

図4-22　マツの割接ぎ

c．組織培養

　林木育種において，貴重な個体やクローンの保存や増殖のため，優良品種の短期大量増殖のための栄養繁殖法の1つとして組織培養（tissue culture）が用いられる．組織培養では設備，資材，労力，電気料などのコストを要するが，いったん増殖法が確立すれば，挿し木よりも短期間で増殖できるメリットがある．詳細については第5章で扱う．

(6) 育　　苗

　苗木を育成することを育苗（nursery practice）という．林業用苗木には，種子から育てた実生苗（seedling）と挿し木により増殖した挿し木苗（rooted cutting）がある．わが国では苗木のほとんどが，苗床で直に苗木を育てる裸苗あるいは裸根苗（bare-root（ed）seedling）であるが（図4-23），植栽時期の拡大，植付けの効率化，優れた初期成長などの点で優れているコンテナ苗（container seedling）を活用し，低コスト林業を目指す動きが始まっている．世界的に見ると，北米,北欧,熱帯地域など広範囲の地域ですでにコンテナ苗が用いられている（図4-24）．

　育苗の手順について，関東地方で実施しているスギの実生苗を例に取ると，1年目は，播種のための床作り，播種，覆いかけや薬剤散布などの発芽後の管理を行い，2年目に床替え（transplanting）を行い，より間隔をあけて植付け，薬

図 4-23　スギの苗（裸苗）

図 4-24　ヨーロッパアカマツのコンテナ苗
スウェーデン.

186　第 4 章　林木育種

剤散布や施肥などを行う．3 年目の春に山行き苗あるいは山出し苗（planting stock）となる．この苗を 1 回床替え 2 年生苗という．播種から山出しまでの苗畑の所要面積などを示したものが育苗標準，床替えした本数に対して山行き苗として使える苗木の百分率を得苗率という．また，苗木の品質の指標に用いられる TR 率（T/R ratio，top-root ratio）は，苗木の地上部の重量を地下部の重量で除した値で，スギでは 2.0 前後，ヒノキでは 3.0 前後が適当とされる．

3）育種種苗の供給

　優良な林業種苗による植林が重要であるという認識のもと，林業種苗法は，種苗の配布区域，指定採取源について規定している．また，育種事業は気候や樹種などをもとに地域ごとに実施されている．

(1) 種苗配布区域

　林業種苗法において，気候などの自然条件によって生育が適する区域を種苗の配布区域として定めることとされており，具体的な区域については省令で，スギ 7 区，ヒノキ 3 区，アカマツ 3 区，クロマツ 2 区が決められ，種苗の移動が制限されている．日本列島は南北に長く，太平洋側と日本海側とでは気候，特に積雪に大きな違いがあることから，スギ，アカマツ，クロマツについては，日本海側から太平洋側への移動はあっても，その逆は原則としてしないよう定められている．図 4-25 にスギの配布区域を示す．九州（VI）のものを四国・山陽・近畿（V）に移動させることはできるが，東海や山陰以北（I ～ IV，VII）には移動できない．なお，カラマツについては，自生地が本州の中央高地であり，それが北海道

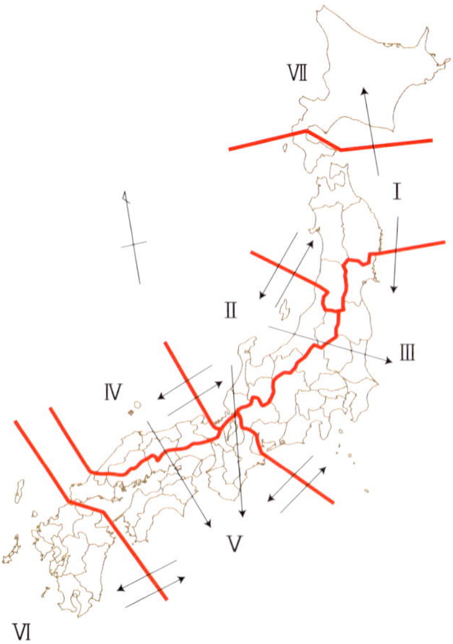

図4-25　スギの種苗配布区域

など各地に広げられたことから配布区域は定められていない.

　海外においても配布区域は設けられており，アメリカのオレゴン州のダグラスファーでは，州内を19に区分している．一方，ニュージーランドのラジアータマツでは，外来樹種ということもあり配布区域は設けられていない.

（2）育種基本区

　わが国の林木育種では，気候，樹種の分布，種苗の配布区域などを考慮して，北海道，東北，関東，関西および九州の5つの育種基本区（breeding region）を設け，さらに19の育種区（breeding district）に細分して育種事業を実施している（図4-26）.

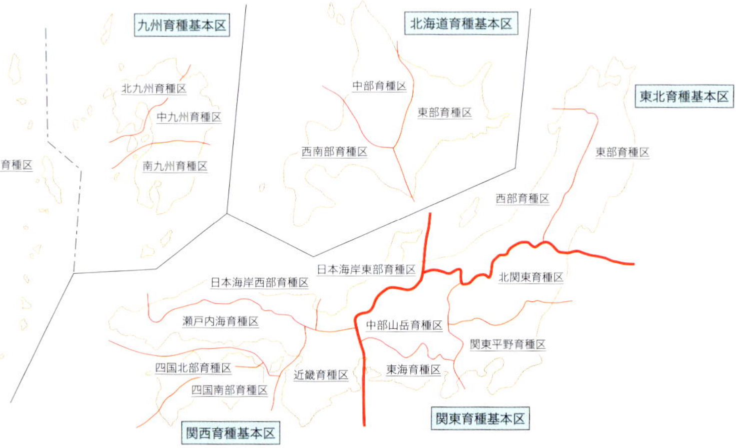

図4-26　わが国の育種基本区と育種区

（3）指定採取源

　林業種苗法においては，優良な種子，穂木を確保するため，特別母樹もしくは特別母樹林，育種母樹もしくは育種母樹林，普通母樹もしくは普通母樹林を指定するようになっており，これらを指定採取源と総称している．このうち林木育種事業で選抜した精英樹は育種母樹とされ，その採種園および採穂園は林業用種子あるいは穂木の主要な供給源と位置付けられている．普通母樹（林）とは，育種

母樹による種子供給が行われるまで採取源として活用されていた優良な形質を有する個体（集団）である．特別母樹（林）とは，地域の自然環境に順応し，特に優良な形質を有する個体またはその集団のことで，育種素材として確保しておく狙いがある．

5．林木育種の統計学

林木の育種では，選抜および検定，交配，増殖の過程を世代ごとに繰り返すことによって，遺伝的な改良を進めている．選抜および検定には，農作物の育種で開発された実験計画法に基づく統計的手法が用いられている．育種試験地を設定して系統ごとのデータを収集し，解析結果をもとに系統評価を行ううえで，基本的な統計学を知っておくことが必要である．

1）試験地の設計

(1) ブロックとプロット

育種試験地は，プロットとブロック（反復）から成り立っている．プロットは，産地，家系，クローンなど，試験目的に応じたものとし，プロットが集まったものをブロックと呼んでいる．ブロックは，遺伝と環境の影響を評価するために2回以上繰り返して設定される．プロットの大きさや形状は，試験の目的あるいは地形条件などによって異なる．本数は，1本から数百本までであり，形状には，列状，方形などがある．産地や樹種の比較試験では，成長に大きな遺伝差があると隣接プロットを被圧してしまうことがあり，産地間，樹種間の競争を小さくするために大きな方形プロットを用いる．その場合の測定は，周囲木を除いて行う．列状プロットは系統（家系，クローン）間の遺伝差を検定するときに用いられる．1系統1本植えとする単木プロットは，効率的で，個体間競争の効果が平均化される利点があるが，個体のラベリングが不可欠である．

実際の試験地は山の斜面に設定することが多いので，列を傾斜方向に平行に配置した列状プロットやそれに準ずる2，3列の方形プロットで植栽している．列状プロットは，ブロック内の傾斜方向の地力差を吸収できる点で方形プロットよりも優れている．一部の試験地では，少ない苗木の本数でより正確な情報を得る

ため，単木プロットで植栽している．

(2) プロットの配置

　プロットの配置は，フィッシャーの3原則である，「反復」，「無作為化」，「局所管理」を備えることが必要である．「反復」により同じ条件で実験を繰り返すことで，実験結果が調査目的となる要因による影響か，あるいは誤差によるばらつきの範囲かを判別することができる．また，交互作用を誤差と交絡させずに分離することも可能となる．スギ育種試験地の例（図4-27）では，3つの反復を設定しており，いずれの系統も試験地の中に3回植栽されている．「無作為化」とは，反復のある実験を完全に無作為な順番で行うことにより，実験の順序や反復回数が実験結果に影響するのを防ぐことである．スギ育種試験地の例では，反復ごとに検定系統のプロットを無作為に配置し，それを繰り返すことによっ

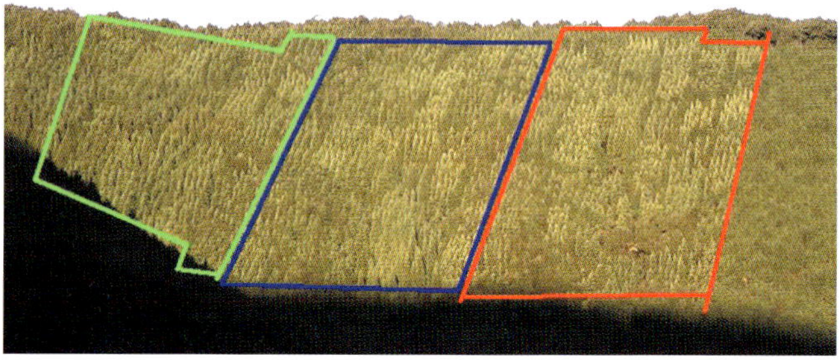

図4-27　スギ育種試験地の例
3つのブロック（反復）を設け，各ブロックの中に48の方形プロットを無作為に配置した（各プロットの番号は植栽した苗木の系統番号を示す）．ブロックの中をできるだけ均一な条件とするために，一様な斜面に試験地を設定した．なお，×は土地の状態により，苗木を植栽しなかったことを表す．

190 第4章 林木育種

て，一部の系統が地力のよい場所に偏って植栽されることを避けるとともに偶然発生する誤差を推定することができる．「局所管理」は，実験日や実験者の違いによる影響も要因として取りあげ，調査目的となる要因による影響と区別して，実験結果の分散分析を行うものである．局所的な領域であるブロックの中をできるだけ均一な条件にすることにより，系統誤差をブロック間の差に転化する．なお，偶然誤差は，何回も同じ測定をしたときの測定値の分布で見えるもので，正規分布が代表的であり，系統誤差とは，実験者の癖や測定条件などの原因によっ

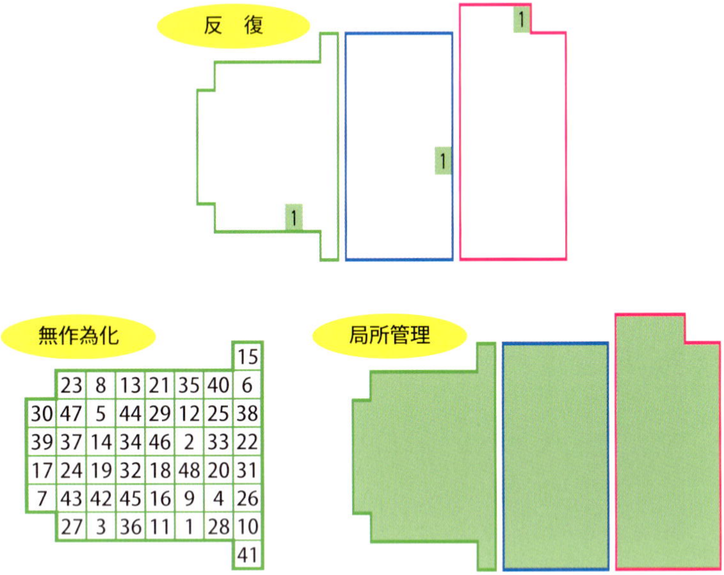

図 4-28　フィシャーの3原則のイメージ

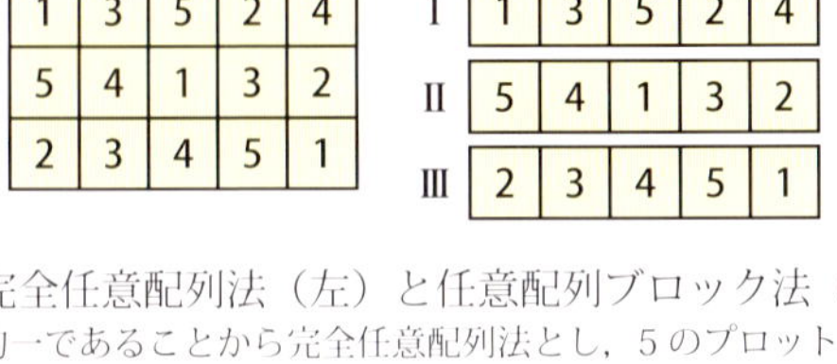

図 4-29　完全任意配列法（左）と任意配列ブロック法（右）の例
左側の試験地は均一であることから完全任意配列法とし，5のプロットを3回反復で任意に配置している．右側の試験地は，均一でないことから，3つのブロックに分けて，任意配列ブロック法（乱塊法）をとった．1～5の番号は植栽した苗木の系統番号を，Ⅰ，Ⅱ，Ⅲはブロックの番号を表す．

て真の値から 1 方向にずれることを指している．
図 4-27 の例では，ブロックの中をできるだけ均
一な条件とするために，一様な斜面に試験地を設
定している．

　プロットの配置には，完全任意配列法と任意配
列ブロック法がある．完全任意配列法は，2 つ以
上のプロットを任意に配置するもので統計解析が
簡単であり，試験地が均一な場合に適している．
試験地が均一でない場合は，任意配列ブロック法
をとる必要がある．任意配列ブロック法の 1 つ
である乱塊法は，育種試験地に広く採用されてい

	I	II	III	IV	V
I	1	5	2	3	4
II	5	4	1	2	3
III	3	2	4	5	1
IV	4	3	5	1	2
V	2	1	3	4	5

図 4-30　ラテン方格法の配置例
　I〜V は行列番号を，1〜5 は系統番号を表す．5 行 5 列からなる試験地に，5 つの系統を各行および各列に 1 回だけ現れるように配置した．

る．プロットをブロックごとに繰り返して設け，各ブロック内でプロットを任意
に配列する．ブロックに分けることによってブロック間の差が環境差となり，統
計処理によって遺伝差が推定できる．乱塊法は，設定が比較的簡単であり，環境
差と遺伝差を分離できるので，完全任意配列法よりも解析精度も高く，使用頻度

	反復 I				
(1)	1	2	3	4	5
(2)	6	7	8	9	10
(3)	11	12	13	14	15
(4)	16	17	18	19	20
(5)	21	22	23	24	25

	反復 II				
(6)	1	6	11	16	21
(7)	2	7	12	17	22
(8)	3	8	13	18	23
(9)	4	9	14	19	24
(10)	5	10	15	20	25

	反復 III				
(11)	1	7	13	19	25
(12)	21	2	8	14	20
(13)	16	22	3	9	15
(14)	11	17	23	4	10
(15)	6	12	18	24	5

図 4-31　格子型配列法の配置例
　(1)〜(15) はブロックを，1〜25 は系統番号を表す．反復 I，II を用いる実験を単純
格子法，反復 I，II，III を用いる実験を三重格子法と呼ぶ．

	反復 I								
a	1a	3a	2a	4a	2b	4b	1b	3b	b
c	4c	1c	3c	2c	4d	1d	3d	2d	d

	反復 II								
a	4a	1a	3a	2a	2c	4c	1c	3c	c
d	2d	4d	1d	3d	1b	3b	2b	4b	b

図 4-32　分割プロット法の配置例
　1〜4 は系統番号を，a〜d は処理を表す．処理を単位に大ブロットを設け，各大プロ
ット内に，系統ごとのサブプロットをランダム配置した．

が高い方法といえる.

　乱塊法以外の方法として，ラテン方格法や格子型配置法がある．これらの配列法は，野外試験では管理が難しいため，用いられることは少なく，主に苗畑などの比較的管理が容易な場所で用いられる．ラテン方格とは n 行 n 列の表に n 個の異なる記号を，各記号が各行および各列に 1 回だけ現れるように並べたものである．ラテン方格法は，処理数と等しい反復数が必要となり，処理数の多い育種試験地では規模が大きくなるため適していない．格子型配列法は，同じ大きさのブロックを設定するが，各ブロックはすべてのプロットを配置しない．ブロックを小さくすることによって環境差を減少させ，検定の精度をあげるのが狙いである．分割プロット法は，検定と施業効果を重ねるといった 2 つ以上のタイプのものを 1 つの試験で調べる場合に用いる．処理ごとに大きなプロットを設け（大試験区），各大プロット内にサブプロット（小試験区）をランダムに配列する．

図 4-33　試験地の調査風景
輪尺を用いて，供試木の胸高直径を測定している.

2）供試する材料の選択と計測の方法

　育種試験地は，造林予定地と同等の林地に設定することが必要である．系統を比較する試験地では，採種（穂）園から生産された系統別の挿し木苗や実生苗（自然交雑苗）が材料として用いられる．1 ヵ所には 20 〜 50 系統程度を使用し，多くの場合，1 つの系統は数個所の試験地に植栽され，環境の異なるところに植栽したときの傾向を明らかにする．同時に，特定の系統が環境の変化に対して，系統全体の傾向と異なる反応，すなわち，系統と環境の交互作用（G×E interaction）を示すかどうかについても明らかにできる．また，在来品種などの苗木を同じ試験地に植栽することにより，育種による改良効果を評価することができる.

遺伝性を調査する試験地には，人工交配で育成した苗木を用いる．また，優良な個体を選抜する試験地には，優れた系統を交配の親として用いた人工交配苗を植栽する．このような試験地は原則として2カ所以上設定する．これは，組合せと環境との交互作用を調べるためと，天災などにより試験材料が消失してしまうことを防ぐためである．

育種試験地では，1年，5年または10年おきなど，定期的に樹高や胸高直径などを計測する．樹高の測定には目盛の付いた測竿，胸高直径には輪尺が用いられる．齢級が進んで樹高が高くなると，デジタル測高器などを活用する．効率的な計測，データの収集のためには，系統の表示を充実させるとともに，野帳を見やすく書きやすくすることが必要である．最近では，ラベルにICタグを，野帳として携帯型端末を用いた新しい調査システムが導入されようとしている．

3）得られたデータの解析

(1) 分 散 分 析

林木の重要な形質である樹高，胸高直径および材の比重などは量的形質である．多くの遺伝子に支配されているので，個々の遺伝子は表現型に対して比較的小さな効果しか与えない．そのため，量的形質は連続的に変異し，明瞭に区別できるグループに分けることは難しい．このような量的形質の測定値の頻度分布は，正規分布と見なすことができ，分散分析によって解析する．これは，試験のすべての分散を要因ごとに分割するもので，要因の間に有意な差があるかどうかを明らかにすることができる．育種試験地において測定したデータの全分散を，分散分析によって遺伝的な成分と環境による成分に分離する．系統平均値の差が有意であるかどうかは，系統間の分散比の大きさ（F値＝系統間の平均平方／誤差の平均平方）によって判断できる．F値が該当する自由度のF分布の5％水準の値を上回る場合，系統平均値には遺伝的な違いが反映されていると見なされ，得られ

表 4-6　乱塊法の試験地のプロット平均値を用いた分散分析表

変動因	自由度	平方和	平均平方	平均平方の期待成分
系統間	$f-1$	S.S.(f)	S.S.(f)	$\sigma_e^2 + r \cdot \sigma_f^2$
反復間	$r-1$	S.S.(r)	S.S.(r)	$\sigma_e^2 + f \cdot \sigma_r^2$
誤差	$(f-1)(r-1)$	S.S.(e)	S.S.(e)	σ_e^2

た系統平均値によって系統を評価することができる．また，分散分析表の平均平方の期待成分である系統分散と誤差分散を用いて，遺伝的支配の強さを表す指標である反復率や遺伝率を求めることができる．

(2) 系統の評価

複数個所に設定した試験地における各系統のプロット平均値を用いて，系統を評価することができる．使用されるデータには，①遺伝と環境の交互作用を含む，②各試験地の供試系統が不揃いである，③各試験地の試験精度が異なる，④各系統の供試回数が異なる，ものが含まれている．このようなデータから，そのまま系統平均値を求めると，各系統の平均値に特定の試験地の地力差が含まれるため，評価手法として最小二乗法が用いられる．

最小二乗法では，最初にデータの構造を記述した数学モデルを設定する．試験地別系統平均値（Y_{ij}）は，試験地の効果（α_i）と系統の効果（β_j）による加法モデルと仮定すると，個々のデータは以下の式で表すことができる．μ は全体の平均値を，ε_{ij} は誤差をそれぞれ表している．

$$Y_{ij} = \mu + \alpha_i + \beta_j + \varepsilon_{ij} \tag{4-1}$$

モデルで説明されない誤差が最小となるように，ただし誤差には正，負があるので，誤差の二乗和が最小となるように試験地の効果（α_i）と系統の効果（β_j）を求める．最小二乗法では，分散や共分散を計算に使用しないため，分散や推定精度の不均一性は評価に反映されない．そこで，各試験地の誤差分散の逆数で重み付けをする（重み付き最小二乗法），供試回数や系統間分散で修正する（修正最小二乗法），などの改良した手法が用いられる．供試回数は評価結果には反映されないため，1，2回しか供試されていない系統の最小二乗推定値は，3回以上の系統よりも信頼性が低く，評価値を活用する際に注意が必要となる．試験地で調査した大量のデータを解析するには，コンピュータが必要となる．林木育種事業では，最小二乗法を活用したプログラムが開発されており，広く活用されている．

最小二乗法の他に，系統の育種価を予測する方法として Best Linear Prediction（BLP）法が用いられている．BLP 法は，①系統，年次，形質が不揃いなデータを活用できる，②試験精度，供試回数の不均一性を反映できる，③試験地と保存

園などの異質なデータの組合せもできる，という特徴を持つ．BLP 法の予測値(g）は，観測値ベクトル（y）と次の関係にある．

$$g = C' \cdot V^{-1} \cdot y \tag{4-2}$$

$C' \cdot V^{-1}$ は，試験精度や供試回数によって系統ごとにかわる値であることから，評価値にデータの精度を反映させることができる．また，異なる年次，形質のデータや反復がない保存園のデータについても，共分散や分散を求めることができれば，評価に使用することができる．

　林木育種事業では，以上述べたような育種試験地データの解析結果に基づいて各系統の評価が行われる．劣ることが判明したクローンは，採種（穂）園から除去し，優良なクローンに植えかえることで，生産される種苗の遺伝的な素質はさらに向上する．また，対照系統である在来種苗と比較することによって，選抜による育種効果を定量的に評価することができる．

(3) 遺伝率と反復率

　表現型分散（σ^2_P）は，遺伝に由来する分散（σ^2_G）と環境に由来する分散（σ^2_E）で表される．また，遺伝分散は，相加的遺伝分散（σ^2_A）と非相加的遺伝分散（σ^2_{NA}）からなっている．相加的遺伝分散は，両親における一般組合せ能力の違いによって起こり，その分散の 2 倍として計算される．非相加的遺伝分散は，特定組合せ能力の効果として起こり，その分散の 4 倍として計算される．したがって，表現型分散は以下の式で表される．

$$\sigma^2_P = \sigma^2_A + \sigma^2_{NA} + \sigma^2_E$$

遺伝率は，集団内の個体間差のうち遺伝に支配されている割合を表し，親の特性を次代に引き継ぐ程度を示す比率である．遺伝率は，選抜によって得られる遺伝獲得量を推定するうえで重要である．遺伝率には，狭義の遺伝率と広義の遺伝率がある．広義の遺伝率は林木育種ではあまり利用されないが，挿し木品種のような栄養繁殖の場合には，相加的遺伝分散と非相加的遺伝分散の両方が子供に伝わることから，広義の遺伝率が利用される．狭義の遺伝率は，表現型変異に占める相加的遺伝分散の比である．狭義の遺伝率は，すべての遺伝分散が相加的遺伝分散なら，広義の遺伝率に等しくなる．林木育種計画の多くが一般組合せ能力の改良を目的としており，遺伝分散の相加的な部分のみを利用する．単に遺伝率といっ

た場合の多くは，狭義の遺伝率を指す．

$$広義の遺伝率 \quad H^2 = \frac{\sigma^2_A + \sigma^2_{NA}}{\sigma^2_A + \sigma^2_{NA} + \sigma^2_E}$$

$$狭義の遺伝率 \quad h^2 = \frac{\sigma^2_A}{\sigma^2_A + \sigma^2_{NA} + \sigma^2_E}$$

　他の遺伝パラメータとして反復率が用いられる．反復率は，系統の遺伝的支配の強さを表す指標の1つで，分散分析表の平均平方の期待成分である系統分散と誤差分散を用いて計算する．0から1の範囲の値を取り，1に近いほど遺伝の効果が大きいと見なすことができる．遺伝率を推定することができない材料においても，反復率を求めることは可能である．

表 4-7　狭義の遺伝率推定値の例				
形　質	樹　種	林　齢	遺伝率	発表文献
樹　高	ス　ギ	20	0.09 ～ 0.11	久保田・栗延（2006）[1]
		10	0.27 ～ 0.30	宮浦ら（2000）[2]
	アカマツ	15	0.47 ～ 0.50	三上ら（1989）[3]
		4	0.38	川村（1991）[4]
	テーダマツ	15	0.23	Balocchi ら（1993）[5]
	ラジアータマツ	6	0.13	Jayawickrama（2001）[6]
	ヨーロッパアカマツ	5 ～ 39	0.16	Jansson ら（2003）[7]
	カラマツ	5	0.19	久保田ら（2000）[8]
	トドマツ	10	0.08 ～ 0.37	生方ら（2000）[9]
胸高直径	ス　ギ	30	0.13 ～ 0.20	栗延・千吉良（2000）[10]
		20	0.19 ～ 0.30	久保田・栗延（2006）[1]
		10	0.07 ～ 0.16	宮浦ら（2000）[2]
	アカマツ	15	0.05 ～ 0.23	三上ら（1989）[3]
	ラジアータマツ	8	0.11	Jayawickrama（2001）[6]
	カラマツ	5	0.19	久保田ら（2000）[8]
幹の通直性	ス　ギ	30	0.07 ～ 0.29	栗延・千吉良（2000）[10]
		20	0.17 ～ 0.22	久保田・栗延（2006）[1]
	カラマツ	20	0.33 ～ 0.47	大島ら（1997）[11]
ヤング率	スギ	18 ～ 25	0.64	栗延（1991）[12]
		18	0.42	藤澤ら（2000）[13]
		17	0.17	倉原ら（2005）[14]
	ヒノキ	15 ～ 18	0.52	栗延（1991）[15]
材の比重	ス　ギ	18 ～ 25	0.32	栗延（1991）[15]
		17	0.20	倉原ら（2005）[14]
	ヒノキ	15 ～ 18	0.11	栗延（1991）[15]
	トドマツ	32 ～ 40	0.26 ～ 0.66	安久津ら（2008）[16]

遺伝率を推定するために，林木育種では，親集団（母樹）からの子供（苗木）を同じ育種試験地に植栽し，成長量などの目的となる形質について調査する．遺伝率は，親間（系統間）での子供の相対的な成長量などの違いから推定でき，具体的には，調査データを分散分析して得られる親間のばらつき（系統分散），系統と環境の交互作用分散，誤差分散を用いて計算する．遺伝率の大きさは，対象とする形質によって異なり，材の比重，ヤング率のような形質は，強く遺伝的に支配されており，多少環境が違っても変化しないが，樹高成長のような形質は，遺伝的な支配がより小さく，苗木の生育する環境に強く影響される．

　遺伝率は，ある特定の環境に生育する集団に対して，ある特定の生育期にのみ適用されるものである．したがって，推定された遺伝率は，同一の樹種であっても他の地域で推定される遺伝率とは異なるものである．また，生育環境の変化と樹木の成熟に伴い，その形質に対する遺伝的な支配と環境の影響がかわるので，遺伝率は樹齢とともに変化する．

(4) 組合せ能力の推定

　組合せ能力には，一般組合せ能力（general combining ability, GCA）と特定組合せ能力（specific combining ability, SCA）がある．一般組合せ能力は，1本の親木が他のいくつかの親木と交配してできた次代（子供）の平均値と定義され，ある親の子供の成績の平均値と，すべての子供の成績の平均値の差で表されることが多い．特定組合せ能力は，2つの特定の親の組合せの次代の平均値であり，特定の交配組合せでできた子供の成績と両親の一般組合せ能力から推定される成績との差の平均で表される．

　一般組合せ能力はその親の相加的遺伝分散の反映で，予測できる相加効果を表しており，多くの親木で構成される採種園方式による育種では重要な指標である．特定組合せ能力は，特定の対立遺伝子間あるいは遺伝子座の間の交互作用によって起こるため，ある親の特定組合せ能力を交配の前に予測することはできない．特定組合せ能力の高い組合せは，栄養繁殖によるクローンとしての利用やその2クローンの組合せで種子を生産して活用することが考えられる．このような種子生産では，人工交配や2クローンで構成した採種園を造成する必要があり，経済的，技術的な困難が伴う．したがって林木育種では，多くの国で集団選抜育種

法が主流となっており，一般組合せ能力を利用するのが一般的である．

　組合せ能力を推定するために必要な交配設計には，不完全交配設計と完全交配設計がある．不完全交配設計は，片親のみがわかる場合で，自然交雄，混合花粉による人工交配がある．自然交雄は，親の一般組合せ能力の推定に用いられる．混合花粉を使用した人工交配は，たくさんの雄親から採取した花粉を混合して交配を行う．雌親についての相加的遺伝分散，遺伝率や育種価を推定できるが，非相加的遺伝分散や特定組合せ能力の推定はできない．

　完全交配設計は，両親がともにわかる交配設計であり，ダイアレル交配（両面，片面），要因交配，巣ごもり交配，単交配がある．両面ダイアレル交配は，それぞれの親が他のすべての親と交配する．雄，雌の逆の組合せも含む最も集約的な交配設計であり，一般組合せ能力や特定組合せ能力，分散成分の推定ができるが，大量の組合せ数の交配が必要となるので，経費と時間がかかる．また，雌雄異株の種には適用できない．片面ダイアレル交配は，両面ダイアレル交配とほとんど同じ情報量が得られるが，雄，雌の逆の組合せを含まないので，経費と労力は半分で済む．また，交配親をいくつかのグループに分け，それぞれのグループ内で両面あるいは片面ダイアレルの交配を行う不連続ダイアレルでも，組合せ数を少なくすることができる．

図 4-34　ダイアレル交配の組合せ例

両面ダイアレル交配は，各親が他のすべての親と交配し，雄，雌の逆の組合せも含まれる．自殖を行わない場合，8 親について 56 組合せの交配を行う．片面ダイアレル交配は，雄，雌の逆の組合せを含まないため，組合せ数は半分の 28 となる．不連続片面ダイアレル交配は，2 グループに分け，グループ内で片面ダイアレルの交配を行うと，組合せ数は最も少ない 12 となる．

要因交配

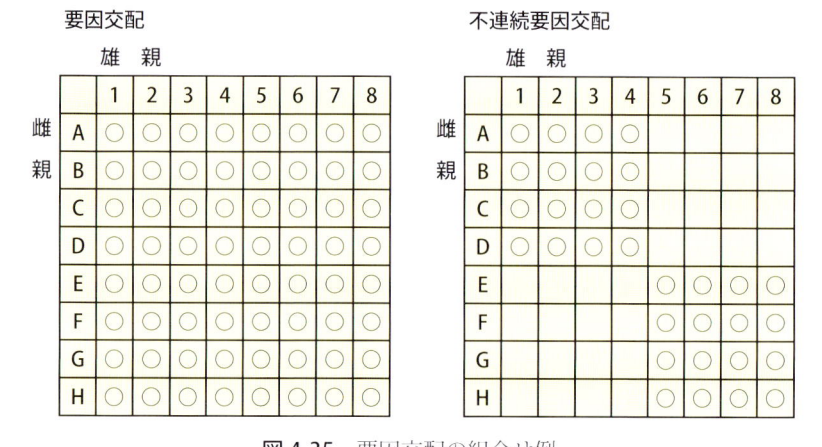

雄　親

雌　親		1	2	3	4	5	6	7	8
	A	○	○	○	○	○	○	○	○
	B	○	○	○	○	○	○	○	○
	C	○	○	○	○	○	○	○	○
	D	○	○	○	○	○	○	○	○
	E	○	○	○	○	○	○	○	○
	F	○	○	○	○	○	○	○	○
	G	○	○	○	○	○	○	○	○
	H	○	○	○	○	○	○	○	○

不連続要因交配

雄　親

雌　親		1	2	3	4	5	6	7	8
	A	○	○	○	○				
	B	○	○	○	○				
	C	○	○	○	○				
	D	○	○	○	○				
	E					○	○	○	○
	F					○	○	○	○
	G					○	○	○	○
	H					○	○	○	○

図 4-35　要因交配の組合せ例

要因交配は，雄親と雌親に使用する個体が異なることから，雌 8 親，雄 8 親の場合，組合せ数は 64 となる．不連続要因交配は，セットに分け，それぞれのセット内で要因交配を行う．この例では，2 つのセットに分け，組合せ数は 32 となる．

要因交配は，異なる種類の特性を持つ親を組合せた交配で，複数の雄親と複数の雌親とを交配する．雄親と雌親に使用する個体は異なる．分散成分や遺伝率も推定でき，交配した組合せの特定組合せ能力も推定できる．不連続要因交配は要因交配の変形版であり，いくつかのセットに分け，それぞれのセット内で要因交配を行う．巣ごもり交配では，雄親は複数回交配に関与するが，雌親は 1 回だけ交配に関与する．単交配は，1 つの個体が他の 1 つの個体と交配し，複数の個体と交配はしない．相互に関係のない子供が最も多くでき，交配の数は最も少ない．遺伝情報量は少ないが，交配に多数の親を利用することができる交配設計である．

6．林木育種の実際

林木育種に期待される効果は，収穫量（yield）の増大，品質（quality）の向上，適応性（adaptability）の増大，抵抗性（resistance）の向上であり，これによって栽培地域の拡大，経営改善を図るものである．特に優先するのは収穫量の増大であり，これが達成されたうえで品質の向上などを図るものとされる．農作物，家畜などにおいて，収穫量の増大は収益に直接結び付く重要な課題であり，歴史

的にも経験的な育種の時代から改良が行われてきた．その結果，野生種から飛躍的に収穫量やサイズが大きくなった穀類や果実，家畜などに効果の例を見ることができる．林木においても，収穫量の増大に資する成長に優れた品種，マツの致命的な病害であるマツ材線虫病への抵抗性を持った品種，多雪地帯でも通直に成長する品種など多様な品種が開発され，生産量の増大，環境の保全などに寄与している．また，樹木の樹幹木部は50％を炭素が占めていることから，収穫量の増大は炭素固定量の増大につながり，このことによる地球温暖化の緩和への寄与，途上国などで問題になっている乾燥地化への対応など気候変動への対応手段としても期待されている．

1）成長量の改良

　林業においても，最重要とされる目標は収穫量の増大であり，わが国の林木育種は成長量の改良を目標として始まった．第二次世界大戦によって荒廃した国土の復興も1950年代に入ると一段落し，経済の高度成長が顕在化した．当時は現在とは異なってわが国の外貨準備高が低く，建築資材は国内で確保する必要があったことから，林木育種による森林の生産量増大に期待が高まり，国立林業試験場（現森林総合研究所）で林木育種に関する技術的な検討が進められた．また，1952年にはスウェーデンのLindquist，B. 教授が来日し，林木育種の必要性とプラス木選抜の効果を林野庁関係者や民間の林業関係者へ説き，林木育種への期待はさらに盛りあがった．このような背景のもと，林野庁は木材資源の確保を目的とした「精英樹選抜による育種計画」を1954年に樹立し，翌1955年に国家事業として林木育種が始まった．

　「精英樹選抜」は集団選抜育種法に基づいて計画されているが，クローン品種の開発と供給もできることになっている．基本方針は現存林分から表現型で成長および形質に優れた個体を「精英樹」として選抜することと（図4-36），より優れた個体を多数選抜するため，国有林と民有林，人工林と天然林を合わせた全国の森林を対象としたことである．当初，対象樹種はスギ，ヒノキ，アカマツ，クロマツ，カラマツ，エゾマツ，トドマツの7樹種であったが，のちにリュウキュウマツ，広葉樹などが加わった．選抜の目標は，用材生産を目的として成長の速いこと，幹が通直であること，病気や虫の害がないことなどであり，この事

業によって，47 樹種で，総計 9,117
本（2010 年 3 月 31 日現在）の精英
樹が選抜された．樹種別ではスギが
3,653 本，ヒノキが 1,065 本で，両
者を合わせると選抜総数の 50％以上
を占める．これに続いてアカマツが
988 本で 11％，トドマツが 782 本で
9％，カラマツが 538 本，クロマツが
506 本で，それぞれ 6％を占める．ス
トローブマツやテーダマツなどの外国
産樹種，ブナやミズナラなどの広葉樹
も含まれているが，きわめて少数であ
る．選抜した精英樹は接ぎ木や挿し木
によってクローン増殖したうえで直ち
に採種園，採穂園を造成し，これらか
ら生産された山行き苗が造林に使用さ
れた．これと並行し，選抜された精英

図 4-36 スギ精英樹 '岩手 5 号'
○精英樹の横に立つ調査員.

樹を評価するために次代検定林と呼ばれる試験林が造成された．この進め方が林
木育種の特徴であり，その目的は育種に必要な期間が長い林木において，育種の
成果を早期に実用することである（☞ 4.「集団選抜育種法」）.

　こうして選抜された精英樹は，次代検定林で得た成長データから，それまで用
いられてきた種苗よりも収穫量が 15％程度優れていると試算されている．現在
では次代検定林での成績が優れた精英樹同士を人工交配することで F_1 を育成し，
これらからさらに優れた第 2 世代の精英樹の選抜が進んでいる．これらは第 1
世代の精英樹よりもさらに成長が優れていると見込まれているものの，実用種
苗としての性能は評価の途上にある．しかしながら，第 2 世代精英樹の選抜母
集団である F_1 について，九州地方で 10 年生時の成長を在来品種と単純に比較
した例があり，F_1 は材積において 60％優れていた．また，関東における地スギ
との比較では材積で 250％優れていた．これらは遺伝率を考慮して算出した育
種効果ではないが，第 2 世代精英樹の高い可能性を示唆するものである．また，

202 第4章 林木育種

短期間で育種を進めることができる早生樹種ではより大きな成果が得られており，ブラジルで行われたユーカリの育種では，優良クローンの選抜によって材積で112％，パルプ収量で135％向上したとしている．さらには，樹幹の木部の50％は炭素が占めていることに着目し，精英樹の中で特に優れた成長量と樹幹

コラム 「材質に関する指標」

密度（density）…単位容積当たりの質量，g/cm³ で示す．木材では比重ではなく，密度で示す．また，含水率によって体積が変化するため，水分条件によって全乾密度，気乾密度，生材密度などで示される．生材状態の容積とそこに含まれる木質の全乾状態の質量で示したものを特に容積密度という．

弾性率（MOE）…太さ，形状の一様な棒に力を加えると，多くの構造用材料はある限度内で引張り力に正比例した伸びを生じる．これを発見者の名前をとってフックの実験法則といい，鉄など金属のみならず，木材，ガラスやコンクリートでも観測され，次のように表される．

$$\delta = Pl/AE$$

δ：棒の伸び，P：引張り力，l：棒の長さ，A：棒の断面積，E：弾性係数．弾性係数はバネ常数とも呼ばれ，材料のバネとしての固さを示す．

次に，単位断面積当たりの引張り力を応力 σ として，

$$\sigma = P/A$$

さらに単位長さ当たりの伸びを歪み ε として，

$$\varepsilon = \sigma/l$$

とすると，フックの法則は次式に変形できる．

$$E = \sigma/\varepsilon$$

本式は機械設計などにおいて都合がよく，この E を物理学者トマス・ヤングにちなんでヤング率と呼ぶ．

強度（MOR）…単位断面積当たりの力，すなわち応力が加えられたとき，破壊に至る最大の応力を強度という（藤澤義武）．

図　強度試験

木部の材の密度の高さを併せ持つクローンを二酸化炭素の吸収・固定能力の大きい品種として，スギで44クローン，トドマツで11クローンを選抜しており（2011年3月31日現在），単木当たりの炭素固定量が40％程度増加すると試算されている．

2）材質の改良

　木材とは，木本植物の樹幹木部を指し，材質とは，木材を製材や原木パルプなどさまざまな場面で利用する際に求められる性能や品質を指す．したがって，密度（density），弾性率（modulus of elasticity, MOE；ヤング率），強度（modulus of rupture, MOR）など（☞ コラム「材質に関する指標」）の値は，単に木材の理学，力学的な性質を示すに過ぎず，例えば柱材としての利用を前提とすると，そこで求められる性能と関係が深い木材性質としてMOEやMORがあり，それらの数値が大きいことが求められることとなる．このように，木材の利用方法を考え，そこで改良すべき性質を育種の対象とする．

　育種による材質改良，すなわち材質育種の可能性は1930年代から欧米で提唱されていたが，具体的な研究は50年代から盛んになり，60年代にかけてパルプ生産を目的とした材質育種についての数多くの研究がなされた．Larson, P. R.[1]は，材質の変異に影響する林分環境，施業，遺伝的要因などに関するそれまでの情報を整理し，材質の生物学的な制御法として施業と育種の重要性をあげている．また，Zobel, B. J. ら[2]はアメリカのサザンパインと呼ばれるスラッシュマツ，テーダマツなどについて，パルプの収量および品質と関係の深い材の密度，仮道管長などの遺伝率が高いことから，育種による改良効果が大きいことを示した．また，材質育種は成長や環境適応性に対する育種の次の段階として行われるべきものであり，基本はあくまで量的な改良であることを指摘した．

　わが国では，アカマツを対象とした研究が材質育種に関する最初の研究例である．国立林業試験場の遺伝および育種と材質分野の研究者で構成された材質育種班が主にパルプ生産を念頭に置き，容積密度，仮道管長，MOE，MOR，さらには抽出成分について産地間変異や個体間変異，遺伝率を報告している[3, 4]．抽出成分として，木部からエタノールやベンゼン，温水などによって抽出される樹脂，油脂，タンニンその他の多様な物質が調査された．

一方，製材利用を目的とした材質育種は，わが国ではカラマツが最初の例である．カラマツの材は密度が 0.50g/cm^3，曲げ強さが 800kg/cm^2 とわが国の針葉樹の材ではマツと並んで最も優れた性能を示すことなどから，現在では集成材の原木として重要視されているが，以前は廉価な無垢材としての利用が主体であった．このため，若齢期の旋回木理（spiral grain）[注]による材の捻れが大きな欠点であった（図 4-37）．林木の旋回木理について，Shreiner, E. J.[5] は変異が大きく，遺伝率も高いので，育種による改良効果が大きいとしており，三上ら[6, 7] はカラマツの旋回木理の変異を調べ，クローンや産地間の変異が大きく，広義の遺伝率も 0.35 ～ 0.42 と高く，育種による改良効果が大きいことを明らかにした．

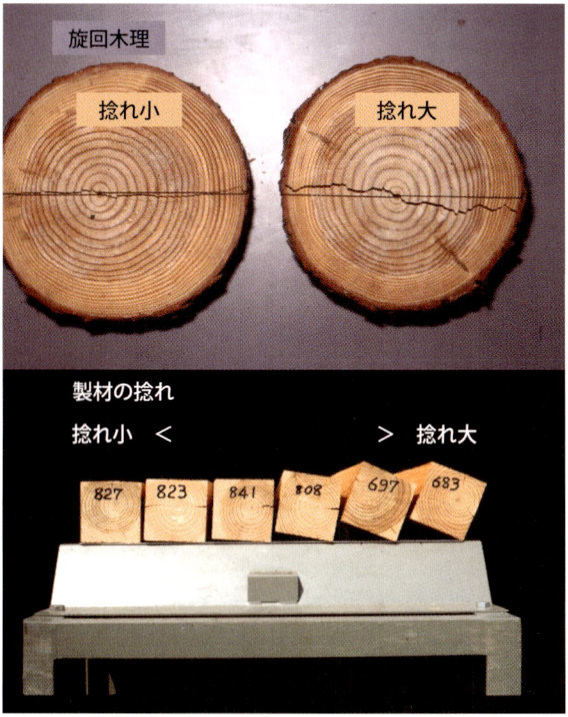

図 4-37　カラマツの旋回木理と材の捻れの比較

注）材を構成する細胞が特に軸方向でどのように配列しているのか，どのような方向をとっているのかを木理といい，樹幹方向に対してらせん状に走っているものをいう．らせん木理，捻れ木理ともいう．カラマツはこの典型的なもの．

この成果に基づき，1980年から5ヵ年間にわたってカラマツ材の捻れを小さくするための「からまつ材質育種事業」が行われた．本事業はJASで規定された材の捻れ3°以下を目標とし，最大繊維傾斜度5%以下，平均繊維傾斜度2.5%以下，材の捻れ量5%以下，材の反りが著しくないことを基準として選抜を実施した．北海道，東北，関東の各林木育種場（現森林総合研究所）が成長や幹の通直性に優れた4,530本の候補木を選抜し，前述した基準に従って検定した結果，繊維傾斜度の小さい239本が優良個体として合格した．通常のカラマツ林分では，捻れが少なく「特等材」を採材できる個体の出現率は5%程度であるが，これらの個体の種子で山行き苗を生産すると30%，クローン苗では90%の出現率となることが期待できる．

　わが国の代表的造林樹種であるスギについても多くの研究がなされている．加納孟[8, 9]の先駆的な研究によって，スギは木材性質のバラツキが大きいことが知られていた．九州の在来挿し木品種間における木材性質の比較から，品種間では変異が大きいが，品種内では変異が小さいことから，スギの木材性質のバラツキは遺伝的変異であることが示唆された[10]．また，成長と木材性質において対照的な在来挿し木品種の‘クモトオシ’と‘ヤブクグリ’の間で，材の形成を比較した結果，両者間に違いがあることも報告された[11]．これらを背景に，林木育種センターでは1992年から4年間にわたって「材質育種事業化プロジェクト」を行い，製材品，あるいは合板，集成材の原木としての利用を前提とした材質改良の可能性を探った．その結果，広義の遺伝率はMOEが0.86，心材含水率が0.66と高いこと，変異を示す変動係数もMOEが21%，心材含水率が24%と大きいことから，育種による材質改良効果が大きいことを明らかにした[12]．なお，密度は広義の遺伝率が0.60と高いが，変動係数が10%とそれほど大きくはない．

　育種では，選抜や遺伝的な変異を解明するために数多くのサンプルを調査，分析する必要があるが，木材性質は測定に当たって供試材の採取や特別の機材が必要になり，多くのサンプルを扱うことが難しい．このため，簡便に木材性質を測定できる手法，特に供試材を採取することなく立木状態で木材性質を測定できる手法が求められ，有効な手法が開発されてきた．密度を簡易に測定する手法としてPilodyn（ピロディン（商品名），スイス製）の利用がある．本機材は先の平らな針をバネ仕掛けによる一定の力（6 J）で木材に打ち込み，その陥入量から

206　第4章　林木育種

密度を推定するもので(図4-38), 密度が高いほど, 針は陥入しにくくなる. ニュージーランド, 欧米諸国では早くから使用されており, わが国でもスギ, ヒノキ,

図4-38　ピロディンによる密度の測定

図4-39　ぶら下がり法によるヤング率の測定
左：カンチレバーのセット, 右：測定.

トドマツなどにおいて比較的高い精度
で密度の推定に利用できることが報告さ
れている．MOE を簡易に測定する手法
としてぶら下がり法がある [13]．これは，
樹幹に対して直角にカンチレバーをセッ
トし，これに測定者がぶら下がって荷
重をかけることによって曲げ試験を行う
ものである（図 4-39）．ただし，カンチ
レバーのセットに時間がかかるうえに強
風で樹幹が揺れると測定できないなどの
制約がある．樹幹内の音速（応力波伝搬
速度）を FAKOPP（ファコップ（商品
名），ハンガリー製）で測定する手法は
（図 4-40），2 個のセンサーを樹幹に打
ち込むだけで高精度かつ効率的に（200
本 /1 組・日，1 組は 2 人構成）測定で
きる [14]．これらの成果に基づいて，ス
ギ精英樹からヤング率の高い「材質優良

図 4-40 ファコップによるヤング率の
測定

スギ品種」として 40 クローン（2011 年 12 月 31 日現在）が選抜されている．
これらは，JAS の「機械的等級区分製材」で「E90」にランクされる性能を示
しており，それはスギの平均的な性能を 2 ランク引きあげるものである．また，
立木状態で心材の生材含水率を測定する手法も開発されている．これは，樹幹を
横方向に軽く打撃することによって樹幹の断面形状が変形するように振動させ，
その振動数を FFT（fast Fourier transform，高速フーリエ変換）アナライザーで
測定する．この振動数と心材部の含水率との間に相関関係があることに基づき，
含水率を推定する手法である [15]．含水率の高低を比較するには十分な精度を持
つ．

　ところで，材質を評価するうえでは未成熟材と呼ばれる部分の存在に留意する
必要がある．スギを例にとると，仮道管の長さは髄付近では 1mm 前後だが，年
輪数の増加に伴って漸増し，10 数年輪を越えると 3 〜 4mm に達する．それよ

り外側の年輪では，年輪ごとに若干の変動はあるものの，ほぼ一定の値を示す．同様に多くの木材の性質は髄付近で年輪ごとに漸増，あるいは漸減し，その後安定した値を示す傾向があり，特に針葉樹で顕著である[16]．この材質の年輪数の増加に伴う変化は，木材を形成する形成層の年齢と関係が深いと考えられている．変化の大きい部分は未成熟な形成層から生み出された材であるとして未成熟材，これより外側の部分を成熟材として区分する．一方，木材の利用は主伐材が主体であるため，多くの場合成熟材部の材質評価が重要になる．

このことから，成熟材部が十分に形成される 20 年生以上の個体によって材質を評価するのが一般的であり，この期間をできるだけ短縮することが，材質改良を目的とした育種における重要な課題である．世界的には，これらの形質を支配している遺伝子に連鎖した DNA マーカー，あるいは遺伝子そのものを利用して早期の検定（時間の短縮）が試みられている．また，材質評価と木材組織学を結び付けようとする試みもある．例えば，スギの MOE は仮道管の細胞壁 S2 層のミクロフィブリルの傾き角（Mfa）と相関が高く，Mfa は早い時期に成熟材の性質を示すことが報告されている[17]．このことから，Nakada, R. ら[18]はスギにおいて Mfa を MOE の早期検定に利用することを提唱した．

3）病虫害への抵抗性の改良

林木育種による病虫害への対応は抵抗性育種と呼ばれ，①抵抗性を比較するための検定手法が確立しており，②個体間の抵抗性に強弱（変異）があり，しかもそれが遺伝的に支配されている場合に育種の対象とされる．その一方で，③生物に起因する被害であるため，加害者側にも変異がある可能性があることも留意しておかなければならない．

農作物の育種では，抵抗性を発現様式で，感染阻止型（真性抵抗性，true resistance），増殖抑制型（圃場抵抗性，field resistance）に，遺伝様式で，少数遺伝子型（単因子抵抗性，monogenic resistance；寡因子抵抗性，oligogenic resistance, もしくは主働因子抵抗性, major-gene resistance）と多数遺伝子型（polygenic resistance）に区分しており，感染阻止型≒少数遺伝子型，増殖抑制型≒多数遺伝子型の関係にある[19]．

感染阻止型の抵抗性は病原体や害虫に対して発病および被害を全く許さないほ

どに明確な抵抗性を示すことが多く，真性抵抗性とも呼称される．したがって，農作物の抵抗性品種は感染阻止型を指すのが一般的である．しかしながら，加害者側が遺伝的に変異した場合には感受性となってしまうことがある．

一方，増殖抑制型は，病原体や害虫の侵入を許すものの，いくつかの小さな効果が複合して増殖を抑制することで被害を縮小させる効果を示すものである．病原体や害虫に侵入された初期の段階では感受性との識別が難しく，圃場で栽培することによって初めて差異が判明することから圃場抵抗性とも呼称される．圃場抵抗性は，いくつもの小さな効果が複合して抵抗性を示すために，加害者側の系統（レース，race）に非依存的であり，加害する系統が異なっても一定の抵抗性を示す．農業においては，農薬との併用を前提とし，薬剤使用量を削減するという点で圃場抵抗性が重視されている．

林木では薬剤散布などの防除が難しいので，真性抵抗性の方が効果的であると考えられるが，長い年月にわたって栽培する必要のある林木では，収穫までに加害系統が変化した場合，感受性となって全滅する可能性があることを考慮しなければならない．この点では，ある程度の被害の受容を前提とした圃場抵抗性の利用が有利であるといえる．林木の抵抗性育種においては，真性抵抗性の報告例は少ない．

（1）マツ材線虫病抵抗性育種

わが国のみならず，世界的に見ても重要な森林病虫害の1つが「マツ材線虫病」である．この病害は，重要な林業樹種であるマツ類に対し，きわめて致命的な被害をもたらしている．わが国は，その病原体を発見するとともに，世界に先駆けて抵抗性品種を育成し，現在では抵抗性のより高い第2世代の抵抗性品種の開発も進んでいる（☞コラム「マツ材線虫病と抵抗性育種」）．

ところで，この病気によるアカマツ林，クロマツ林の集団的枯損害は明治時代に九州地方に始まり（1905年に長崎市周辺に発生したのが最初の発見例といわれる），2010年現在の被害域は本州最北端の青森県にまで達している．この集団的枯損害によって白砂青松や古都の景観が失われていくだけではなく，マツ材の不足から文化財の修復保存にも支障をきたすことが危惧されている．マツ材は古来よりその優れた強度特性を活かし，心柱，梁や桁などに重用されており，歴

史的な建造物もその例に漏れない.

マツ林の枯損害は，マツノザイセンチュウ（*Bursaphelenchus xylophilus*，以下線虫とする）によって引き起こされることを徳重と清原[20, 21]が明らかにするまで，マツノマダラカミキリ（*Monochamus alternatus*）など（松くい虫）の害としてとらえられていた．本病の原因が明らかにされたことから，激害地であった近畿以西の地域を対象とした「マツノザイセンチュウ抵抗性育種事業」が1978年に始まった．その後の被害地の拡大に対応し，1992年からは「東北等マツノザイセンチュウ抵抗性育種事業」が始まり，それぞれの地域において抵抗性品種の開発を行っている.

マツノザイセンチュウ抵抗性育種事業の概要は次の通りである．20年生以上で被害率が90％以上の林分から，平均以上の成長を示す健全木を抵抗性候補木として選出し，これらを接ぎ木増殖したうえで線虫の接種検定を行う（一次検定）．接種検定は，「剥皮法」と呼ばれる手法であり，幼木の樹幹の一部を剥皮し，線虫の懸濁液を滴下することによって実施する．この接種検定に生き残った候補個体のクローンを育種基本区ごとに集め，再度接種検定を実施し（二次検定），抵抗性樹種であるテーダマツより高い生存率を示したクローンを抵抗性クローンとする．事業の概要を図4-41に示す．本事業は線虫の人工接種による簡便な抵抗性検定法が開発されたことにより実施が可能となった.

マツノザイセンチュウ抵抗性育種事業において，アカマツ11,446本，クロマツ14,620本の候補木を選出し，2回の接種検定の結果，アカマツ92，クロマツ16の抵抗性クローンを開発した．その後の「東北等マツノザイセンチュウ抵抗性育種事業」によってさらに抵抗性クローンの開発が進んだ結果，アカマツ207，クロマツ98の抵抗性クローンが開発されている（2011年3月31日現在）.

アカマツとクロマツの抵抗性クローン採種園産種子から育苗された苗木と一般の苗木の抵抗性を13年間にわたって比較調査した結果，抵抗性クローン採種園のものの生存率が大きく向上した．特にクロマツでその差が大きく，一般の苗木では本病により成林は難しい地域への抵抗性苗の普及が可能となった（表4-8）.

また，抵抗性クローン同士を交配して得たF_1は抵抗性がより高まることがわかっている[22]．これは，マツ材線虫病への抵抗性には複数の遺伝子が関与しており，それらが交配によって後代で集積されることによると考えられ，交配によ

第4章　林木育種　　*211*

コラム　「マツ材線虫病と抵抗性育種」

　クロマツとアカマツは，昔から人々に愛されてきた．松島（宮城県），天橋立（京都府），虹ノ松原（佐賀県）などの景勝地や，京都・金閣寺などの神社仏閣，故郷の里山において，マツは日本の原風景になくてはならないものとなっている．また，海から吹き付ける砂から後背地の田畑を守り，さらにはその材木は各種建造物の柱や梁として，あるいはパルプなどの工業用原材料として重用されてきた．

　明治時代に九州地域で始まったマツ林の集団枯損（図1）は1960年代より急激に増大し，現在その被害は本州最北端の青森県にまで拡大している．このマツの集団枯損は長らく「松くい虫」の害として捉えられていた．林業試験場九州支場（現（独）森林総合研究所九州支所）の徳重陽山と清原友也はそれまで元気に育っていたマツがある夏突然に枯れるという特徴から「萎凋病」であろうと考え，来る日も来る日も萎凋の原因となる未知の微生物の探索を続けた．そんなある日，徳重は培養シャーレに入れたマツ被害木の材片の上でうごめくものがあるのに気付いた．それは，長さ1mm程度の線虫（マツノザイセンチュウ，図2）であり，調べ直してみると培地に広がった菌糸の上で無数の線虫が増殖していた．「あっ」と思った両氏はマツ被害木を詳細に調べ，根にも，幹にも，枝にもこの線虫がいることを確認した．さらに，各地の被害木からもこの線虫が単離された．そこで，線虫を増殖してマツに接種したところ，3週間で病気の徴候が出始め，次々にマツが枯死し始めた．これが，真犯人を特定した瞬間であった．この病気は「マツ材線虫病」と名付けられた．

　マツの集団枯損の原因が解明され，この病気に対して抵抗性を持つマツの育種が可能となった．現在では抵抗性育種プロジェクト（☞ 6.3）(1)「マツノザイセンチュウ抵抗性育種」）で選抜した抵抗性クローンを用いて採種園が造られ，そこで採れた種子から育てられた種苗が普及している（藤澤義武）．

図1

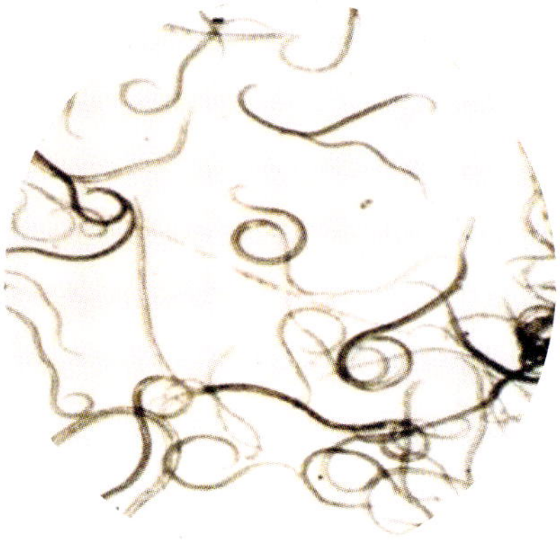

図2

212　第4章　林木育種

図4-41　マツノザイセンチュウ抵抗性育種事業の概要

表4-8　接種検定による生存率の比較		
	抵抗性品種の自然受粉実生苗（％）	一般実生苗（％）
アカマツ	65.0	47.3
クロマツ	51.4	16.6

（戸田忠雄，2004から改変）

り抵抗性のさらなる向上が可能である．最も早い時期から抵抗性品種を開発して
きた九州では，抵抗性遺伝子の集積による第2世代の抵抗性クロマツ品種の開

発が進められている.

　一方で,DNA 分析などによって得られた遺伝子情報に基づく QTL（quantitative trait loci，量的形質遺伝子座）解析，トランスクリプトーム分析による抵抗性遺伝子の探索など，分子育種的アプローチも進んでいる.

(2) スギカミキリ抵抗性育種

　中国地方では古くからスギ材の心材部が変色する害が多発しており，その様態がキバチの幼虫が材部を食害し，変色させる症状に似ていたために「ハチカミ」と呼ばれていたが,のちの研究によって甲虫類に属するスギカミキリ（*Semanotus japonicas*）の幼虫によって引き起こされていたことがわかった（図 4-42）．なお，本被害によってスギが枯死することはまれであるが，被害を受けた材は製材としての利用価値を失うにもかかわらず，伐倒時まで被害がわからない．すなわち，売り物にならない林木を育てるために経費を費やすこととなり，造林者は二重の痛手を受けることとなる．そこで，防除に向けた総合的な検討が進められ，育種面の研究から精英樹や在来品種の系統間で被害程度に変異があるなど抵抗性育種による防除の可能性が示された．これにより，事業化に向けた検討が進められ,ヤニの滲出量と抵抗性との相関関係に基づいた抵抗性検定技術が開発された．1985 年から抵抗性育種事業が進められ,76 の抵抗性クローンを開発した（2011 年 3 月 31 日現在）.

　この事業ではまず,激害林分において成長および材質に優れた健全個体を選ぶ.これらの樹皮に針を刺すことによって発生する障害樹脂道の数による簡易検定を行い，これに合格したものを抵抗性候補木とする．候補木は接ぎ木などでクロー

図 4-42　スギカミキリと材の被害

ン増殖し，網室の中に入れ成虫を放して加害させる網室検定と，幼虫をケースに入れて樹皮に貼り付けて加害させる幼虫接種検定を行い，合格木を決定する．

(3) スギザイノタマバエ抵抗性育種

スギザイノタマバエ（*Reeseliella odai*）は双翅目タマバエ科に属する，体長が雄で1.5～2.5mm，雌で2.5～4mmと小型の昆虫であり，形状はハエよりも蚊に近い（図4-43）．スギのみを加害する穿孔性害虫であり，1953年に宮崎県で発見された比較的新しい虫害である．この幼虫が内樹皮で消化液を出しながら食害することによって被害が発生する．食害によって内樹皮が壊死して楕円状に変色した皮紋と呼ばれる部分が生じ，その後，内樹皮が外樹皮にかわると，やがて剥落して消失するが，皮紋が内樹皮内に留まらず形成層にまで達する場合には，木部（材）に材紋と呼ばれる変色，変形部分が発生し，消失することなく材に残って材質を低下させる．本種によって枯死することはまれであるが，前述したスギカミキリ同様に被害が累積される．

当初，被害は九州地方に限定されていたが，年々拡大を続け，2010年現在では中国地方でも発生が認められている．本被害の防除法は確立されていないが，

図4-43　スギザイノタマバエと内樹皮の皮紋

抵抗性育種の基礎的研究において，抵抗性には内樹皮厚と樹脂滲出量が関係していること，両者には遺伝的な変異があることがわかり[23]，この成果を基に育種事業を1985年から進め，39の抵抗性クローンを開発した（2011年3月31日現在）.

　事業の概要は次の通りである．激害林分において成長および材質に優れた個体を選び，内樹皮厚の測定と，被害木の内樹皮を候補木の樹皮に貼り付ける接種検定により候補木の選抜を行う（図4-44）．接ぎ木などでクローン苗を養成し，網室内に移植したうえで放虫して加害させ，材紋の発生の有無で抵抗性クローンを決定する.

図4-44　スギザイノタマバエ抵抗性候補木選抜のための接種検定
内側に被害木の内樹皮を入れる.

4）気象害への抵抗性の向上

　晩秋や初春の霜の害や厳冬期の低温などによって，常緑樹が葉を落とす，あるいは針葉樹では成木の冬芽や幼木が枯死することがある（図4-45）．また，多雪地帯では積雪の匍行圧によって幹が曲がって育ったり（根元曲がり），あるいは早春の湿雪による冠雪で幹が折れたりすることがある．これらは，厳しい気象環境によって発生することから「気象害」と呼ばれ，「拡大造林」の進展とともに頻発するようになった．気象害が顕在化した1960年代から，国立林木育種場を中心として気象害抵抗性育種の事業化に向けた基礎的な研究が進められ，試行的な選抜も行われた．その成果を踏まえ，総合的な気象害対策の一環として林野庁は1970年から5ヵ年間にわたって「気象害抵抗性育種事業」を実施した．気象害抵抗性事業の対象樹種はスギ，ヒノキ，アカマツ，クロマツ，カラマツ，エゾマツ，トドマツであり，それぞれの地域の状況に応じて他の樹種が適宜加えられた.

図 4-45　スギ寒風害の発生状況
福島県東白川郡鮫川村.

（1）寒さの害に対する抵抗性

　農作物や果樹などでは，寒さの害に対する抵抗性育種は，栽培域の拡大につながる重要な課題である．このため，チャ，柑橘類などの木本を含む多くの研究例がある（木本作物研究グループ，1973）．寒さの害のメカニズムについても明らかにされており，その成果に基づき，林木でも寒さの害を凍害と寒風害に分けている．それぞれの特徴は次の通りである．

　①**凍害（freezing injury）**…厳冬期の厳しい低温，あるいは耐凍性が十分でない初冬,晩冬の霜などによって頂芽や形成層が細胞凍結によって被害を受ける害.

　②**寒風害（winter desiccation）**…土壌凍結などによる吸水障害と，乾燥風による脱水で発生する冬期の乾燥害.

　なお，寒風害による枯死個体は赤褐色に変色するため初春では，凍害による枯死木と容易に区分することができる．また，凍害木は根本付近に「凍傷痕」を残すので，これによって確認できる．

　寒さの害に対する抵抗性育種の概要を次に示す．それぞれの被害種ごとに80％以上が被害を受けた造林地を激害地とし，そこで無被害，あるいは被害が極軽微な個体を抵抗性の候補木として選抜する．これらをクローン増殖したうえで，抵抗性の検定を行う．また，標高が高く生育環境の厳しい地域，あるいは被

害発生常襲地に抵抗性が高いと予想される精英樹系統の苗木を試植し，健全に生育できる個体を候補木とした．

　検定については，通常検定と特殊検定[注1]とを併用している．通常検定では，被害発生地に検定林を造成し，候補木の被害の程度，成長などを評価する．被害が幼齢期に発生するため，検定期間は10年間としている．国有林，民有林合わせて，スギ222ヵ所，ヒノキ22ヵ所，トドマツ21ヵ所の寒害（凍害，寒風害）抵抗性検定林が造成された．特

図4-46　鉢上げによる寒風害の検定

殊検定では，冷凍庫などの実験施設を用いて低温下での乾燥に対する抵抗性を間接的に評価する．凍害に対する検定では，時間ごとの温度の上昇および下降をプログラムできる冷凍施設で，切り枝に被害を発生させることによる抵抗性の評価を行った．寒風害に対しては切り枝を一定条件で乾燥させ，時間経過に伴った重量の減少速度の評価と，地上高2mの棚に鉢植えにした候補木を置き，実際に寒風にさらすことによって乾燥抵抗を評価する検定法（図4-46）が開発された．

　通常検定の結果と特殊検定の結果を合わせて評価し，寒風害抵抗性スギ品種63クローン，凍害抵抗性スギ品種104クローン，凍害および寒風害の複合害に強い寒害抵抗性スギ品種91クローン，計258クローンを開発した（2011年3月31日現在）．

(2) 雪害に対する抵抗性

　積雪の匍行圧[注2]によって幹が曲がって育つことで，材としての価値を低下させる被害を雪圧害，晩冬や初春の突発的な豪雪の樹冠への着雪によって幹が折れ

注1）実験施設などを用いて，当該抵抗性と関連する樹木の性質を評価すること．
注2）積雪が斜面の上部から下部にずり落ちることによって生じる圧力．

218　第4章　林木育種

る被害を冠雪害と呼ぶ.

　雪圧害に対する抵抗性育種の概要を次に示す. 豪雪地帯を含む積雪地の急斜面の林地から, 根元曲がりが少なく成長も良好の個体を候補木として選抜する. 検定は, 被害発生地に検定林を造成して被害程度や成長を評価する通常検定と, 施設などによって間接的に評価する特殊検定の併用が望ましいが, 有効な特殊検定法の開発には至っていない. このため, 国有林 25 ヵ所, 民有林 59 ヵ所に造成された検定林データの解析によって評価し, 雪害抵抗性スギ品種として, 挿し木増殖用の抵抗性品種を 15 クローン, 実生繁殖用の 31 系統を開発した（2011年 3 月 31 日現在）. これらは, 図 4-47 に示すように一般の林木が曲がって育つような厳しい環境においても, 樹幹は通直であり, その差はきわめて顕著である. また, 抵抗性クローン同士の交配による F_1 の養成と検定林の造成も進んでおり, 雪害を対象とした第 2 世代品種の開発にも着手している. F_1 によって造成された林分は成長, 残存率ともに在来のものよりも格段に優れており, 在来系統が 33％しか生存できないような環境でも 82％が生存し, 優れた成長を示している例がある. 雪圧害抵抗性品種の開発が, 東北などの多雪地帯における低リスク林業の実現, しいては林業の振興につながると期待されている.

　冠雪害は, 在来品種集植所と精英樹の検定林における被害林分の調査結果から,

図 4-47　スギの雪害抵抗性品種と一般造林木との雪害の比較

系統間に差のあることが明らかになった．針葉角や針葉長，樹幹の形状比やヤング率，樹冠の形状が抵抗性の指標となる可能性が示されている．しかし，冠雪害は突発性であることから，現地での検定は難しいうえに有効な特殊検定法も開発されていない．このため，樹冠の形状に着目し，天然林において着雪しにくい樹冠の形状を持った個体を抵抗性候補木として選抜したが，最終的な抵抗性個体の決定までには至っていない．

5）花粉症対策品種の育成

　スギ花粉症の有病率は国民の 20％を超えると推計されている．林木育種は花粉症に対する根本的な対策として期待されており，林業基本計画（2011 年 7 月閣議決定）においても根本的な対策手段の 1 つに花粉症対策品種による造林の推進をあげている．花粉症対策品種としては，花粉の少ないスギ・ヒノキクローン（図 4-48）が開発され，採種園，採穂園が造成されており，これらによって生産した山行き苗は首都圏を中心に活用が進んでいる．また，花粉を全く飛散させない雄性不稔スギ品種も開発されており，この品種の実用化が進められている．花粉症対策品種開発の概要は次の通りである．花粉の少ないスギクローン，ヒノキクローンの開発では，林木育種センター（現森林総合研究所）を中心とし，同

図 4-48　一般的なスギと少花粉スギ品種との雄花着生の比較

じクローンや家系が植栽された複数の検定林などにおいて精英樹の雄花着生状況を複数年にわたって調査した．その結果，雄花を着生しないかきわめてわずかであるものを花粉の少ない品種とし，スギでは 135 クローン，ヒノキでは 55 クローンが選抜された（2011 年 3 月現在）．雄花に関係する形質の狭義の遺伝率は，スギでは雄花房数で 0.90，雄花着生指数で 0.41，雄花の着生割合で 0.87 と高く，花粉発生量に親の影響が強いことが示されており，ヒノキでも同様の結果が得られている．このことは実生でも花粉減少に効果があることを示すものであり，実生増殖による少花粉品種苗の生産が進められている．

　一方，雄花を生産しないあるいは飛散させない性質を雄性不稔という．雄性不稔スギはこれまでに 20 個体以上発見されているが，その中で林業特性が優れているのは 3 個体のみである．雄性不稔性は劣性遺伝することが明らかにされていることから [24]，雄性不稔個体の改良には，例えば，雄性不稔個体と，成長および材質の優れた精英樹の F_1 を育成し，さらに F_1 同士の交配（F_2），あるいは F_1 の花粉を雄性不稔個体に戻し交配（B_1）して雄性不稔性と成長および材質などの有用性を併せ持つ品種の開発が進められている．

7．ジーンバンク

　林木育種を進めていくには，明確な育種目標を定め，育種対象の母集団のそれぞれの個体を評価して，育種目標にかなう形質を持つ個体を選抜し，これらの個体を交配することで，性能を高めていくのが一般的である．例えば，成長が優れた品種の開発では，精英樹集団から成長のよいものを選抜し，これら同士を交配して F_1 集団を育成し，ここからさらに成長の優れた個体（次世代の精英樹）を選抜していく．

　このような方法で育種を進めていくためには，対象となる母集団が適切に系統管理され，人工交配や挿し木・接ぎ木増殖に容易に利用できる状態で維持され，その保存場所や数量，さらには調査および評価した形質のデータが使いやすい形で整理されていることが重要である．

　育種の進展につれて，育種対象の集団（育種集団）の近交度は高くなっていく傾向がある．また，育種目標には，成長（材積）やマツ材線虫病抵抗性など，長

期的に継続しているものもあるが，時代のニーズに応えるための比較的短期的なものもある．ニーズは多様であり事前に予測するのは必ずしも容易ではない．このため，時代のニーズに応える観点から，育種のための母集団は，近交度の上昇を抑えながら遺伝的変異を幅広く維持しておくことが重要である．

また，近代以降の爆発的な人口増加と天然資源への高い利用圧力により，世界的に天然林などの森林面積が年々減少して生物多様性の減少が進んでいる．わが国の森林を構成する樹種（林木）においても，種レベルで絶滅の危機に瀕したものがある．また，種レベルでは絶滅の怖れはまだないものの，かつては広範に天然分布していた種でも天然林資源の過度の利用により，現在ではかなり限られた地域にしか残っていないものがあり，種の持つ遺伝的変異が縮小している種も少なくない．これらについては，早急に種内の遺伝的な変異を確保しておく必要がある．

ジーンバンクとは，自然界に存在する遺伝子を，成木（樹体），種子，花粉など植物体の全部または一部の形で集めて保存しておき，これを必要なときに利用できる仕組みのことである．新しい品種開発の母材として，また，失われる可能性のある遺伝子の避難場所として，その重要性はますます高まっている．

大学の演習林や植物園，都道府県の試験研究機関や植物園などの多くでは，天然林または人工林から優良なものや希少なものを集めて保存し，研究，教育，展示などに活用したり保護事業などを行っている．東京大学植物園のハハジマノボタンの増殖による種の絶滅の防止と保護活動などは，よく知られた事例である．しかし，日本全国の森林木本植物全般を対象として，専任のスタッフが，組織的，計画的に，収集，保存，特性の評価を行い，情報を管理し，林木育種などの事業および研究に活用されているジーンバンクは，日本では森林総合研究所が運営するものが唯一である．なお，「保全」と「保存」はほぼ同義に使われることが多いが，ジーンバンクにおいては，人が意図的に遺伝資源として収集，保存を図ることを念頭に，「保存」という語を用いる．それに対して，「保全」は自然のプロセスに重点を置いた用語といえる．

1）ジーンバンク事業

わが国における森林遺伝資源の保存に関する事業は，1964年から開始された

「遺伝子保存林」が最初のものである．これは，国有林と林木育種場（現森林総合研究所林木育種センター）が連携して，優良な遺伝子があると思われる優良林分（人工林）から，その林分が伐採される前に種子を採取して苗木を育成し，後継林分を造成する方法である．

1986年には農林水産省ジーンバンク事業が開始され，植物，動物，微生物，林木，水産生物の5部門でスタートした．のちにDNA部門が加わった．林木遺伝資源部門は森林総合研究所がセンターバンクとなり，主に育種素材（精英樹など）の保存および管理からスタートした．同じ年，国有林野事業において，ジーンバンク事業に資する事業として，「林木遺伝資源保存林」がスタートした．これは，育種対象樹種，林業用樹種および絶滅危惧種を対象に，特定の樹種を自然生態系の中で保存することを目的としたものである．保存の対象樹種が明確に指定され，保存のためには伐採を含む森林施業もできるなど，画期的な事業である．林木遺伝資源部門では，従来の遺伝子保存林とともに，この保存林の情報管理を行うことになった．1995年からは，収集および保存している遺伝資源の試験研究用の配布事業も開始した．2001年からは，森林総合研究所の林木ジーンバンク事業として実施されている．

事業の進展につれて，育種素材の収集および保存に加え，絶滅に瀕した種および集団，天然記念物指定樹木などの希少遺伝資源についても収集および保存を精力的に行っている．2005年からは，希少遺伝資源の収集および保存をいっそう進めるため「林木遺伝子銀行110番」として，巨樹および名木などの遺伝資源のクローン増殖サービスを開始している．また，絶滅に瀕した種の繁殖の試みや，林木遺伝子銀行110番で収集および増殖したものについてはその挿し木クローンや接ぎ木クローンを地元に返還して原木の脇に植えるなど，単に保存に留まらず，遺伝資源の回復および修復への取組みも行われている．

2）森林遺伝資源の保存

森林遺伝資源の保存の方法には，大きく生息域内保存（*in situ* preservation）と生息域外保存（*ex situ* preservation）がある（図4-49）．

生息域内保存は，種内の遺伝的な多様性を幅広く保存するため，天然林の形で保存を行うものである．単に保護されているだけでなく，生息個体数や生育状況

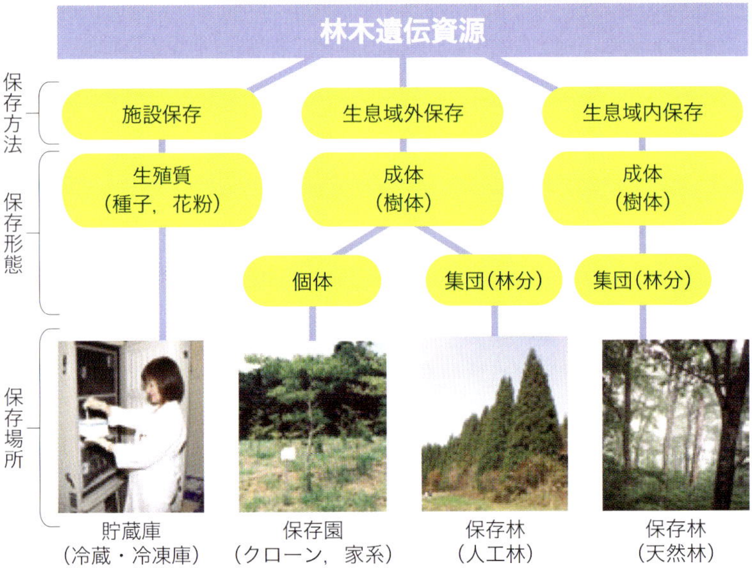

第4章 林木育種 **223**

図4-49 林木遺伝資源の保存の方法

などが把握され，利用可能な状況であることが重要である．森林総合研究所のジーンバンク事業の1つに林木遺伝資源保存林がある．林木遺伝資源保存林は，林野庁の国有林野事業において設定されたものであるが，ジーンバンク事業においても情報の管理を行っている．スギ，ヒノキなどの育種対象樹種，主要林業樹種やレッドデータブックに記載されている絶滅危惧種を対象に，その天然分布域や分布する気候帯などを考慮しながら，全国に設定している．

　生息域外保存は，本来の生息地（天然林など）とは別の場所に保存するもので，野外保存と施設保存がある．

　野外保存は，生きた樹体の形で保存するもので，個体の持つ遺伝子を挿し木，接ぎ木などにより増殖したクローンや家系を樹木園で保存する方法と，集団の持つ遺伝子群をその集団から採取した種子からの実生苗木による人工林で保存する方法がある．森林総合研究所のジーンバンク事業においては，前者には育種素材保存園や遺伝資源保存園があり，後者には遺伝子保存林がある．遺伝子保存林は，国有林内に一般造林地と同じ形で設定されている．

　施設保存は，植物体の一部である生殖質（種子，花粉）を冷凍・冷蔵施設を用

い，保存に適した条件で保存するものである．森林総合研究所のジーンバンク事業においては，種子は主に−20℃，花粉は−80℃で長期貯蔵されている．

表 4-9　国有林の保護林

種　類	目　的	個所数	面積 （千 ha）	1 ヵ所当 たりの面 積（ha）	保存が期待 される多様 性
1. 森林生態系保護地域	原生的な天然林を保存することにより，森林生態系からなる自然環境の維持，動植物の保護，遺伝資源の保存，森林施業・管理技術の発展，学術研究などに資する	29	495	17,069	生態系の多様性
2. 森林生物遺伝資源保存林*	森林と一体となって自然生態系を構成する生物の遺伝資源を森林生態系内に保存し，将来の利用可能性に資する	12	35	2,917	種の多様性
3. 林木遺伝資源保存林*	主要林業樹種および稀少樹種などに関わる林木遺伝資源を森林生態系内に保存し，将来の利用可能性に資する	325	9	28	種内の遺伝的多様性
4. 植物群落保護林	わが国または地域の自然を代表するものとして保護を必要とする植物群落および歴史的，学術的価値などを有する個体の維持を図り，併せて森林施業・管理技術の発展，学術研究などに資する	368	182	495	
5. 特定動物生息地保護林	特定の動物の繁殖地，生息地などの保護を図り，併せて学術研究などに資する	38	22	579	
6. 特定地理等保護林	わが国における特異な地形，地質などの保護を図り，併せて学術研究などに資する	34	35	1,029	
7. 郷土の森	地域における象徴としての意義を有するなどにより，森林の現状の維持について地元市町村の強い要請のある森林を保護し，併せて地域の振興に資する	35	4	114	

＊ ジーンバンク事業で情報管理の対象としている保護林.

国有林は日本の森林面積の約30％を占めるが，このうち天然林は2/3を占める．国有林には豊富な天然の森林資源があり，上記7種類の保護林を設定している．これらの保護林では，伐採の制限など保護のための管理が行われ，5年に一度，個々の保護林の状況調査（モニタリング）が行われている．森林生態系保護地域，森林生物遺伝資源保存林，林木遺伝資源保存林の3者は森林樹木の多様性の保全に特に関係が深い．生物多様性の観点から見れば，森林生態系保護地域は生態系の多様性を，森林生物遺伝資源保存林は種の多様性を，林木遺伝資源保存林は，種内の遺伝的多様性を保全する役割を担っている．　　　　　　　　　　　　　　　　　　　　　（林野庁のホームページなどから作成）

第 4 章　林木育種　　**225**

　以下に，森林総合研究所のジーンバンク事業における保存林，保存園，保存施設などについて述べる.

(1) 林木遺伝資源保存林

　将来の遺伝資源の利用に備え，自然生態系の中に育種対象樹種などの林木遺伝資源を保存することを目的として，1986 年以降，国有林の保護林の 1 つとして林木遺伝資源保存林が設定されている（表 4-9）. 2010 年 3 月 31 日現在で，全国に 325 ヵ所 9,289ha が設定された. 保存対象樹種は，スギ，ヒノキ，アカマツ，クロマツ，カラマツ，アカエゾマツ，トドマツ，ブナ，ミズナラなどの育種対象樹種，主要林業対象樹種，環境省レッドデータブック記載の絶滅危惧種の約 100 種である. その特徴は以下の通りである.

　①保存林ごとに，保存対象樹種を明確に定めている. 保存対象樹種については，生息個体数，樹高，直径，着花性などの特性，稚樹および幼樹などの更新の状況など，基本的な情報が把握され，台帳やデータベースの形で記録されている.

　②1 ヵ所当たりの面積が，一般の保護林に比べて小さい（20ha 未満が全体の約 70％を占める）.

　③対象樹種の保存のためには，伐採などを含めた施業ができる.

　④主要な育種対象樹種，林業対象樹種については，天然分布域全体にわたっ

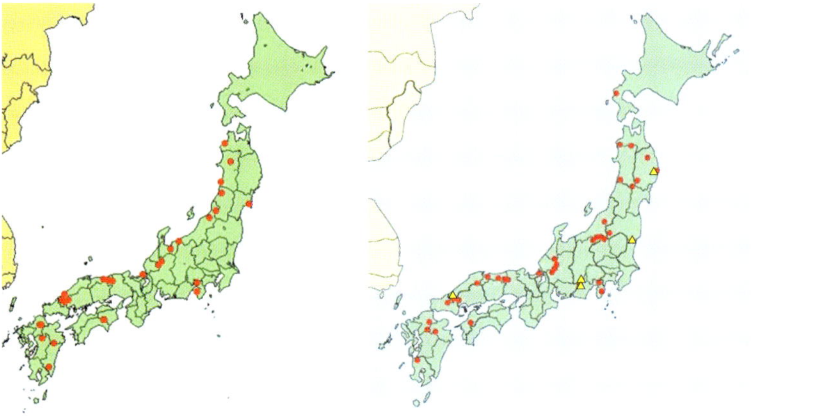

図 4-50　林木遺伝資源保存林の設定個所
左：スギ，右：ブナ●，イヌブナ△.

て複数個所が設定されており，地理的変異を含めた種内の遺伝的な多様性が維持されている．主な樹種の設定個所は，スギ28ヵ所，ヒノキ13ヵ所，アカマツ17ヵ所，クロマツ3ヵ所，カラマツ6ヵ所，アカエゾマツ10ヵ所，トドマツ15ヵ所，ブナ37ヵ所，ミズナラ36ヵ所となっている．ハリモミ（1ヵ所），ヤツガタケトウヒ（1ヵ所），トガサワラ（3ヵ所）といったレッドデータブック記載の絶滅危惧種についても設定されている（図4-50）．

(2) 育種素材保存園，遺伝資源保存園

　人工林，天然林の優良個体などから穂を収集し，挿し木や接ぎ木などで無性繁殖後に保存園に定植して，原木のクローンを生息域の外に保存する方法である．育種に直接用いるものを保存しているのが育種素材保存園，希少な遺伝子を持つものや，すぐに用いるわけではないが，優良な遺伝子を持つと考えられ，特性を評価することにより将来の活用を考えて保存しているのが，遺伝資源保存園である．育種素材保存園に保存されているのは，林木育種事業で選抜した精英樹，材質形質優良木，気象害や虫害などの抵抗性品種などで，遺伝資源保存園に保存しているのは，絶滅危惧種（レッドデータブック記載種など），天然記念物，国内の天然林から収集した針葉樹と広葉樹，外国産樹種などである．保存点数は，約23,000系統（2009年3月31日現在）である．内訳は，図4-51に示した通りである．種数では国内産広葉樹が最も多く，外国産樹種の保存数も多いが，系統数では国内産針葉樹が最も多く全体の3/4を占める．また，1種当たりの保存系

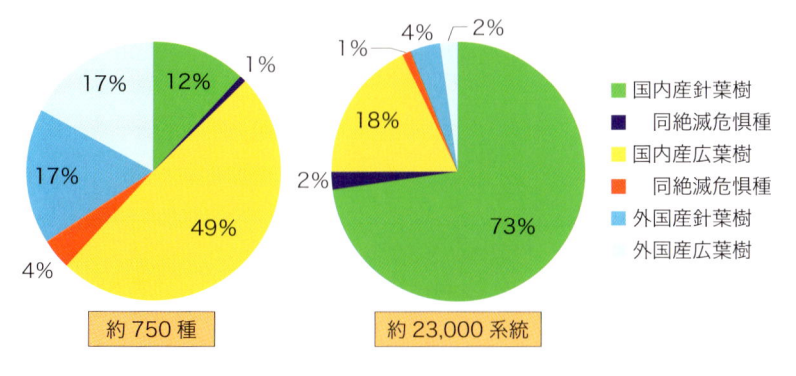

図4-51　成体で保存している林木遺伝資源の内訳
左：種数，右：系統数．

コラム　「樹木のレッドデータ種とその保全」

　野生生物について，国際的な基準に従って，種ごとの絶滅の可能性をランク付けして，まとめたものをレッドデータブックと呼んでいる．日本では，環境省が発行しており，針葉樹，広葉樹を含む「維管束植物」については2001年に刊行された．絶滅の危険性の高い順に，絶滅危惧ⅠA類，ⅠB類，Ⅱ類などに分類されている．針葉樹ではⅠB類にヤクタネゴヨウなど3種，Ⅱ類にトガサワラなど3種がランクされている．広葉樹の高木・亜高木では，オガサワラグワ（ⅠA類），ユビソヤナギ，クロビイタヤ（ⅠB類），ハナノキ（Ⅱ類）などがある．

　オガサワラグワ（図1）は，個体数が激減し，このままでは絶滅する恐れがある．もはや自力では健全な子孫（次世代集団）を維持できなくなっており，この種の消滅を防ぐためには，人手による保全が緊急の課題となっている．このため，遺伝資源保全（ジーンバンク事業）の視点から，生存個体の保存と次世代集団の育成が行われた．

　オガサワラグワの現存個体数は父島，弟島および母島で約200個体である．父島，母島では，養蚕のために島外から持ち込まれたシマグワが野生化して，シマグワとの雑種化が進んでおり，雑種形成が90％に及ぶ母樹もある．また，弟島では，野生化したヤギの食害が顕著であり，現地での健全な更新が困難になっている．そこで，現存個体からクローンを育成し，人手による交配を行って，遺伝的に健全なオガサワラグワの次世代集団を育成する研究が行われている．これまでに，①クローン増殖のための組織培養技術，②純粋なオガサワラグワを判定するための技術などの開発が行われ，組織培養により35個体が保存された（図2）．オガサワラグワの純粋性の判定は，オガサワラグワが四倍体，シマグワが二倍体で，両者の種間雑種は三倍体になることに注目して，核DNA量を定量できる装置（フローサイトメーター）を使って，純粋なオガサワラグワと種間雑種を区別できるようになった．さらに，シマグワの各クローンの花期を調査して，花期の近いクローン同士を近くに配置することで，自然交配によっても次世代集団の育成が可能となっている（星比呂志）．

図1　自生地におけるオ
　　　　ガサワラグワ

図2　組織培養により保存されたオガサワラグワ
　　　　のクローン

統数では，国内産針葉樹が 180 系統，同絶滅危惧種が 100 系統と多く，多様な遺伝子の保存に貢献している．

　成体（樹体）での保存では，生育に適した場所に保存する必要があるため，北海道，東北，育種センター，関西，九州の各育種場内に，それぞれの地域から収集した遺伝資源を保存している．保存に際しては，保存が確実に行われるよう，1 系統につき複数の個体を植栽しているが，系統管理に誤りがないよう同じ系統を列状に配置している．さらに最近では，植栽している個体の DNA をチェックして，誤りのないようにしている．

(3) 遺伝子保存林

　遺伝子保存林は，成長などが優良な人工林の遺伝子を保存するため，国有林などの優良林分から種子を採取して育種センターで播種および養苗し，これらを国有林に造林して遺伝子を保存するものである．種子を採取する人工林を採種源林分，これを用いて造成した林分（後継林分）を遺伝子保存林と呼んでいる．後継林分が造成されることにより採種源林分は伐採できるため，遺伝資源保存による林業経営への支障を回避できる．採種母樹数は，1 林分当たり 30 個体以上を目安とし，後継林分は，1 つの採種源林分から 2 ヵ所以上造成するのが原則である．これまで，スギ，ヒノキ，カラマツなど 19 樹種について，155 ヵ所の採種源林分から遺伝子保存林が造成されている．後継林分の数は 404 林分である（2010年 3 月 31 日現在）．

　1964 年から始まった事業で，初期に造成した遺伝子保存林は，すでに 40 年以上を経過し伐期が近付いているため，次の世代の後継林分造成のための対応の検討が必要になっている．

(4) 施 設 保 存

　施設保存は，種子，花粉など通常の環境では長く保存できないものを，長期に保存するため，冷凍庫などの貯蔵施設で保存することである．針葉樹の種子は含水率 10% 程度に下げ−20℃で，針葉樹および広葉樹の花粉は含水率を 15% 以下に下げ−80℃で保存している（図 4-52）．保存系統は，2009 年 3 月末現在で，種子が 8,164 系統，花粉が 2,677 系統である．

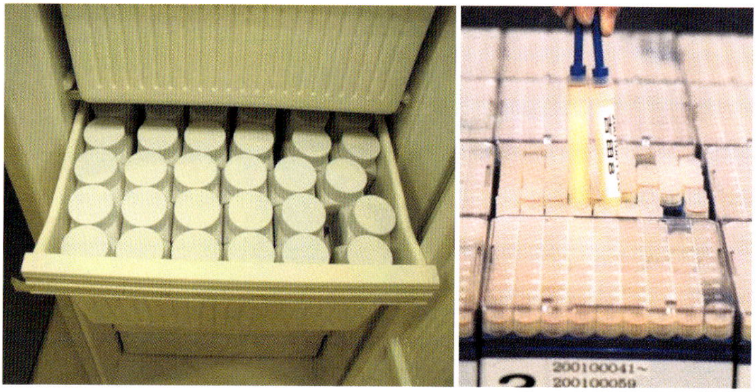

図 4-52 種子，花粉の保存状況
左：種子．右：花粉．

　このような条件で貯蔵することにより，種子および花粉をその活性を保ったまま数年〜数十年の期間，保存することが可能である．施設での保存は，林木育種センター 1 ヵ所（茨城県日立市）で集中的に保存されている．機器を用いた保存では，温度の監視，機器の故障，停電などへの迅速な対応が必要である．温度の監視は 1 台 1 台の保存容器ごとに行っており，異常の際には，直ちに警報が担当者に連絡される．多数の同型のフリーザーを保存容器とし，うち数台を予備容器としており，万一故障が起きた場合でも，すぐに中身を予備容器に移動することができる．また，停電対策としては，停電時に自動的に起動する非常用発電装置が設置されている．2011 年 3 月 11 日に発生した東日本大震災に伴う長時間の停電（約 76 時間）においても，非常用発電装置が作動し，保存遺伝資源の消失を防いだ．

3）ジーンバンク事業の成果

(1) 主 な 成 果

　本事業により，育種を進めるうえで必要な素材，すなわち，全国から選抜された精英樹（9,145 系統），気象害抵抗性クローン（304 系統），マツノザイセンチュウ抵抗性品種（305 系統）などについて，増殖が困難な一部の系統を除き，すぐに利用可能な生きた成体（樹体）の形で保存され，適切に管理されていることは，最も大きな成果である．本事業により，より成長や材質の優れた品種，雪害

などの気象害により強い品種，より高いマツ材線虫病抵抗性を持つ次世代品種などを開発するための人工交配が計画的に行われ，現在，これらの品種の開発に向けての取組みが進行中である．また，保存している精英樹やこれらから開発した品種のコピーの苗木を計画的に生産して，都道府県の採種園および採穂園に供給し，ここから品質の高い苗木を生産している．スギ，ヒノキ，カラマツなどの優良な人工林についても，後継林分（遺伝子保存林）を造成して，遺伝子を継承している．

　また，スギ，ヒノキ，ブナ，ミズナラなどの重要な育種対象樹種について，これらの種が種内変異として保有しているさまざまな遺伝子を，林木遺伝資源保存林などの生息域内保存により，幅広く保存している．

　絶滅危惧種については，高木層および亜高木層を構成する樹種を中心に，継続的に収集および保存が進められている．この事業での収集および保存で特徴的なことは，収集した1種当たりの系統数が多いことである．絶滅危惧種においては，特に種内の遺伝的多様性を生息域外でも確保しておくことが重要であることに加え，健全な次世代を育成する（多くの場合，生息地では困難になっている）ことも必要不可欠である．次世代育成の取組みは，オガサワラグワやヤクタネゴヨウで行われ，オガサワラグワでは，雑種でない純粋な個体を組織培養により確実に保存し，交配による種子生産に取り組んでいる．また，ヤクタネゴヨウでも，生息域ではほとんど見られない健全な種子の大量生産に成功している．

　天然記念物については，スギなど育種対象樹種を中心に，国指定のものを主体に収集および保存が進められているが，収集および保存をより広範囲に進め，同時に社会への貢献を行うため，「林木遺伝子銀行110番」を創設している．

　また，収集した遺伝資源については，樹種名，品種名，産地（収集個所），収集日などの情報（来歴情報）や特性情報について，データベースが構築されている．このデータベースは林木育種センターのホームページで公開されている．

　以下では，これらの成果に関連した内容について述べる．

（2）ジーンバンク事業により見出された品種

収集および保存した遺伝資源については，特性評価要領を作成して，特性を評価しているが，これにより，農林水産登録品種の登録につながったものがある．'北

図 4-53 ジーンバンク事業により見出された農林水産登録品種
左：'北林育1号'（八房トドマツ），右：'屋久翁'.

林育1号'（八房トドマツ），'福俵'，'屋久翁'（図 4-53）などである．八房ト
ドマツは遺伝子保存林造成用の苗木を育成している際に見出された，枝が房状に
着くトドマツの品種である．'屋久翁'は，屋久島のスギ天然林（ヤクスギ）か
ら見出された樹冠が円錐体となるスギの矮性品種である．

（3）次世代の遺伝子保存林の造成

　遺伝子保存林は優良林分（採種源林分）から種子を採取して，これにより後継
林分を造成するものである．現在の遺伝子保存林は，造成から 40 年以上が経過
しており，伐採して次の世代の遺伝子保存林を造成する時期が近付いている．こ
のときには，採種源林分の持つ遺伝的変異をできるだけ多く後継林分に引き継ぐ
ことが求められる．採種源林分のすべての個体から種子を採取することが理想的
であるが，現在の遺伝子保存林の平均面積は 4ha 程度となっており，現実的で
ない．どのくらいの母樹から採種すれば，どの程度の遺伝的多様性が確保できる
かを定量的に把握する必要がある．

　このため，①実際の遺伝子保存林において採種源林分と後継林分での遺伝的多

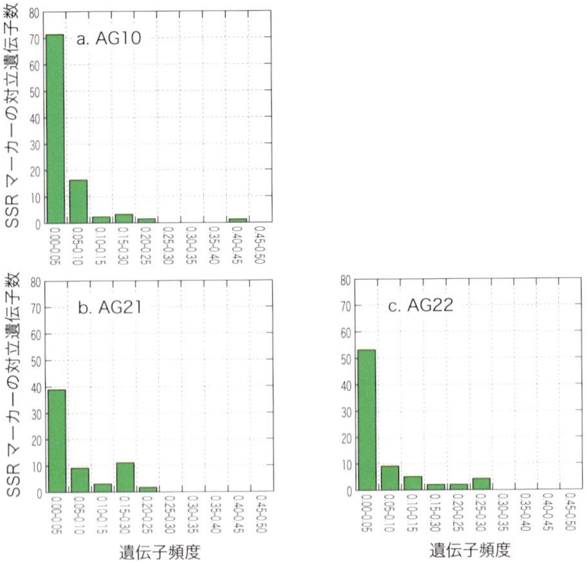

232　第4章　林木育種

図4-54　採種源林分(AG10)と遺伝子保存林(AG21, AG22)における対立遺伝子頻度別の対立遺伝子数
低頻度(0.00〜0.05)の対立遺伝子の消失が見られる.

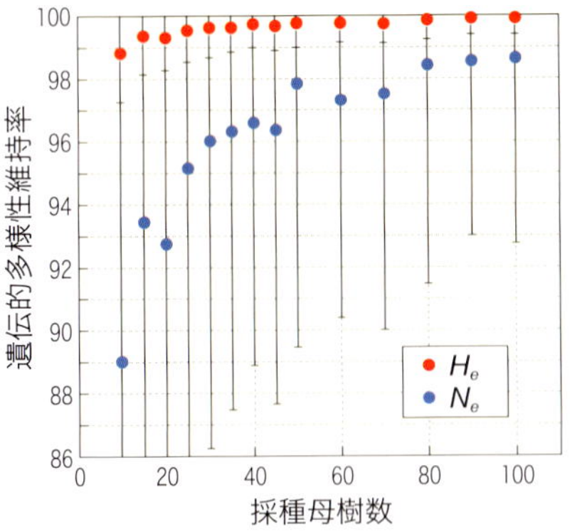

図4-55　採種母樹数と遺伝的多様性維持率(1遺伝子座当たりの有効な対立遺伝子数(N_e)と平均ヘテロ接合体率の期待値(H_e))の関係

様性の比較を行い, 遺伝的多様性がどの程度確保されているかを定量する[1]. 一方, ②採種源林分から採種する母樹数によって後継林分での遺伝的多様性がどう変化するのかシミュレーションを行い, 最適な母樹数の検討がなされている[2]. ①に関しては, 会津森林管理署管内のスギ遺伝子保存林について, 3つのSSRマーカーを用いて, 採種源林分と2ヵ所の保存林間の遺伝的多様性の比較が行われている. 採種源林分には現在300個体ほどがあるが, 保存林はそこから, 27個体を選び種子を採種して, 造成したものである. 遺伝的多様性の指標には,

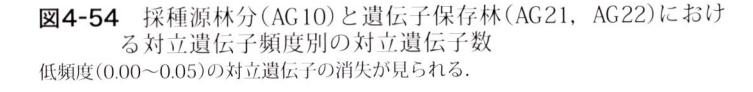

平均ヘテロ接合体率の観察値（H_o）と期待値（H_e），1遺伝子座当たりの対立遺伝子数（N_a）とアレリックリッチネス（R）が使用されている．その結果，H_oとH_eでは顕著な減少は見られなかったが，N_aとRでは有意な減少が見られた．この減少の原因は，採種源林分が持っていた低頻度の対立遺伝子の一部が，弱度のボトルネック効果によって保存林に受け継がれなかったためと考えられる（図4-54）．一方，シミュレーション解析を行った結果，N_e（有効対立遺伝子数），H_eといった遺伝的多様性を示す尺度については，30〜50個体から種子を採種すれば95％以上は保存林に受け継がれる可能性が高いとの結果が得られている（図4-55）．成長などに関係する遺伝子では，低頻度の遺伝子は少ないと考えられるため，遺伝子保存林の目的（成長などに関する優良遺伝子の保存）から考えると，30〜50個体程度から種子を採種して保存林を造成する必要がある．

(4) ジーンバンク事業の社会貢献

ジーンバンク事業では，天然記念物に指定されている樹木や植物群落から，穂を採取して挿し木および接ぎ木によって増殖し，保存している．天然記念物には巨樹および古木が多く，これらは長命な遺伝子，病虫害に強い遺伝子など，将来，

図4-56　遺伝子銀行110番の事例
左：上野公園のグラントヒノキ（東京都台東区記念樹，第18代アメリカ合衆国大統領が120年前に植えたローソンヒノキ），右：要請を受けて接ぎ木により増殖した苗.

234　第4章　林木育種

われわれの役に立つ遺伝子を持つ可能性が高い．一方，天然記念物は，地元の人々に愛されているものであるが，老齢なものも多いため，台風などにより大きな被害を受けるリスクも高い．このような場合には，保存されている個体が「里帰り」として，植栽されている．

　遺伝子銀行110番は，これをさらに進めたもので，高齢などにより樹勢が弱り枯損の恐れのある巨樹および名木について，所有者などから要請を受けて接ぎ木および挿し木などによる増殖を行い，保存個体を育種素材として活用するとともに，「里帰り」を無償で行うものである．里帰りを行ったものの中には，上野公園のグラントヒノキ（ローソンヒノキ），金沢の兼六園の唐崎松，根上松（クロマツ）など，著名なものも多く含まれている（図4-56）．東日本大震災による津波で壊滅的に被害を受けた陸前高田の松原で，奇跡的に生き残った1個体「奇跡の一本松」も保存されている．

引 用 文 献

1．林木育種の発展
1）千葉　茂：林木の育種，145，21-24，1987.
2）成沢潔水：木材—その特性と巧用，パワー社，154pp，1975.
3）大庭喜八郎：林木育種，採種・穂園（造林学 - 三訂版 -），朝倉書店，53-67，1992.
4）戸田良吉：育種（林業技術史・第3巻），1-45，日本林業技術協会，1973.
5）大庭喜八郎：林木育種の進め方（林木育種学），文永堂出版，9-62，1991.
6）Lindquist, B.: Genetics in Swedish forestry practice, Chronica Botanica, 173pp, 1948.

2．林木育種の基礎と基本戦略
1）大庭喜八郎：林木育種の進め方（林木育種学），文永堂出版，9-62，1991.
2）Harlan, J. R., de Wet, J. M. J.: Taxon, 20, 509-517, 1971.
3）菊池文雄：遺伝資源と種苗の管理（植物育種学），文永堂出版，278-294，1991.

3．実生林業とクローン林業
1）松尾孝嶺：育種学，養賢堂，361pp，1965.
2）佐藤敬二：林木育種（上下巻），朝倉書店，521pp，1949，1950.
3）戸田良吉：林木育種，朝倉書店，107pp，1953.
4）戸田良吉，佐藤亨：産地品種の特性（スギのすべて），国林業改良普及協会，64-70，1969.
5）宮島寛：九州のスギとヒノキ，九州大学出版会，275pp，1989.
6）三上進：スギの著名品種とその性質（スギのすべて），国林業改良普及協会，71-84，1969.
7）大庭喜八郎：日本林学会九州支部研究論文集，31，77-78，1978.
8）Libby, W. J.: Proc. 3rd International Workshop on the Genetics of Host-Parasite Interactions in Forestry, 342?360, 1982.

9) Painter, R. H.: Insect Resistance in Crop Plants, Macmillan, 520pp, 1951.

4．林木育種の体系

1) 大庭喜八郎：林木の育種, 152, 20-24, 1989.

2) 松田　清, 宮島　寛：日林誌, 59, 148-150, 1977.

3) 近藤禎二：放射線育種場研究報告, 7, 1-48, 1988.

4) 前田武彦, 宮島　寛：日林誌, 59, 213-220, 1977.

5) Zobel, B. and Talbert, J.：Applied Forest Tree Improvement, John Wiley & Sons, 1984.

6) 砂川茂吉：樹木のつぎ木, p39, 北方林業会, 1994.

5．林木育種の統計学

1) 久保田正裕, 栗延　晋：日本林学会関東支部大会発表論文集, 57, 141-142, 2006.

2) 宮浦富保ら：林木育種センター研究報告, 17, 87-94, 2000.

3) 三上　進ら：林業試験場研究報告, 355, 77-96, 1989.

4) 川村忠士：林木育種場研究報告, 9, 93-111, 1991.

5) Balocchi, C. E. et al.: Forest Science, 39, 231-251, 1993.

6) Jayawickrama, K. J. S.: Silvae Genetica, 50, 45-53, 2001.

7) Jansson, G. et al.: Forest Science, 49, 696-705, 2003.

8) 久保田正裕ら：林木育種センター研究報告, 17, 109-116, 2000.

9) 生方正俊ら：林木育種センター研究報告, 17, 117-125, 2000.

10) 栗延　晋, 千吉良治：林木育種センター研究報告, 17, 177-188, 2000.

11) 大島紹郎ら：日本林学会論文集, 108, 311-312, 1997.

12) 栗延　晋：林木の育種, 161, 28-32, 1991.

13) 藤澤義武ら：林木育種センター研究報告, 17, 95-108, 2000.

14) 倉原雄二, 加藤一隆：日本森林学会誌, 87(5), 422-425

15) 栗延　晋：林木の育種, 161, 28-32, 1991.

16) 安久津久ら：日本森林学会誌, 90(3), 137-144, 2008.

6．林木育種の実際

1) Larson, P. R.: TAPPI, 45, 443-448, 1962.

2) Zobel, B. J.: Unasylva, 18, 89-103, 1964.

3) 材質育種研究班：林業試験場研究報告, 222, 1-113, 1969.

4) 材質育種研究班：林業試験場研究報告, 224, 17-114, 1972.

5) Shreiner, E. J.: Silvae Genetica, 7, 122-128, 1958.

6) 三上　進ら：日本林学会誌, 54, 213-217, 1972.

7) 三上　進, 長坂寿俊：国立林業試験場研究報告, 276, 1-22, 1975.

8) 加納　猛：国立林業試験場研究報告, 125, 95-119, 1960.

9) 加納　猛：国立林業試験場研究報告, 134, 115-139, 1961.

10) 小田一幸ら：九州大学演習林報告, 58, 109-122, 1988.

11) 見尾貞治ら：九州大学演習林報告, 55, 187-199, 1985.

12) 藤澤義武：林木育種センター研究報告, 15, 31-107, 1998.

13) 小泉章夫：北海道大学演習林研究報告, 44, No.4, 1329-1415, 1987.

14) 池田潔彦：木材工業, 57(9), 374-379, 2002.

15) 釜口明子ら：木材学会誌, 46, 13-19, 2000.

16) 太田貞明：九州大学演習林報告, 45, 1-77, 1972.

17）Hirakawa, Y. et al.: Microfibril angle in wood. -Proceedings of the IAWA/IUFRO International workshop on the significance of microfibril angle to wood quality, 312-322, 1997.

18）Nakada, R. et al.: Holzforshung, 57, 552-560, 2003.

19）山川邦夫：野菜／抵抗性品種とその利用, 全国農村教育協会, pp136, p.19-22, 1978.

20）徳重陽山, 清原友也：日本林学会誌, 51, 193-195, 1969.

21）Kiyohara, T. and Tokushige, Y.: J. Jpn. For. Soc., 53, 210-218, 1971.

22）Kuramoto, N. et al.: Abstracts of Plant & Animal genomes XV conference, P500, 2007.

23）藤本吉幸ら：林木育種場研究報告, 1, 109-123, 1983.

24）Taira, H. et al.: Journal Forest Research, 4, 271-273, 1999.

7．ジーンバンク

1）高橋誠ら：平成 21 年版林木育種センター年報, 83-85, 2009.

2）高橋誠ら：平成 22 年版林木育種センター年報, 92-95, 2010.

第5章

樹木のバイオテクノロジー

●●● 植物のバイオテクノロジーの進展により，さまざまな遺伝子組換え作物が開発され，その栽培国と作付面積は年々増加している．わが国でも，2009年（平成21年）からサントリーの開発した「青いバラ」の栽培が岡山県で開始されている．この遺伝子組換え技術を活用して植物の機能を最大限に発揮させることができれば，人類を取り巻く地球規模の環境問題，エネルギー問題，食料問題などの解決が可能になる．

　近年，シロイヌナズナやイネの全ゲノムの塩基配列が決定され，植物においてもゲノム機能の解析が本格化している．これらの植物では，ポストゲノム時代に対応すべく変異体ラインの作製，完全長cDNAの収集，DNAマイクロアレイ技術やバイオインフォマティクス（生命情報学）の拡充など遺伝子機能研究のための基盤研究が活発に進められている．樹木でも，ポプラのゲノムの概要解読などが報告され，ポプラやスギなどの完全長cDNAの大規模収集も進んでいる．これらゲノム情報を活用した，遺伝子組換え樹木の開発と実用化への期待も高まっている．地球温暖化軽減に貢献する遺伝子組換え樹木を開発するには，乾燥耐性や耐塩性など環境ストレス耐性の付与技術，バイオマス生産を向上させるための成長制御技術，生態系への組換え遺伝子の拡散防止に役立つ不稔化技術や花成制御技術などが必要である．本章では，樹木のゲノム研究，組織培養技術，遺伝子組換え技術と今後の展望について紹介する． ●●●

1．ゲノム研究

1）遺伝子工学の基礎

DNA の構造や転写と翻訳の過程が明らかになったのは 1950 年代から 60 年代であるが，その頃には DNA を実験的に取り扱う技術が十分でなかった．1970 年代に開発された DNA クローニングと，1986 年に発表されたポリメラーゼ連鎖反応（polymerase chain reaction，PCR）という画期的な技術が，個々の遺伝子研究や塩基配列決定技術の開発を促し，ゲノム解読へとつながった．今日，ゲノムが解読された真核生物は 200 種以上，細菌やウイルスは 4,000 種以上にのぼる．遺伝子工学の基礎となったこれらの技術について概説する．

（1）DNA クローニング

DNA クローニングとは，細胞から抽出した DNA の一部分を切り出してそのコピーを作製する実験のことであり，遺伝子クローニングともいう．この技術によって遺伝子を個別に解析して構造決定することが可能になり，分子生物学が飛躍的に進展した．例えば，樹木の DNA の一部をクローニングするのであれば，まず樹木細胞から抽出した DNA を制限酵素（restriction endonuclease）により切断する．次にベクター（vector）と呼ばれる環状 DNA を同様に切断し，DNA リガーゼ（DNA ligase）により樹木 DNA 断片と連結する．この組換え DNA を大腸菌に導入すると，樹木 DNA 断片を有するベクターは大腸菌内部で複製され，細胞分裂すると娘細胞に引き継がれる．1 つの細胞から細胞分裂を繰り返して増殖した大腸菌はすべて同じベクターを保有しているので，最初に導入した樹木 DNA 断片のコピーを大量に得ることができる．これで導入した樹木 DNA 断片をクローン化したことになる（図 5-1）．クローニング用のベクター（クローニングベクター）としてさまざまなものが開発されており，それぞれ挿入できる外来 DNA の長さに特徴がある．代表的なベクターとしては，主に 10kb 以下の長さの DNA を挿入するプラスミド（plasmid），40kb 程度の DNA を挿入するホスミド（fosmid），300kb 程度の長い DNA の挿入に適した細菌人工染色体（bacterial

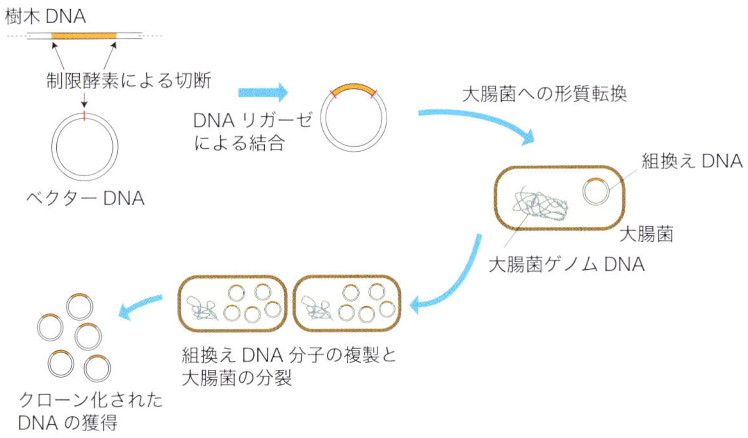

樹木 DNA

制限酵素による切断

DNA リガーゼ
による結合

大腸菌への形質転換

ベクター DNA

組換え DNA

大腸菌

大腸菌ゲノム DNA

組換え DNA 分子の複製と
大腸菌の分裂

クローン化された
DNA の獲得

図5-1 DNA クローニングの概要

artificial chromosome，BAC）などがあり，用途により使い分けられている．

(2) PCR

PCR は，生きた細胞を使わずに特定の DNA 断片を増幅することができる手法である．ただし，増幅する DNA の配列の少なくとも一部分がわかっていなければならず，増幅できる DNA の長さに限界（40kb 程度まで）がある．

PCR を行うためには，増幅させたい DNA と，高温でも安定に DNA を合成することが可能な DNA ポリメラーゼ（例えば *Taq* DNA polymerase），既知の DNA 配列から設計した 1 対のオリゴヌクレオチドプライマー，4 種類のデオキシヌクレオチドを混ぜ合わせる．反応は，① 94℃に熱して二本鎖 DNA を一本鎖に変性する，② 50 ～ 60℃に冷却してオリゴヌクレオチドプライマーと結合させる（アニーリング），③ 72℃で *Taq* DNA ポリメラーゼによりプライマーを起点とした新しい DNA を合成する，というサイクルを繰り返す（図 5-2）．この反応サイクルを繰り返すことにより，最初に加えたプライマーを両端とする DNA が指数関数的に増加する．

PCR の優れた特長は，ゲノムの中から特定の遺伝子や DNA マーカーを簡単に増幅できる点にある．クローニング実験では，選抜に手間がかかるため，特定の遺伝子を得るために数週間は必要となる．PCR では，適切なプライマーを設計

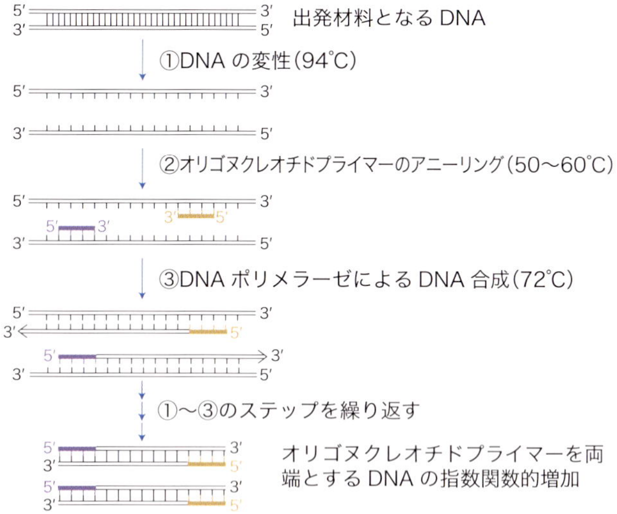

240 第 5 章　樹木のバイオテクノロジー

```
5′ ||||||||||||||||||||| 3′   出発材料となる DNA
3′ ─────────────── 5′
           │ ①DNA の変性（94℃）
           ▼
5′ ─────────────── 3′
3′ ─────────────── 5′
           │ ②オリゴヌクレオチドプライマーのアニーリング（50〜60℃）
           ▼
5′ ─────────────── 3′
   5′━━ 3′        3′━━ 5′
3′ ─────────────── 5′
           │ ③DNA ポリメラーゼによる DNA 合成（72℃）
           ▼
5′ ─────────────── 3′
3′ ←─────────────── 5′
5′ ──────────────→ 3′
3′ ─────────────── 5′
           │ ①〜③のステップを繰り返す
           ▼
5′ ━━━||||||||||━━ 3′   オリゴヌクレオチドプライマーを両
3′ ━━━||||||||||━━ 5′   端とする DNA の指数関数的増加
5′ ━━━||||||||||━━ 3′
3′ ━━━||||||||||━━ 5′
```

図5-2　PCR の原理

できれば，目的の遺伝子を数時間以内で確実に得ることができる．

　PCR は，ある生物ですでにわかっている遺伝子と相同な遺伝子を別の生物において単離するために利用できる．例えば，モデル植物のシロイヌナズナで機能が解析されている遺伝子と相同の遺伝子をスギから単離しようとする場合，シロイヌナズナの遺伝子の塩基配列をもとにプライマーを設計し，スギの DNA を増幅する．また，きわめて少量の DNA を出発材料として DNA を増幅させることが可能であることから，花粉分析などにも用いられている．

2）ゲノム配列解析の手法

　現在の DNA 塩基配列決定技術では，一度に解読できる塩基配列の長さは 1,000 塩基程度が限度である．そのため，ゲノムの塩基配列を決定するためには，ゲノム DNA を適当な大きさに分割し，構造を決定したうえでつなぎ合わせる必要がある．短い配列を正しい順序につなぎ合わせてゲノム配列を構築するための方法について説明する．

（1）ライブラリーの構築

a．ゲノムライブラリー

制限酵素や物理的な方法により切断したゲノム DNA をベクターに挿入したものや，これを有する宿主細菌のことをゲノムライブラリー（genomic library）という（図 5-3）．ゲノム解析では通常，ゲノムライブラリーが出発材料となる．ポプラのゲノム配列解析の際には，挿入 DNA サイズが 2.0 〜 4.0kb のプラスミドライブラリー，4.5 〜 7.5kb のプラスミドライブラリー，38 〜 41kb のホスミドライブラリー，平均 105kb の BAC ライブラリーという 4 種類のゲノムライブラリーが構築された[1]．

b．cDNA ライブラリー

cDNA ライブラリーとは，mRNA に逆転写酵素（reverse transcriptase）を作用させることにより相補的 DNA（complementary DNA，cDNA）を調製し，ベクターに挿入してライブラリーとするものである（図 5-3）．cDNA は mRNA のコピーなので，ゲノム DNA の塩基配列と比較することにより遺伝子の位置を決定することができる．cDNA ライブラリーから選抜したクローンから得た短い塩基配列のことを発現配列タグ（expressed sequence tag，EST）という．EST はゲノムが解読されていない生物から遺伝子情報を得る手段として活用される．さらに，

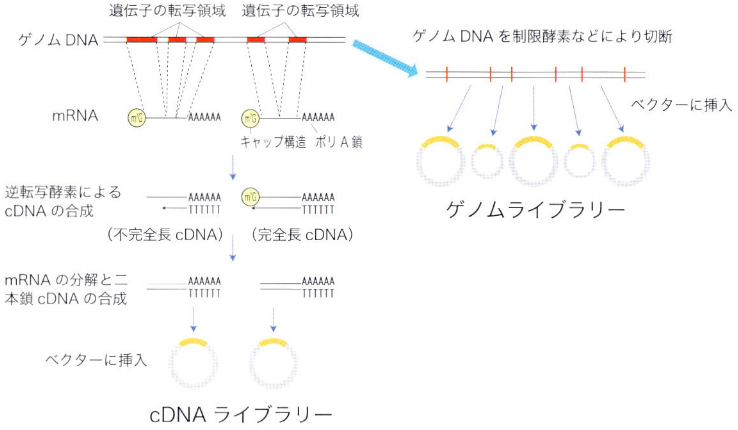

図5-3 ゲノムライブラリーと cDNA ライブラリー

単一コピーの遺伝子に由来する EST は，ゲノム上にただ一度しか出現しない配列であるため，ゲノム上の位置付けをするためのマーカーとなる．

　通常の cDNA ライブラリーでは cDNA の構成が細胞内の mRNA の種類や量を反映するため，発現量の多い遺伝子の cDNA の占める割合が高くなる．また，mRNA の全体をカバーしていない 5' 末端の情報が欠落した cDNA が多く生じる．こうした cDNA ライブラリーの特性は，効率よく多数の遺伝子に対応する EST を収集したい場合や，コード領域の全長を決定して遺伝子の機能付けを行いたい場合には不都合となる．そのため，cDNA の頻度を均等にする均一化（normalization，標準化ともいう）処理や，mRNA の 5' 末端にあるキャップ構造を選択することにより完全長の cDNA を高頻度に含むようにする操作を cDNA ライブラリー作製の前に行うこともある．ポプラやユーカリだけでなく，マツやスギにおいても，均一化した cDNA ライブラリーや完全長 cDNA ライブラリーからの EST 収集が行われている．

(2) 物理地図の作製

　ゲノムサイズの小さい細菌などの塩基配列を決定するには，ゲノムライブラリーから得られる短い塩基配列を重ね合わせて連続したゲノム塩基配列を構築するショットガン法（shotgun method）が有効である．全ゲノム塩基配列が決定された最初の生物であるインフルエンザ桿菌（*Haemophilus influenzae*）では，この方法が採用された[2]．しかし，樹木のようなゲノムサイズの大きい生物では，繰返し配列が非常に多いために，反復配列に挟まれた領域が抜け落ちるなどの誤りが生じる恐れがある．そのため，最初にゲノム地図を作製する必要がある．ゲノム地図には，遺伝学的手法を用いて遺伝子マーカーを地図上に並べる連鎖地図（linkage map，☞ 第 2 章 1.3）「連鎖と連鎖地図」）と，DNA の塩基配列を直接調べて位置を確認する物理地図（physical map）とがある．連鎖地図は，家系の大きさが精度に影響することと，染色体上における組換えの頻度が均一ではないために正確さに限界があり，ゲノム上での位置を示す指標としてそのまま使うことはできない．ゲノムの塩基配列を決定するためには，連鎖地図に加えて染色体上の位置付けをするための物理地図が必要となる．

　物理地図上のマーカーとなるのは，ゲノム上に 1 個所しかなく，識別が可能

な配列である．これを配列タグ部位（sequence tagged site, STS）という．STS
として利用できるものには，先に述べた EST の他に，遺伝マーカーとしても使
われる単純反復配列（simple sequence repeat, SSR）がある．ゲノムライブラリー
から得られるクローン化されたゲノム DNA 断片も，ゲノム中で 1 個所しかない
ものであれば利用できる（図 5-4）．STS から設計したプライマーを用いて PCR
を行うことにより，ゲノムライブラリーからその STS を有するクローンを選抜し，
重なり合う配列を持つクローンを並べることができる．

　クローンの重なりを見出す他の方法としては，制限酵素断片フィンガープリン
ト（restriction enzyme fragment fingerprinting）がある．この方法では，クロー
ンを種々の制限酵素で切断することにより，大小さまざまな長さの断片を得る．
この断片の長さをクローンごとに比較することにより，共通する配列を有するク
ローンを決定できる．ポプラのゲノム解析では，制限酵素断片フィンガープリン
トと BAC クローン末端配列に由来する STS 解析および SSR を利用した物理地図
の作製が，塩基配列の解析と並行して行われた[3]．

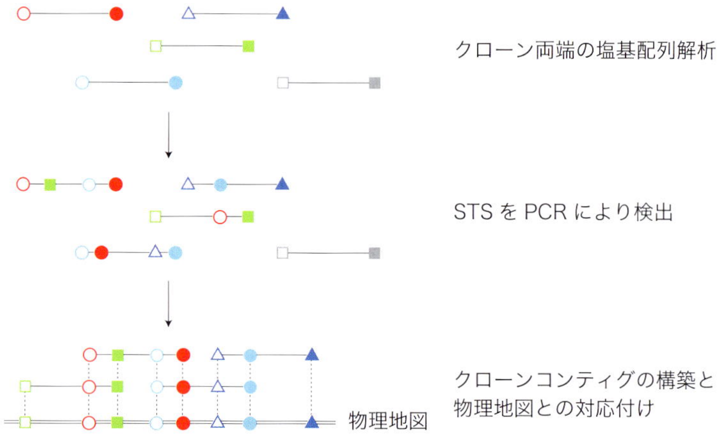

クローン両端の塩基配列解析

STS を PCR により検出

クローンコンティグの構築と
物理地図との対応付け

物理地図

図5-4　STS マッピング

この例では，ゲノムライブラリーから選抜したクローンの両端配列を解析することに
より STS を得ている．得られた STS を PCR を用いて全クローンで存在の有無を確認
し，クローン間の重なりについての情報を得て物理地図と対応させる．

（3）ゲノムの塩基配列決定

ゲノムの塩基配列を解読する方法には，全ゲノムショットガン法（whole-geno-me shotgun method）と階層的ショットガン法（hierarchical shotgun method）とがある．

全ゲノムショットガン法は，インフルエンザ桿菌で採用された方法で，断片化したゲノム DNA を大量に解析してコンピュータでつなぎ合わせることによりゲノム配列を構築する方法である．全ゲノムショットガン法では，ゲノムの中で読み込んだ回数が多い領域と少ない領域が生じることから，必要な精度を得るためにはゲノム全体の長さよりも長い塩基配列を解読しなければならない．コンピュータでつなぎ合わせた塩基配列のブロックをコンティグ（contig）という．ゲノムライブラリーから選抜したクローンの両端の塩基配列を解読し統合するという作業を繰り返すことにより，ところどころに配列ギャップを含むコンティグ配列の集合である枠組み（scaffold）を作製し，これを物理地図と対応させる（図5-5）．ポプラのゲノム解析では，769万本の短い塩基配列が解析され，解読した塩基配列の長さはゲノムサイズ（約485Mbp）の7.5倍に相当した[1]．塩基配列の解読と並行して物理地図の作製を進めることにより，2006年の公開時には385Mb，2010年時点では403Mbの配列が19本の染色体に相当する地図と対応付けられている．

階層的ショットガン法では，最初に物理地図を作製してゲノムライブラリーのクローンを整列化する．このライブラリーのベクターとしては，比較的長いDNAを挿入できるBAC（細菌人工染色体）が通常使用される．次に，各BACクローンのゲノム上の位置関係を対応付けしたのち，BACクローンをさらに断片化したサブクローンライブラリーを作製し，サブクローンごとに両端の塩基配列を解読する．これをつなぎ合わせることによりBACクローンの塩基配列を決定し，さらにはBACクローンをつなぎ合わせてゲノムの配列を構築する（図5-5）．この方法は，物理地図に基づくクローンの整列化という最初のステップに大きな労力が必要となるが，ゲノムサイズの大きな生物のゲノムを高い精度で解読することができる．イネゲノムの完全解読にはこの方法が採用された[4]．

近年，次世代シーケンサー（next generation sequencer）と呼ばれる新たな

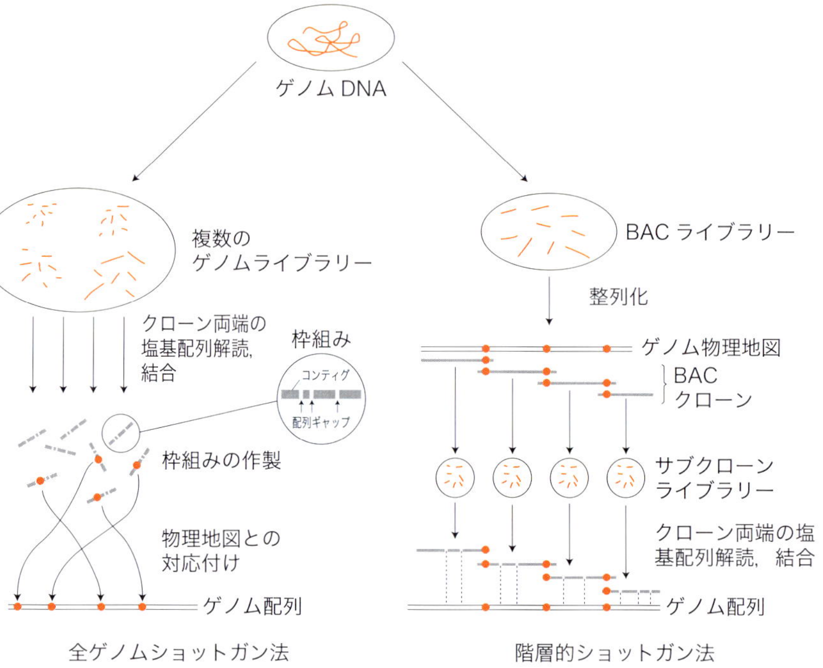

図5-5 全ゲノムショットガン法と階層的ショットガン法
● : STS.

塩基配列解読法が開発され，従来のジデオキシ法（dideoxy chain termination method または Sanger method）に比べ，低コストで大量に塩基配列を解読することが可能となった．従来は，断片化した DNA をクローニングベクターに挿入してクローン化し，クローンごとにジデオキシ法によるシーケンス反応を行う必要があった．しかし，次世代シーケンサーでは大量のサンプルを調製する方法として，微小な水滴中に封じ込められた 1 分子の DNA を増幅するエマルジョン PCR（emulsion PCR）や，基板上に固定した DNA を増幅するブリッジ PCR（bridge PCR）という手法が開発され，クローニングの必要がなくなった．ジデオキシ法はポリアクリルアミド電気泳動（polyacrylamide gel electrophoresis）により DNA 分子を長さの違いで分離することにより，DNA の塩基配列を決定する．複数のキャピラリーゲルを用いるシーケンサー（塩基配列決定装置）によりこの行程は自動化され，1970 年代から 2000 年代にかけて効率の改善が図られたが，

1回の行程で並行して取得できるのは最高で96か384の配列であった．これに対し，次世代シーケンサーでは同時に多数のシーケンス反応を行い，イメージセンサーを用いてシーケンス反応を光で同時に検出する．最長で約1,000塩基の長さの配列が解読できるジデオキシ法と比較して，決定できる塩基配列の長さは短いものの，同時に解析できる配列数が桁違いに多い．次世代シーケンサーによる塩基配列解析は，ゲノム配列がすでに明らかになっている生物を個体ごとに再解析（リシークエンス，resequence）する際には特に有効である．次世代シーケンサーによるデータのみから新規のゲノム配列を解読する試みもあるが，サイズが大きいゲノムを高い精度で解読するには物理地図情報が必要となる．

（4）バイオインフォマティクスと遺伝子領域の特定

　ゲノム研究は塩基配列の解読が最終目標ではなく，そこから遺伝子の位置を決定し，機能を確定することが重要である．こうした作業にはコンピュータを使った解析手法が必要となる．情報処理技術を活用した分子生物学はバイオインフォマティクス（bioinformatics）と呼ばれ，塩基配列情報の急激な増大とともに重要性は高まった．前項で解説したショットガンシーケンスにおける配列の結合も，バイオインフォマティクスで取り扱うテーマの1つである．

　ゲノム配列からタンパク質をコードする遺伝子の位置を特定するには，オープンリーディングフレーム（open reading frame，ORF）をコンピュータを用いて検索する．ORFは通常は開始コドンであるATGから始まり，終止コドンであるTAAかTAGかTGAで終わる．DNA配列には二本鎖それぞれに3つずつ，合わせて6つの読み枠（reading frame）が存在するので，すべて検索する．樹木のようなゲノムサイズが大きい真核生物では遺伝子間の距離が長く，エキソンとイントロンを持つためにORFの検索は困難であるが，使われるコドンの偏りやエキソンとイントロンの境界配列の情報をプログラムに組み込むことにより精度を向上させている．ポプラの場合には，複数のORF推定プログラムと完全長cDNAの情報をもとに，45,555の遺伝子をゲノム配列から予測した[1]．

　遺伝子として同定された塩基配列は，データベースに登録されている既知の遺伝子と比較することにより，機能を推定する．これを類似性検索（similarity search）という．類似性検索により，同一の進化的起源を持つ遺伝子すなわち相

同（homologous）な遺伝子を発見できる．相同遺伝子の機能が判明している場合には，対象とした遺伝子の機能も推測できる．類似性検索のためのプログラムとしてよく使われるのが BLAST（basic local alignment search tool）であり，遺伝子がコードするアミノ酸配列がデータベース内の配列と 30％程度以上の類似性があれば，相同遺伝子を明らかにできる．PSI-BLAST（position-specific iterated BLAST）は，BLAST よりもやや低い類似性も検出できるプログラムとして用いられる．データベース上の遺伝子機能割当て（annotation）に誤りがある場合や，類似する遺伝子の機能が一致しないケースもあるため限界はあるものの，類似性検索は遺伝子の機能推定の最初のステップとして重要な役割を果たしている．

3）樹木におけるゲノム研究の進展

(1) 葉緑体ゲノムとミトコンドリアゲノム

植物細胞には核ゲノム，葉緑体ゲノム，ミトコンドリアゲノムの 3 つのゲノムが存在する．葉緑体やミトコンドリアのゲノムサイズは核ゲノムに比べ格段に小さい．葉緑体のゲノムサイズは約 120 ～ 160kb で，130 個ほどの遺伝子を有している．2000 年にシロイヌナズナで核ゲノムが解析されるまでは，植物のゲノム解析は葉緑体ゲノムで先行して進められ，系統解析などに利用されてきた．1986 年にゼニゴケ[5]とタバコ[6]で全塩基配列が決定されて以来，2011 年 3 月現在までにコケ植物 5 種，シダ植物 10 種，裸子植物 18 種，被子植物 119 種の葉緑体ゲノムが解読された．針葉樹では 1994 年にクロマツ（*Pinus thunbergii*）で解読されたのが最初である[7]．最近は次世代シーケンサーを活用して複数の葉緑体ゲノムを一度に決定することも可能であり，マツ属（*Pinus*）7 種とトウヒ属（*Picea*）1 種を一度に解析した報告がある[8]．スギも 2008 年に葉緑体ゲノムの完全解読がなされた[9]．当年葉が黄白色となる「黄金スギ」の葉色変異の原因は，葉緑体ゲノムの遺伝子である *mat*K に 19bp の配列が挿入されたことにより読み枠がずれるフレームシフト変異（frameshift mutation）であると推定されている[10]．

植物のミトコンドリアゲノムは，現在までにコケ植物 5 種，裸子植物 1 種，被子植物 20 種で解読されている．ゲノムサイズは 105 ～ 704kb とばらつきが

大きい．裸子植物での報告はソテツ類のみで，針葉樹の報告はまだない．多くの作物において，花粉が正常にできない雄性不稔の一部でミトコンドリアが関与することが知られており，樹木でもミトコンドリアの遺伝子に起因する雄性不稔などの遺伝現象が発見される可能性がある．

葉緑体とミトコンドリアのゲノムは一般に片親からのみ遺伝する．ほとんどの被子植物では母性遺伝を示すが，針葉樹では異なる．マツ科（Pinaceae）とイチイ科（Taxaceae）の葉緑体ゲノムは父性遺伝をし，ヒノキ科（Cupressaceae）とナンヨウスギ科（Araucariaceae）では葉緑体とミトコンドリアの両方のゲノムが父性遺伝をするとの報告がある．母性遺伝する葉緑体やミトコンドリアの遺伝情報は，種子によってのみ次世代に伝えられ，花粉による広範囲の拡散がないために集団間の変異の程度が大きくなる傾向がある．さらに，葉緑体やミトコンドリアゲノムの突然変異率は核ゲノムより低く，配列置換による進化は遅い．こうした特性を活かし，集団分化や進化の研究に葉緑体やミトコンドリアの遺伝情報が利用されている．

(2) 核ゲノム

樹木で最初に核ゲノムの概要が解読されたのは，ゲノムサイズが比較的小さく樹木のモデル植物として研究が進められているポプラ（*Populus trichocarpa*）である[1]．最近，ユーカリ（*Eucalyptus grandis*）のゲノムの概要配列も解読された．針葉樹はポプラやユーカリに比べゲノムサイズが大きいことが障害となっていたが，テーダマツ（*Pinus taeda*）とオウシュウトウヒ（*Picea abies*）で解読作業が進められている．その他にも，産業上重要な樹種を中心に，連鎖地図や物理地図の作成が進んでいる（表5-1）．

(3) EST の収集

EST 収集はゲノム解析に比べ安価に行うことができ，新規遺伝子の探索やマーカー開発に役立つことから，ゲノムサイズが大きい樹木では積極的に進められてきた．針葉樹では，マツ属やトウヒ属で40万以上，スギで10万以上のESTが登録されている．EST情報から遺伝子の探索や機能付けを行うためには，ESTの情報を統合して遺伝子のセット（UniGene set）を抽出することが必要である．

	種　数	ゲノムサイズ	染色体数	ゲノム解読 状況	遺伝地図 （代表的な種）
マツ科（Pinaceae） 　マツ属（*Pinus*）	111	16～35Gb	2n = 24	解読着手 （*P. taeda*）	*P. taeda*
トウヒ属（*Picea*）	34	15～20Gb	2n = 24	解読着手 （*P. abies*）	*P. glauca*
トガサワラ属（*Pseudotsuga*）	10	19Gb	2n = 24*		*P. menziesii*
ヒノキ科（Cupressaceae） 　スギ属（*Cryptomeria*）	1	11Gb	2n = 22		*C. japonica*
ヤナギ科（Salicaceae） 　ヤマナラシ属（*Populus*）	29	485～528Mb	2n = 38	概要解読終了 （*P. trichocarpa*）	*P. trichocarpa*
フトモモ科（Myrtaceae） 　ユーカリ属（*Eucalyptus*）	733	377～719Mb	2n = 22	概要解読終了 （*E. grandis*）	*E. grandis* × *E. urophylla*
ブナ科（Fagaceae） 　コナラ属（*Quercus*） 　クリ属（*Castanea*）	531 12	489～978Mb 958Mb	2n = 24 2n = 24	物理地図構築 （*C. mollisima*）	*Q. robur* *C. denata* × *C. mollisima*

表 5-1　ゲノム解析が進められている樹木の例

* 一部の種では 26.

　これもバイオインフォマティクスのテーマの 1 つであるが，条件設定により異なった結果が得られるため，最終的に確定するためにはゲノムとの対応付けが必要となる．真核生物では，1 つの遺伝子から異なるエキソンが選択されることにより複数の mRNA を生成する選択的スプライシング（alternative splicing）という機構がある．そのため，EST 情報を統合して予測される遺伝子数は，実際の遺伝子数よりも多くなる傾向がある．

　遺伝子の構造を明らかにするためには，断片的な遺伝子情報である EST を結合するだけではなく，完全長 cDNA の全長を決定することも有効である．ポプラ[11] やシトカトウヒ（*Picea sitchensis*）[12] では，数千の完全長 cDNA の塩基配列解読が完了している．

（4）トランスクリプトーム

　細胞内の mRNA 全体のことをトランスクリプトーム（transcriptome）という．基本的に同一個体ではすべての細胞で同じであるゲノムに対し，トランスクリプ

トームは組織や環境によって発現する mRNA の種類や相対的な存在量が大きく異なる．成長や休眠，材形成，物理的・生物的ストレス応答時のトランスクリプトームが樹木で解析されている．トランスクリプトーム解析に使われる実験手法が，マイクロアレイ（microarray もしくは DNA chip）である．マイクロアレイは，ガラスやシリコンなどの基板上に DNA 分子を高密度に配置した分析器具を用いてハイブリダイゼーション（hybridization）を行う実験手法である（図 5-6）．ハイブリダイゼーションとは，お互いに相補的な配列を有する一本鎖の核酸が塩基対を形成して二本鎖の核酸分子を形成することをいう．ハイブリダイゼーションは，一本鎖にした DNA 同士や RNA 同士の間でも，一本鎖 DNA と RNA との間でも起きる．マイクロアレイでは，1 回の実験で数万のハイブリダイゼーションを行うことにより，多数の遺伝子の発現を調べることが可能である．トランスクリプトーム解析により，器官による遺伝子発現の違いや，環境ストレスにより発現量の変化する遺伝子情報が明らかにされているが，樹木に際だった特徴はこれまでのところ報告されていない．今後は，細胞内で発現する mRNA の塩基配列と

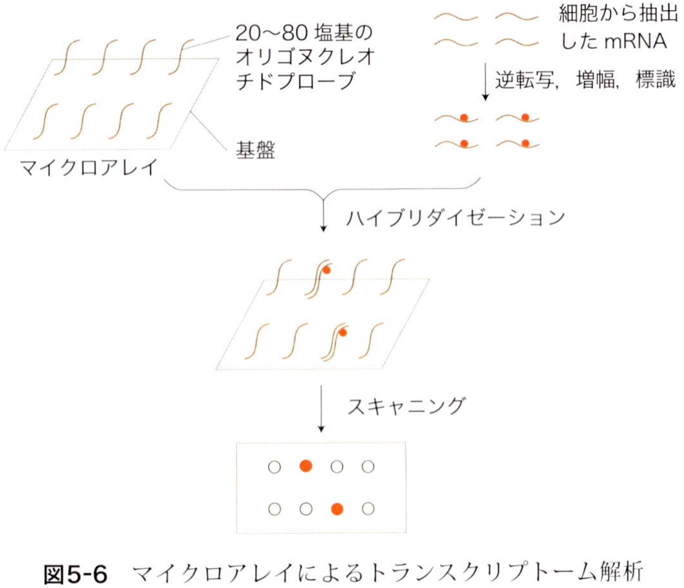

図5-6 マイクロアレイによるトランスクリプトーム解析

各オリゴヌクレオチドプローブは，それぞれ異なる遺伝子の部分配列に対応している．実際には，ここに示した模式図よりもずっと多くのオリゴヌクレオチドが基板上に高密度に配置されており，多数の遺伝子の発現(mRNA 量)を解析できる．

出現頻度を次世代シーケンサーで解析することによって，より幅広いトランスクリプトームの情報を得ようとする研究が活発化する見通しである．

　また，人工交配家系でトランスクリプトーム解析を行い，個々の遺伝子の発現量を量的形質（☞ 第2章3.「量的形質の遺伝」）として扱うことにより，連鎖地図上にマッピングすることもできる．これを発現量的形質遺伝子座（expression QTL，eQTL）という．eQTL と形質 QTL との連鎖地図上の相関を調べる解析も進められている．雑種ユーカリ（*Eucalyptus grandis × globulis*）の家系を用いた eQTL 解析により，材密度や成長と発現量が相関する遺伝子が報告されている[13]（☞ 第3章2.2)「適応的変異の検出方法」）．

(5) ゲノム情報の育種への応用

　材質や成長など育種の対象となる形質のほとんどは，複数の遺伝子で制御されている．こうした形質を遺伝学的に解析する手法として，QTL マッピング（☞ 第2章，第3章）とアソシエーション解析（☞ 第3章）が用いられる．アソシエーション解析により望ましい形質と関連する DNA マーカーの情報を蓄積することで，MAS（☞ 第2章 1.3)(4)「マーカー選抜（MAS）」）が可能となり，交配と選抜の回数を少なくし，育種期間を短縮できると期待される．

　形質と遺伝子の関係を解析するのに有効な別の手段として，遺伝子組換えが用いられる．遺伝子組換えでは，導入した遺伝子の形質が優性変異として直接観察できるため，時間のかかる交配を行わず遺伝子の働きを確かめることができる（☞ 3.「遺伝子組換え技術」）．

　遺伝子組換え技術を用いた解析手法は，表現型から原因となる遺伝子の機能を解析する順遺伝学（forward genetics）と，特定の遺伝子にターゲットを絞って解析する逆遺伝学（reverse genetics）に大別される．

　順遺伝学では，解析対象植物に導入した遺伝子によってゲノム中の遺伝子をランダムに破壊するか，あるいは遺伝子の発現を活性化させることで生じた形質転換体の表現型を解析する．表現型に影響を与えたことが明らかになった場合，遺伝子組換えにより挿入された部位の近傍のゲノム DNA の塩基配列を解析することで，表現型に関与した遺伝子を特定する．ポプラでは，遺伝子の発現を活性化させる形質転換体を多数作製して野外試験で表現型を調査し，成長に関与する遺

コラム 「森林生物遺伝子データベース（ForestGEN）とその利用」

　ゲノム上に存在する遺伝子の塩基配列情報は，貴重なバイオリソースである．森林総合研究所は，森林生物のゲノム情報を森林生物遺伝子データベース（ForestGEN；http://forestgen.ffpri.affrc.go.jp/ja/index.html）から公開している．このデータベースは，スギ，ヒノキ，ポプラなどの樹木，シイタケなどのきのこ類，線虫をはじめとする微生物などから収集した多数の遺伝子の塩基配列情報を提供しており，誰でも自由に利用することができる．塩基配列情報は生物種ごとに整理および統合されており，遺伝子の塩基配列やタンパク質のアミノ酸配列を入力すると，相同性の高い森林生物の塩基配列やアミノ酸配列などを検索することができる．また，入手したい遺伝子やタンパク質の名称を入力すれば，森林生物の塩基配列やアミノ酸配列の情報が取得できる．現在，スギでは約 23,000 種の遺伝子に相当する情報が公開されているが，次世代シーケンサーで決定した 2,000 万件を超える膨大な塩基配列情報が整理および統合され，追加されようとしている．スギの遺伝子情報の用途として，花粉症克服を目指す医学系研究者が，アレルゲンに類似する遺伝子情報を取得して，DNA ワクチンの開発など治療の高度化を図るという利用例が考えられる．一方，膨大な遺伝子情報を搭載した DNA マイクロアレイ（本文参照）を使って，野生植物である樹木の生命現象を明らかにすることも可能である．また，遺伝子組換え技術を使って，ストレス耐性，高バイオマス生産性や不稔性を付与した遺伝子組換え樹木の開発にも利用できる．さらに，有用な遺伝形質と連鎖する DNA マーカーの開発にも活用でき，優良個体の早期選抜が可能となり，育種の高速化に貢献できる（篠原健司）．

伝子を明らかにした例が報告されている[14].

逆遺伝学では，ターゲットとする遺伝子の発現を増加もしくは抑制させるような形質転換体を得て，その表現型を解析する．導入遺伝子は，モデル植物などの研究から成長やストレス耐性などに関わると推定された遺伝子と類似性のあるものを樹木のESTやゲノム情報から探索したり，遺伝子発現の組織特異性やストレス誘導性などを解析したりすることにより決定する．

2．樹木の組織培養技術

1）組織培養研究のあらまし

樹木の組織培養に関する研究が1920年代から始められていたことはあまり知られていない．1924年にマツ属（*Pinus*）やトウヒ属（*Picea*）植物の胚培養が行われたのが始まりである[1]．1934年に世界で初めてカエデ（*Acer pseudoplatanus*）などの形成層組織の切片からカルスの誘導に成功したが，継代培養は永続的にできなかった[2]．1937年に植物ホルモンの一種であるインドール酢酸が使用されるようになってから，カルスの定期的な継代培養が可能になった[3]．その後，多数の樹種でカルス培養や胚培養が確立され，1968年にアメリカヤマナラシ（*Populus tremuloides*）でカルス培養から完全な機能を持つ植物体が再生できるようになった[4,5]．1970年代には，樹木の組織培養研究が急速に進展した．しかし，樹木の場合には，農作物や園芸作物などに比べると，組織培養に関する情報の蓄積量は少ない．その理由は，①樹木の生活環は長期であるため用いられる外植体（培養するために切り取られた植物体切片）の生理的変動が大きい，②外植体内にはバクテリアなどが多く含まれ，これらの除去が困難，③樹木には有機酸やポリフェノール性物質などが多く含まれ，これらの流出や酸化により培養中の組織活性を低下させる，④個体間の遺伝的違いが大きく，個体により培養条件が異なる場合が多いことなどがあげられる．しかし，このような困難な条件下でも研究が進められ，これまでに多数の樹種で個体再生系が開発されている．

樹木の組織培養では，さまざまな方法により培養系が確立されている（表5-2）．そのうち頂芽や腋芽を培養することにより，早生分枝（多芽体）を誘導す

254　第5章　樹木のバイオテクノロジー

表 5-2　組織培養技術による主な増殖系

増殖系	形成器官	培養法	培養の区分	外植体
器官形成	早生分枝 苗条原基 カルスからの不定苗条	静置培養[1] 液体培養[2]	各種の器官培養 胚培養 葯・花粉培養	頂芽, 腋芽, 成長点, 葉柄, 葉片, 根片, 種子, 胚, 子葉, 胚軸, 葯, 花粉など
胚形成	不定胚 カルスからの不定胚	静置培養[1] 液体培養[2]	カルス培養 細胞懸濁培養 プロトプラスト培養など	

[1] 静置培養法で一般的に用いられる支持体：寒天, ゲルライト, アルギン酸ゲル, フロリアライト, パーライト, バーミキュライト, ロックウール, ペーパーブリッジなど.
[2] 液体培養法で一般的に用いられる手法：旋回培養, 振とう培養, 回転培養, タンク培養など.

るのが最も一般的な増殖法である．針葉樹の組織培養では，一般的に不定芽（普通には芽を形成しない組織から生ずる芽）を誘導して，シュート（苗条）を形成させる．いくつかの樹種では，液体培養によって各種器官から誘導される苗条原基と呼ばれる塊状の分裂組織の形成が報告されている．また，カルス（培養により外植体から分離される未分化の細胞集団）は植物体のあらゆる組織から誘導され，これを苗化系（植物体を形成させるための培養行程）に移すことにより，不定苗条が形成され，再生植物体となる．この増殖法では遺伝的な変異が生じる可能性が高いので，変異の拡大に利用される．近年，樹木の組織培養では，体細胞から直接誘導させた不定胚（受精によらずに，植物の体細胞から生じる胚様の組織）による効率的な個体再生系が注目されている．

2）個体再生技術

(1) 植物成長調節物質

　樹木の組織培養に用いる培地は，主要無機成分と微量無機成分の無機塩や，炭素源としてショ糖などを加える他，ビタミン，アミノ酸などの有機物質や植物成長調節物質（植物ホルモン）の添加を必要とする．主な基本培地としては，Murashige-Skoog(MS)培地, Gamborg らの B5 培地, Woody Plant Medium(WPM)培地, Quorin-Lepoivre（LP）培地, Campbel-Durzan（CD）培地, Broad-leaved Trees Medium(BTM)培地などがある（表 5-3）[6]．これらの基本培地に，目的によって各種植物成長調節物質を添加することで組織培養用の培地が作製される．植物成長調節物質のうち，サイトカイニンおよびオーキシンが最もよく使われる．サ

表 5-3 樹木の組織培養に用いられる主な培地 *（mg/L）

成分＼培地	MS	B5	WPM	LP	CD	BTM
多量要素						
KNO_3	1,900	2,500		1,800	340	190
NH_4NO_3	1,650		400	400	800	165
$Ca(NO_3)_2 \cdot 4H_2O$			556	1,200	980	640
$CaCl_2 \cdot 2H_2O$	440	150	96			44
$MgSO_4 \cdot 7H_2O$	370	250	370	360	370	370
KCl					65	
KH_2PO_4	170		170	270	170	170
$NaH_2PO_4 \cdot H_2O$		150				
K_2SO_4			990			860
$(NH_4)_2SO_4$		134				240
微量要素						
$MnSO_4 \cdot 4H_2O$	22.3		22.3	1		22.3
$MnSO_4 \cdot H_2O$		10			16.9	
$ZnSO_4 \cdot 7H_2O$	8.6	2	8.6	1.0	8.6	8.6
H_3BO_3	6.2	3.0	6.2	1.0	6.2	6.2
KI	0.83	0.75		0.01	0.83	0.15
$CuSO_4 \cdot 5H_2O$	0.025	0.025	0.25	0.03	0.025	0.25
$Na_2MoO_4 \cdot 2H_2O$	0.25	0.25	0.25		0.25	0.25
$CoCl_2 \cdot 6H_2O$	0.025	0.025			0.025	0.02
$FeSO_4 \cdot 7H_2O$	27.8		27.8	27.8	27.8	27.8
Na_2-EDTA	37.3		37.3	37.3	37.3	37.3
NaFe-EDTA		28				
ビタミン						
ミオイノシトール	100	100	100	1,000	100	100
塩酸チアミン	0.1	10.0	1.0	0.4	0.4	1.0
ニコチン酸	0.5	1.0	0.5			0.5
塩酸ピリドキシン	0.5	1.0	0.5			0.5
アミノ酸						
L-グリシン	2.0		2.0		300	2.0
L-アルギニン					50	
L-アスパラギン					200	
L-グルタミン					600	2.0
L-メチオニン					30	

*ショ糖を除く.

イトカイニン類は増殖の促進や器官再分化を目的として用いられることが多く，最も一般的に使われているベンジルアミノプリン（BAあるいはBAP）の他，ゼアチン，カイネチン，チジアズロンなどがある．一方，オーキシン類は根の分化やカルス誘導・維持を目的として用いられ，インドール酪酸（IBA），インドール

酢酸（IAA），β-ナフタレン酢酸（β-NAA），2,4-ジクロロフェノキシ酢酸（2,4-D）などがある．その他，アブシジン酸（ABA）やジベレリン（GA）は，培養細胞の増殖や器官分化に対しては一般に大きな効果を示さないが，特定の樹種や培養細胞に対して効果がある．ジベレリンは花芽の分化などに用いられ，アブシジン酸は針葉樹の不定胚誘導とその後の不定胚の成熟に有効である．

(2) 器官分化

樹木の培養細胞や組織などを適切な条件下で培養すると，器官分化が誘導でき，さらに誘導された器官を完全な植物体に発達させることもできる．細胞や組織などから個体再生に至るまでの過程は，茎葉器官の再分化，次いで根器官の再分化の順に行われる．器官培養では，一般的に成長点，頂芽，腋芽などの外植体が用いられ，適切な培地や条件下で培養すると芽や根を分化させる．器官分化に最も影響を与える要因として，オーキシンとサイトカイニンの植物ホルモンの種類の組合せとそれらの濃度が重要である．また，培養細胞や組織の起源，継代培養の期間やその間隔，温度や照明などの培養条件の検討も必要である．オーキシンとサイトカイニンとの組合せに関しては，一般的にサイトカイニン濃度を高めると茎葉が，オーキシン濃度を高めると根が形成される．樹木の芽の分化には数μMのベンジルアミノプリンが，根の分化には数μMのインドール酢酸が効果的な場合が多い．一方，樹木の組織片から誘導されたカルスを適切な培養によって器官を再分化させ，不定芽や不定胚を経由して植物体を再生させることもできる．

(3) 不定胚誘導

不定胚は，受精によらずに体細胞から生ずる胚様の組織であり，種子内に存在する胚と類似の形と能力を備えている．受精胚と非常に類似した構造を形成し，同様な経路を経て発芽して植物体へと発達する．樹木における不定胚形成技術は，頂芽や腋芽などを用いる一般的な増殖技術と比較すると，芽の分割や発根培地への移植などの労力を必要とせず，大量増殖に優れている．また，遺伝子組換え樹木の作出や胚発生の機構解明にも有力な実験系として利用できる．

不定胚を経由する針葉樹の個体再生は，1985 年にヨーロッパトウヒ（*Picea*

abies）で世界初の報告がなされた[7]．その後，他の針葉樹で報告されているが，効率のよい個体再生は特定の2〜3属に限定されており，まだ手つかずの樹種も多い．草本植物のような実用的な例は少ないが，いくつかの樹種については実用化され，他の多数の樹種については実用化を目指して大きな進展が見られる．例えば，カナダではトウヒ属などの苗木生産に不定胚が利用され，年間に100万本以上の培養苗が生産されている．その他に，アメリカではテーダマツ（*Pinus taeda*），エリオッティマツ（*Pinus elliotti*），ダグラスファー（*Pseudotsuga menziesii*），ニュージーランドではラジアータマツ（*Pinus radiata*），南アフリカではパツラマツ（*Pinus patula*），ブラジルではテーダマツ，チリではラジアータマツなどの不定胚を経由した苗の生産が活発に行われ，形質改良，材質改良，収穫量増大や病虫害抵抗性などを目指して，優良クローンの選抜のため数千系統が検定されている[8]．

　日本では，主要針葉樹であるスギ（*Cryptomeria japonica*）をはじめ（図5-7），

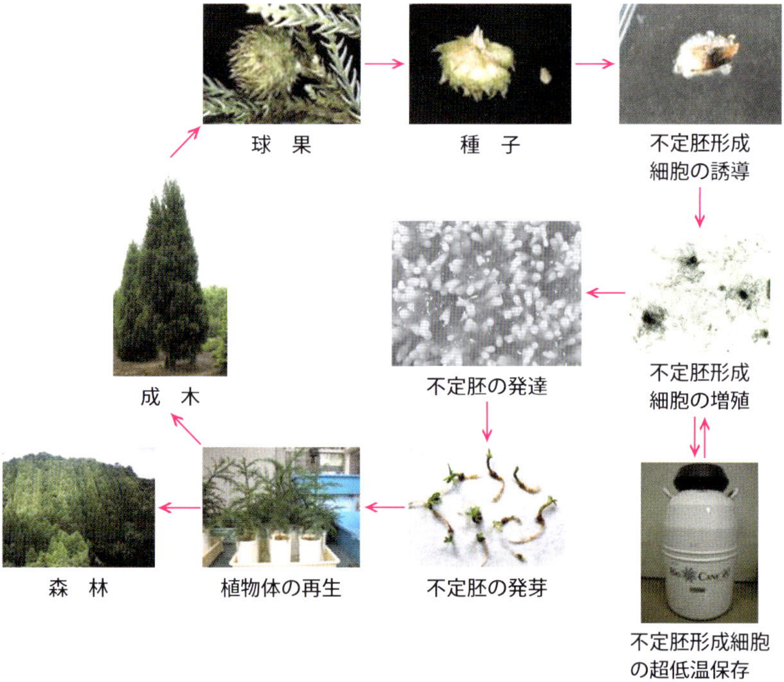

図5-7　不定胚を経由したスギの個体再生系

ヒノキ（*Chamaecyparis obtusa*），サワラ（*Chamaecyparis pisifera*），クロマツ（*Pinus thunbergii*），アカマツ（*Pinus densiflora*），さらには絶滅危惧種に指定されているヤクタネゴヨウ（*Pinus armandii* var. *amamiana*）やヤツガタケトウヒ（*Picea koyamae*）などについて，不定胚を経由した個体再生系が確立されつつある[9]．また，熱帯有用樹種での不定胚形成誘導による個体再生技術についても研究が進んでおり，樹木の大量増殖技術の実用化が期待される．スギ，ヒノキやサワラでは，不定胚形成細胞（組織片の培養によって不定胚を形成する能力を持つ細胞）の生重量 1g から約 1 万本の苗木を生産することが可能となっている．自然界では，1 個の種子から 1 本の実生苗しか得られないのに対して，この技術では 1 個の種子から数万本のクローン苗木を短期間に生産することが可能になることから，遺伝子組換えやクローン林業などへの応用が期待されている．

（4）プロトプラスト培養

　プロトプラストは，酵素処理などにより細胞壁を取り除いた状態の細胞のことである．プロトプラストを適切な条件下で培養することにより細胞壁を再生させ，1 つの細胞から完全な植物体を再分化させることが可能である．プロトプラストは，細胞膜同士が融合しやすい，高分子物質を細胞内に取り込みやすい，電気ショックで遺伝子（DNA）などを細胞内に取り込みやすい，細胞選抜がしやすいなどの長所があるため，細胞融合や遺伝子組換えなどにより，新たな有用樹木を開発することが可能となる．また，膜輸送，代謝調節，細胞壁合成，細胞間の交互作用，細胞分化の機構解明などの基礎的研究分野にも利用されている．

　プロトプラスト培養は，すでに組織培養系が確立されているものについて行われることが多い．樹木では，初めに述べたように組織培養が困難な樹種が多く，草本植物に比べプロトプラスト培養による成功例は限られている．その中で，広葉樹に関してはポプラ類の報告例が多く，針葉樹の場合はトウヒ属の成功例が多い．針葉樹の器官形成細胞由来のプロトプラストでは，完全な植物体までに再分化させることが非常に困難である．一方，不定胚形成細胞は全能性あるいは全形成能を有するプロトプラストの供給源であり，この細胞から単離したプロトプラストを培養すると，細胞壁が再生して細胞塊となり，この細胞塊は適切な培養により胚へと分化し，やがて 1 個の植物体になる．多くの場合，針葉樹のプロト

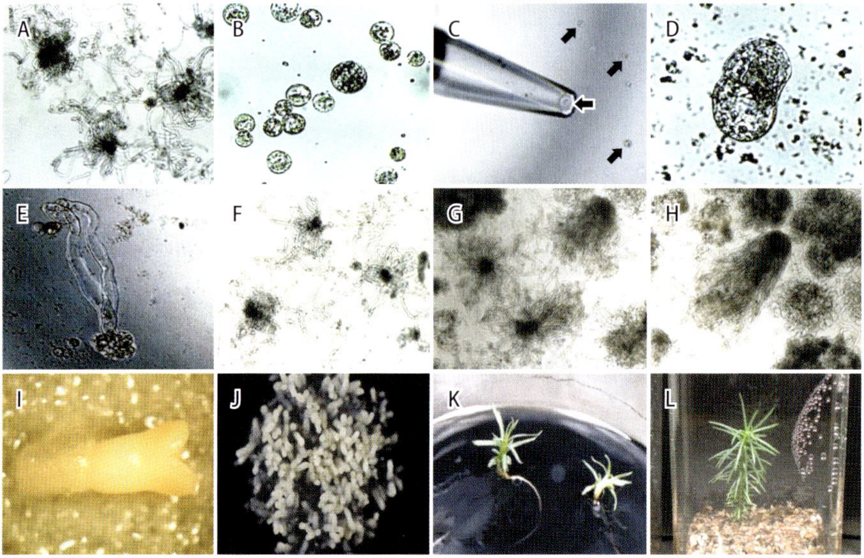

図 5-8　スギ不定胚形成細胞由来のプロトプラストからの個体再生系
A：不定胚形成細胞，B：プロトプラストの単離，C：マニピュレーターを用いたプロト
プラストの選抜，D：単独培養による単一のプロトプラストの分裂，E：細胞塊からの
胚柄形成，F：単一のプロトプラスト培養により再分化した不定胚形成細胞，G～J：
不定胚形成細胞の成熟化，K：不定胚の発芽，L：植物体の再生．

プラストの単離には不定胚形成細胞が使われている．日本産針葉樹では，スギ，
ヒノキ，サワラ，クロマツなどでプロトプラストの培養研究が進められている．
スギでは，未熟種子から誘導した不定胚形成細胞からプロトプラストを単離し，
単一のプロトプラストを単独で培養することができる（図 5-8）[10]．

（5）人工種子

組織培養で作られた不定胚を何らかの物質でコートして保護し，自然の種子と
同じように扱えるようにするという人工種子の概念が 1978 年に提唱された[11]．
初期には，不定胚を用いたものだけを人工種子と呼んだが，現在では，不定胚お
よびシュートなどの組織をカプセル化したもので，フラスコ内やフラスコ外の条
件に播くために使用することができるものを人工種子と呼んでいる．

人工種子は，大量安定生産，機械化や自動化，運搬，限られたスペースでの長
期保存に最適である．一般の培養植物体に必要な順化過程を省略でき，受精卵に

由来する胚を持った自然種子にはない遺伝的な均一性を持つクローン種子が得られ，増殖期間の短縮などが達成できる．しかし，樹木において無菌条件下で発芽する人工種子の報告例はあるが，非無菌条件下で発芽するものはきわめて少ない．また，野外微生物の多い土壌に播いて発芽する人工種子は未だ報告されていない．樹木の人工種子化の試みは，不定胚を用いて，針葉樹のトウヒ属，カラマツ属（*Larix*）やマツ属などで報告されている．広葉樹の場合は，組織培養で増殖された頂芽や腋芽などを用いることが多く，クワ（*Morus* spp.）をはじめ，サンダルウッド（*Santalum album*），キウイフルーツ（*Actinia deliciosa*），ブラックベリー（*Rubus* spp.），キイチゴ（*Rubus idaeus*），サンザシ（*Crataegus oxyacantha*），カンバ（*Betula pendula*），リンゴ（*Malus* spp.）などで報告がある．森林総合研究所では，培養組織片または不定胚を用いてシラカンバ（*Betula platyphylla* var. *japonica*）の人工種子を開発し[12]，その手法をキリ（*Paulownia* spp.），ポプラ（*Populus sieboldii*），サワラ，熱帯樹木のセドロ（*Cedrela odorata*），ボライナブランカ（*Guazuma crinita*）やジャカランダ（*Jacaranda mimosaefolia*）などにも適用し，人工種子中に添加する物質の種類と濃度の改良によって，非無菌条件下でも発芽する人工種

図5-9　サワラの人工種子
A：成熟不定胚，B：人工種子（アルギン酸ビーズ中に成熟不定胚），C：寒天培地・濾紙上での人工種子の発芽，D：寒天培地上で発芽した人工種子からの幼植物の成長，E：パーライト上での人工種子の発芽（無菌条件），F：滅菌していないパーライト上での透析膜で包んだ人工種子の発芽．

子を開発した（図 5-9）．将来，自然種子と同じように野外苗畑などで発芽する
人工種子の開発が期待されている．

3）育種への貢献

（1）マイクロプロパゲーション

　マイクロプロパゲーションとは，組織培養技術を利用した種苗（特にクローン）
の大量増殖技術をいう．そのメリットは，選抜された形質のよい個体を大量に殖
やすことと，遺伝的に均一な材料を提供できることである．また，増殖の効率が
著しく高く，ウイルスやバクテリアなどに感染していない健全な植物を増殖でき，
季節や環境に影響されずにクローン苗の大量生産が計画的にできる点にある．

　種子結実までに年数のかかる樹木では，選抜された精英樹の優良形質をそのま
ま普及するために，挿し木や接ぎ木などの栄養繁殖法による増殖が行われている．
しかし，なかには増殖速度が遅く繁殖が難しい樹種や個体があり，それらを効率
よく増殖させるうえで，組織培養を利用したクローン増殖は有効である．また，
天然記念物や絶滅危惧種などの保存や増殖にも組織培養を適用できる．さらに，
無病原体株（ウイルスフリー株）の作出においても，マイクロプロパゲーション
は有効である．植物の多くは，ウイルスなどに汚染されており，それにより商品
価値が著しく減少する．このような植物では，ウイルスなどを除く目的で成長点
培養を用いた大量増殖が利用されている．作物では，ジャガイモ，ニンニク，サ
ツマイモ，イチゴ，カーネーションなどでウイルスフリー株が育成されている．
樹木においては，草本植物のような実用的な例が少なく，果樹類がそのほとんど
を占めているが，ニホンギリてんぐ巣病の罹病木の茎頂培養による無病苗が作出
されている．

（2）遺伝子組換え

　遺伝子組換え技術の利点は，もとの植物の性質をかえずに，目標とする形質の
みを選択的に改変することができ，かつ他の生物種由来の遺伝形質を導入できる
点にある．遺伝子組換えの技術を用いれば，従来の交雑育種ではできなかった短
期間での新品種作出が可能となり，これまで品種改良に要した年月を短縮できる．
　遺伝子組換え樹木の作出には，ターゲットとする遺伝子，有効な遺伝子導入技

術と遺伝子導入後の有効な個体再生技術が必要である．特に，遺伝子組換え樹木の作出には，効率のよい安定的な個体再生系の確立が必要であり，ポプラ，ユーカリ（*Eucalyptus* spp.），トウヒ，カラマツやラジアータマツなど，遺伝子組換えの成功例は一部の樹種に限られている（☞ 3.「遺伝子組換え技術」）．

(3) 遺伝資源の保存

　遺伝資源保存は，現地および現地外での保存の2つの方法に大きく分けられる．現地で保存する場合は，かなりのスペースが必要であり，自然災害の発生なども危惧される．現地外での保存方法は，樹種の種類や利用目的の違いによって著しく異なっており，種子で保存される樹種と栄養繁殖の組織片などで保存されている樹種の2つの場合がある．種子で貯蔵できない樹種あるいは目的によってクローンで保存したい場合は，組織培養植物を常温や低温（通常 15 〜 5℃）で継代培養しながらフラスコ内に保存する場合が多い．しかし，これらを大量に長期維持するためには，広い設備が必要となり，コストや手間がかかる．それに対して，超低温保存では，少ないスペースでコストをかけず，液体窒素（−196℃）中に長期・安定的な保存が可能である．

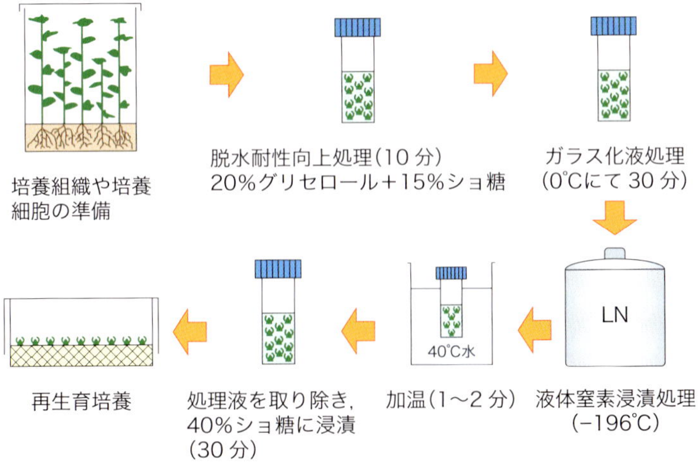

図5-10　ガラス化法による培養組織や培養細胞の超低温保存
ガラス化液（PVS2液）：30％（w/v）グリセロール，15％（w/v）エチレングリコール，15％（w/v）ジメチルスルホキシドおよび 0.4M ショ糖を含有する MS 基本培地．

1990年代の初期，ネーブルオレンジ（*Citrus sinensis*）の超低温保存のために
ガラス化法や簡易凍結法が開発され[13]，これまでに多くの種において凍結保存
による組織や細胞の長期保存が行われている（図5-10）．近年，カナダ，アメリ
カ，ニュージーランド，スウェーデン，フランスなどでトウヒ属，マツ属とトガ
サワラ属の不定胚培養系が開発され，交配で得られた多量の子孫を不定胚形成細
胞の状態で液体窒素中に長期保存している．野外試験によりそれぞれの個体の形
質を評価したのち，保存してあった細胞を増殖して個体を再生し，造林に利用す
る計画がある．

3．遺伝子組換え技術

1）遺伝子組換えの手法

遺伝子組換え植物とは，植物に遺伝子操作を行い，新たな遺伝子を導入し発現
させたり，植物自体が持つ遺伝子の発現を促進もしくは抑制したりすることによ
り，新たな形質が付与された植物である．

植物染色体への外来遺伝子の導入法は技術的には確立しており，効率のよい植
物の個体再生系さえあれば，植物細胞の染色体に外来遺伝子を導入し，組換え植
物を得ることができる．遺伝子を植物に導入する方法として種々の方法が開発さ
れているが，大別すると，土壌細菌アグロバクテリウムが持つ遺伝子導入系を利
用するアグロバクテリウム法と，DNAを直接植物細胞に導入するパーティクル
ガン法などの直接法がある．

（1）アグロバクテリウム法

土壌細菌アグロバクテリウムは植物病原菌として知られており，植物に感染す
ると根頭癌腫（crown gall）と呼ばれる腫瘍組織を形成する．この癌腫は，アグ
ロバクテリウム中のTi（tumor inducing）プラスミドと呼ばれる約200kbの巨
大なプラミスド上の一部の領域が植物に伝達され，核DNAに組み込まれること
によって誘発される．この伝達される領域はT-DNA（transferred DNA）と呼ばれ，
癌腫形成を引き起こす遺伝子（植物ホルモンのサイトカイニンとオーキシンの合

成に関与する遺伝子）を含み，その遺伝子は細菌の遺伝子でありながら植物中でのみ発現する．また，T-DNA上にはオピンと呼ばれるアミノ酸誘導体の合成酵素がコードされており，癌腫ではオピンが合成され，アグロバクテリウムの窒素および炭素源として利用されている．TiプラスミドにはT-DNAの他に，T-DNAの植物の核への伝達に必要な遺伝子群（vir）が存在する．また，T-DNAの両端にはレフトボーダー（LB）とライトボーダー（RB）と呼ばれる25bpからなる相同配列が存在し，T-DNAの切出しに必要であることが示されている．このことから，T-DNA上に外来遺伝子を挿入すると，その遺伝子もT-DNAとともに植物ゲノムに組み込まれると考えられ，1980年にT-DNA領域に転移によって挿入された細菌のトランスポゾンがタバコのゲノムに組み込まれることが示された．アグロバクテリウム法の利点は，DNA導入効率が非常に高く，植物種によっては，10～50％程度の効率で導入できること，導入されるDNAの両末端がT-境界配列となり一定になること，特殊な器具や機械が不要なことである．一方，短所は，アグロバクテリウムに対して感染効率が低い，または適切な感染条件が解明されていない植物種には利用が困難なこと，形質転換後に滅菌処理が必要な

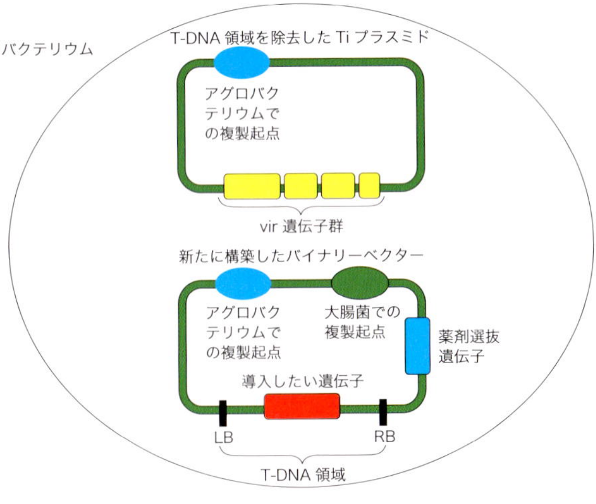

図5-11　バイナリーベクター法の特徴
T-DNA領域とvir遺伝子群はアグロバクテリウム中に存在すれば，同じプラスミド上になくても，T-DNA領域を植物に感染させることができる．現在では，大腸菌などで加工しやすいように大腸菌での複製起点を有するプラスミドにT-DNAやアグロバクテリウムでの複製起点を組み込んだバイナリーベクターが開発されている．

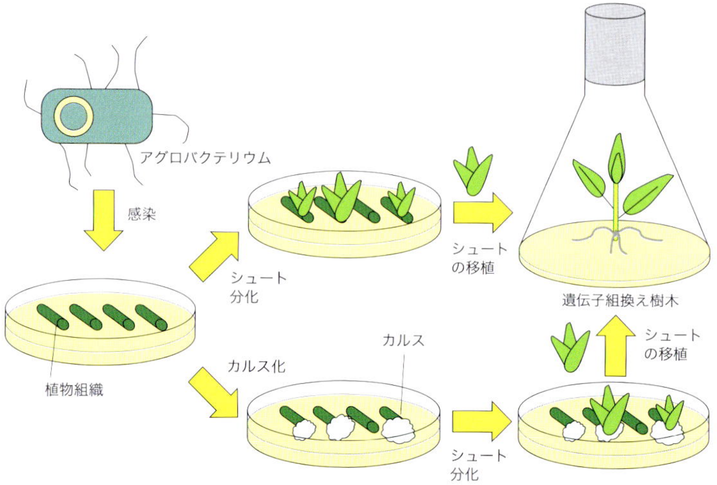

図5-12 アグロバクテリウム法による樹木の遺伝子組換え

ことである．Ti プラスミドは巨大で，当初はその取扱いが困難であった．1982年には T-DNA の領域は vir 遺伝子群と同一のプラスミド上に存在していなくても，植物へ移行することがわかったため[1]，T-DNA 領域を有し，アグロバクテリウムに安定に維持され，かつベクターを構築しやすいサイズのプラスミド DNA を，vir 領域を搭載する別のプラスミドを持つアグロバクテリウムに導入して，植物に感染させるバイナリーベクター法が開発された（図5-11）．現在では，樹木を含む植物の遺伝子組換えでは，このバイナリーベクター法が用いられている．樹木では，アグロバクテリウムの感染後，カルスを経由して植物体を再生する方法や植物組織から直接シュートを形成させる方法がある（図5-12）．後者は，組換え体作出に要する時間が短縮できるという特徴を持つ．この他，プロトプラストからの個体再生系が確立されている植物種に限り，プロトプラストにアグロバクテリウムを感染させるプロトプラスト共存培養法がある．

(2) 直 接 法

　アグロバクテリウム法が開発される以前に，植物のプロトプラストをポリカチオンなどで処理すると，DNA が取り込まれることが知られていた．しかも，取り込まれた DNA の一部は植物ゲノムに組み込まれると考えられていた．その

後，1982年にタバコのプロトプラストをポリエチレングリコール（PEG）処理することで，核ゲノムに遺伝子を組み込んだ組換え細胞が得られた[2]．直接法はDNAを直接植物細胞に導入し，宿主細胞の持つ組換え酵素の働きにより染色体に組み込む方法であり，アグロバクテリウムで観察される宿主域の問題がなく，多様な植物への有効な遺伝子導入法である．現在使用されている方法として，金属粒子を加速して打ち込む方法（パーティクルガン法），プロトプラストのエンドサイトシスを利用する方法（PEG法など），電気的に取り込ませる方法（エレクトロポレーション法），微少注入法（マイクロインジェクション法）などがあるが，パーティクルガン法が最も一般的である．直接法では，組換えにより再構成が起こりやすく，アグロバクテリウムを用いた場合と比較して挿入パターンが複雑になるという短所がある．

　パーティクルガン法はプラスミドDNAをまぶしたタングステンまたは金の粒子（直径 0.5 ～ 5μm）をヘリウム圧や火薬，空気圧などを利用し，高速で植物細胞に打ち込む方法である（図5-13）．植物によってはアグロバクテリウムを用いるよりも効率のよい場合がある．ただし，培養細胞の個体再生系が確立されていることと，多量の胚や茎頂が利用できることが必要である．また，導入効率を向上させるためパーティクルガンの打込み技術の向上が必要な場合がある．樹木

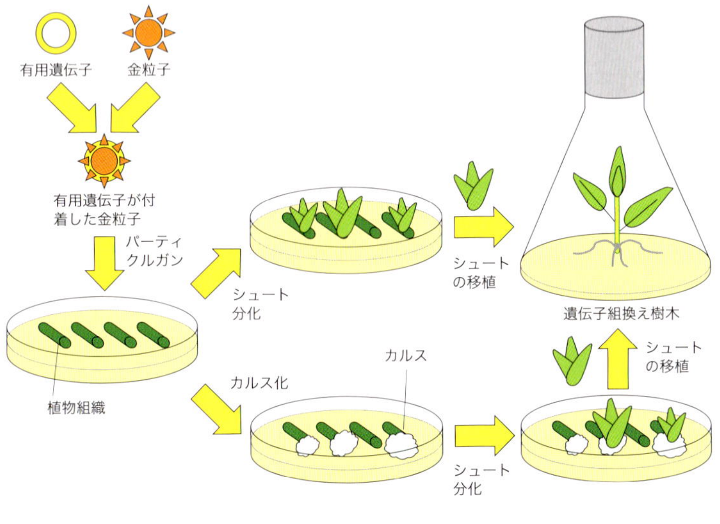

図5-13　パーティクルガン法による樹木の遺伝子組換え

では，葉または培養細胞に遺伝子を打ち込み，選抜培地で組換え細胞を選抜後，再分化させることで組換え体が得られる．また，ダイズの場合のように，未熟種子の頂端分裂組織に遺伝子を打ち込み，そのまま器官分化をさせ，遺伝子がキメラに導入された植物を自家受粉させて，完全な組換え植物を作出する方法もある[3]．この場合は形質転換第2世代（T_2）を獲得する必要があり，短期間で次世代の個体を得ることが困難な樹木には適していない．

この他，パーティクルガン法では葉緑体やミトコンドリアへの遺伝子導入が可能である．導入効率は核ゲノムへの場合と比較して非常に低く，1/100程度である．さらに，葉緑体に複製起点を持つDNAは導入され，複製することも確認されており，将来的にはプラスミドベクターによる葉緑体への遺伝子導入も可能になると考えられている．また，ミトコンドリアへの遺伝子導入も期待される．

2）遺伝子組換え植物の利用

導入した遺伝子によって生じる形質を観察し，その遺伝子の機能を解析する方法が一般的ではあるが，未知の植物遺伝子を網羅的に探索するため，アクティベーションタギングという手法も進められるようになってきた．

従来，遺伝子の機能の同定には，遺伝子の機能を破壊した（loss-of-function型）突然変異体が用いられていた．これは従来の突然変異体作成法（EMS法，トランスポゾンおよびT-DNAタギングなど）では，ほとんどの場合で遺伝子破壊型の突然変異体しか得られなかったためである．遺伝子破壊型の突然変異体は劣性となることが多いため，表現型を確認するにはT_2世代まで世代を進めなければならず，開花，結実までに10年以上を要し，栽培に必要な場所が大きい樹木にとっては，解析や維持がほぼ不可能である．しかし，1992年にアクティベーションタギング法が開発され[4]，これにより遺伝子の機能を増強した（gain-of-function型）突然変異体が作出されるようになったため，変異株を用いた樹木の遺伝子機能解析が可能になりつつある．アクティベーションタギングでは，T-DNAのRB近くにその下流の遺伝子配列の転写を促進する配列を挿入することで，このT-DNAが植物ゲノム中にランダムに挿入されると，挿入位置に近い遺伝子が過剰発現する（図5-14）．その結果，得られた突然変異体は優性の表現型を示すことになる．したがって，突然変異体の表現型は基本的に優性となるため，遺伝子機

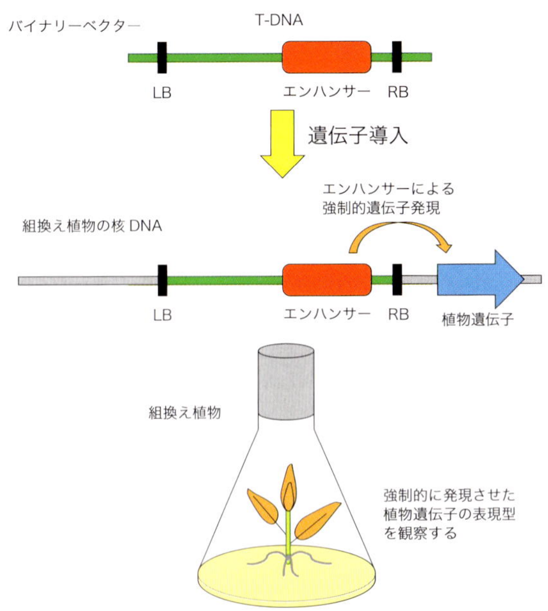

図5-14 アクティベーションタギング法による遺伝子の探索

能の解明がT_1世代で可能となり，非常に効率的であるといえる．また，遺伝子ファミリーを形成しているような遺伝子群，すなわち同じ機能を持つ遺伝子群の場合でも表現型の変化を確認することが容易である．遺伝子破壊によって致死になってしまうような遺伝子についても変異体を得ることが期待できる．

3）遺伝子組換え樹木の開発状況

　樹木では，アグロバクテリウム法を用いて 1987 年に初めて組換えポプラの作出が報告されて以来[5]，多数の組換え体が報告されている．広葉樹では一般的にアグロバクテリウム法により組換え体が作出されている．一方，針葉樹では，1993 年に虫害耐性を付与した組換えカナダトウヒ（*Picea glauca*）がパーティクルガン法を用いて作出された[6]．針葉樹に対するアグロバクテリウムの感染力が弱いことから，遺伝子組換え実験の際にはパーティクルガン法が多用されていたが，最近では組換え技術および個体再生系の効率化によってアグロバクテリウム法を用いた組換え体もいくつか報告されている．多くの樹木は，実験植物と比

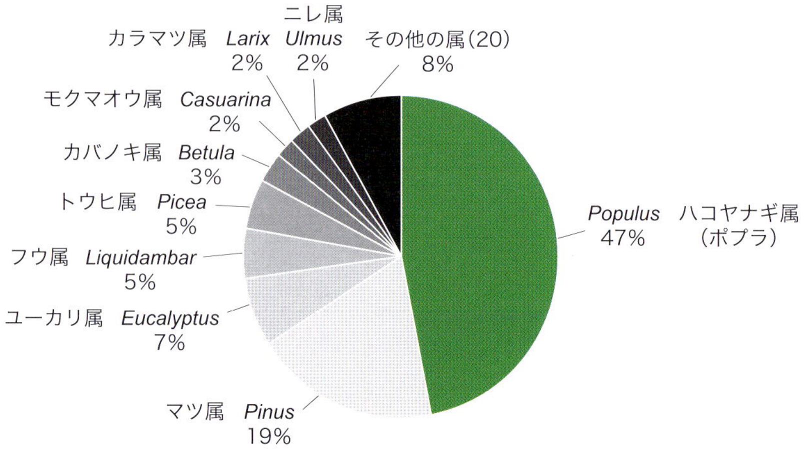

第5章　樹木のバイオテクノロジー　　269

図5-15　遺伝子組換え樹木作出の属ごとの報告論文数

較して，かなりの労力と時間を必要とするが，環境問題や産業への貢献を視野に
入れた遺伝子組換え樹木の作出が積極的に進められており，これまでに広葉樹で
はポプラ類やユーカリ属，針葉樹ではマツ属やトウヒ属などで多くの報告がある
（図5-15）．これまでに，製紙用にリグニンの構造や含量を改変されたポプラ類，
ユーカリ属，マツ属，セルロース含量を高めたポプラ類などが作出されている．
中国では，虫害耐性ポプラが野外で栽培されている．これらは主に産業造林を目
指したものであるが，遺伝子組換え樹木を荒漠地の緑化に役立てようという取組
みも広く行われている．

（1）産業利用を目指した組換え樹木

樹木は，人間社会でさまざまな役割，用途があり，例えば紙やパルプに加工さ
れるもの，建築資材として使われるもの，燃料などになるものがある．これらの
利用目的に合うように樹木を改変することや生育上の障害を軽減できれば産業的
価値が高まると考えられる．ここでは，成長制御を目指した組換え樹木，スギの
アレルゲン生産量の抑制を目指した組換え樹木，除草剤抵抗性の付与を目指した
組換え樹木，リグニン含量の減少を目指した組換え樹木の開発について紹介する．

a．成長制御

近年，環境緑化が注目され，多様な局面で樹木を利用しようというニーズがあ

270　第5章　樹木のバイオテクノロジー

る．当然ではあるが，その目的も樹木に要求される形質も異なる．同じ緑化であっても，ビルの屋上などの手狭で重量制限などがある場所と公園などの広い場所では植栽する樹木に求められる形質は異なる．そうしたニーズに適合する樹木を作出しようとする研究も進められている．バイオマス生産量が大きい樹木は，それだけ多くの CO_2 を固定することになる．ジベレリン（GA）は成長促進の生理作用を持つ植物ホルモンで，実験植物などでは生合成の各ステップを触媒する主要な酵素の遺伝子がすでに単離されている．GA はイソプレノイド経路のゲラニルゲラニルニリン酸から *ent-* カウレンを経て合成される（図5-16）[7]．ポプラの根から活性型 GA を吸収させると，顕著に葉や幹のバイオマス生産量が増加すると

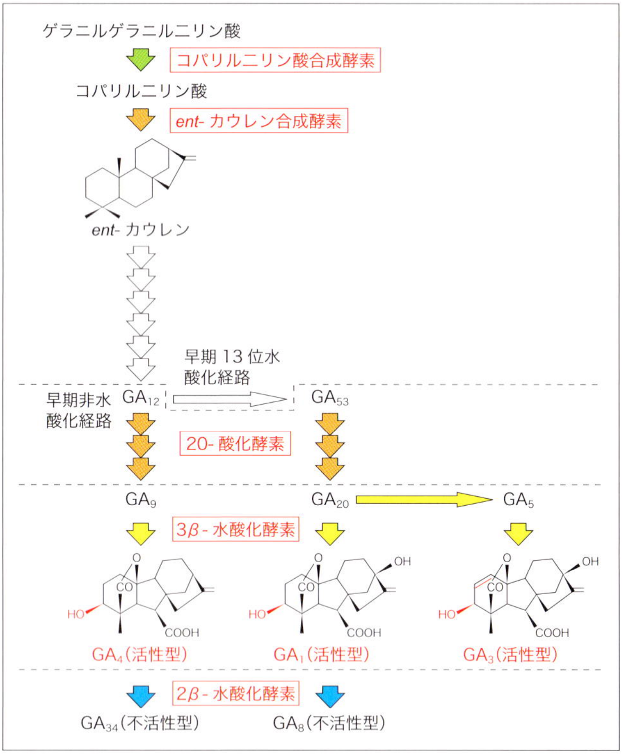

図5-16　植物のジベレリン生合成経路
ゲラニルゲラニルニリン酸から，コパリルニリン酸合成酵素，*ent-* カウレン合成酵素，カウレン酸化酵素，カウレン酸酸化酵素，GA20-酸化酵素（GA20ox），GA3 β 水酸化酵素の反応を経て活性型ジベレリンは合成される．また，GA2 β -水酸化酵素（GA2ox）の反応により，活性型ジベレリンは不活性型に変換される．

図 5-17　成長を促進する植物ホルモン合成酵素遺伝子の働きを強化した
　　　組換えポプラ（左）
野生型（右）と比較すると成長が顕著に促進されている.

いう実験結果がある. GA20-酸化酵素は，炭素数 20 の GA_{12} および GA_{53} から炭素数 19 の GA_9 および GA_{20} （いずれも活性型 GA の直前の前駆体）を生成する 3ステップの反応を触媒する酵素で，GA 生合成の律速因子といわれている. ポプラでは，この酵素を過剰発現することにより成長が促進される（図 5-17）. また，コムギでは活性型 GA を不活性化する GA2β-水酸化酵素を利用した成長制御に成功しており，GA20-酸化酵素以外の GA 生合成系酵素によっても，成長制御が可能であると考えられる.

b. スギのアレルゲン生産量抑制

　近年，わが国ではスギ花粉症患者が急増し，大きな社会問題となっている. この原因の 1 つに，戦後人工造林されたスギ林の多くが着花年齢に達し，花粉の生産量が急激に増加したことがあげられる. スギ花粉の主要アレルゲンは，Cry

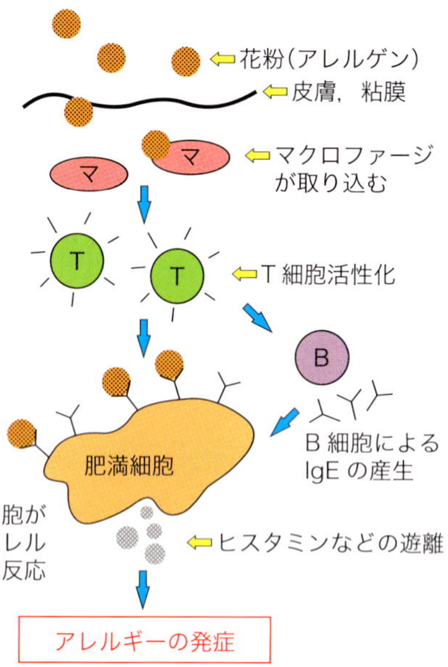

図5-18 スギ花粉症の発症機構

j 1 と Cry j 2 といわれ，Cry j 1 はペクテートリアーゼ活性を，Cry j 2 はポリメ
チルガラクツロナーゼ活性を持つ．花粉が鼻や目に入り，粘膜に付着すると，花
粉外膜が破れ，そこからアレルゲンが放出される．そして，それが体内に取り込
まれると，ヒスタミンやロイコトリエンなどの化学物質が産生し，粘膜の神経
を刺激して，アレルギーが発症する（図5-18）．アンチセンス法は，ターゲット
となるタンパク質をコードする mRNA に相補的な mRNA（アンチセンス mRNA）
を大量に転写するように遺伝子組換えを行う方法で，これにより目的の mRNA
の有効量が減少し，ターゲットのタンパク質の翻訳が抑制される．遺伝子の発現
抑制法には，RNAi 法と呼ばれる人工的に二本鎖 RNA を作出するように構築した
遺伝子を導入する方法もある．花粉で Cry j 1，Cry j 2 を生産しない組換えスギ
の作出も進められている．

c. 除草剤抵抗性

　特定の除草剤に耐性を持つ品種を作成し，その除草剤による雑草防除を可能
にするような樹木が開発されている．これにより作業の効率化が期待できる．一
方，単一の除草剤と除草剤耐性作物の組合せで長年栽培を続けると，その除草剤

に対する耐性雑草が出現するリスクがある．ビアラホス（bialaphos）は放線菌 *Streptomyces hygroscopicus*, *S. viridochromogenes* などが生産する抗生物質であり，窒素代謝においてアンモニウムイオンの同化に関与するグルタミン合成酵素の阻害剤として作用し，除草剤として働く．グルタミン合成酵素が阻害されると毒性の高いアンモニウムイオンが植物体内に蓄積するため，枯死に至ると考えられている．ビアラホス生産菌は，ビアラホスが自身のグルタミン合成酵素を阻害する事態に対処するため，ビアラホスを

図 5-19　ビアラホス耐性組換えポプラ（左）と野生型（右）
2 つを比較すると，ビアラホス存在下で組換えポプラは生育できるが，野生型は枯死する．

無毒化する酵素ホスフィノスリシン *N-* アセチル基転移酵素の遺伝子 *bar* を持っている．そこで，*bar* を植物内で発現できるように改変して導入することで，ビアラホス耐性組換えポプラが開発されている（図 5-19）．

d．リグニン含量の低減

リグニン含量を減らすことにより，パルプ（セルロース）の加工に必要な化学薬品やエネルギーが削減され，樹木を紙に加工しやすくなる．その結果，工場から排出される汚染物質の量も減少すると考えられている．リグニンの合成を抑制した組換えポプラでは高質のパルプ生産が成長や適応性の問題もなくできているという報告があるが，バイオマス生産性が下がったとの報告もある．また，リグニンの合成を抑制した組換えユーカリも開発されている．

e．そ　の　他

日立造船はトチュウゴムや油脂を利用するため，高生産性の組換えトチュウ（杜仲）の開発を進めている．また，ブリヂストンは高生産性かつ高ビタミン E 含有量の組換えパラゴムノキの開発を進めている．ビタミン E 含有量の増加はタイヤの耐熱老化性能の向上に繋がるという．前者は中国での，後者はインドネシアでの商業植林を目指している．

(2) 環境問題対策を目指した組換え樹木

植物は，低温，凍結，高温，乾燥，浸透圧（塩），強光，冠水，酸性土壌など，さまざまなストレス下で生育している．こうした劣悪環境に強い樹木を開発することができれば生育困難な荒漠地を緑化し，将来的には地球温暖化の軽減に貢献できると考えられる．ここでは，乾燥・塩ストレス耐性を付与した組換え樹木，環境汚染対策を目指した組換え樹木，紫外線・放射線耐性の付与を目指した組換え樹木，病虫害耐性の付与を目指した組換え樹木の開発について紹介する．

a．乾燥・塩ストレス耐性

砂漠化地域や塩害が見られる地域では，植林を行ってもうまくいかない場合が多い．こうした乾燥や塩害からのストレスで生じる障害を軽減するため，①生体成分を保護するために体内に蓄積される低分子化合物であるグリシンベタイン，プロリンやトレハロースなどの適合溶質の合成酵素遺伝子の導入，②ストレス応答性遺伝子を制御する Dehydration-Responsive Element Binding factor（DREB）などの転写因子の発現，③熱ショックタンパク質などのストレス関連タンパク質，④ストレスによって生じる活性酸素を消去するアスコルビン酸過酸化酵素やスーパーオキシドジスムターゼ（SOD）などの遺伝子を利用する研究が進んでいる．コリンから生成されるグリシンベタインを増やすため，土壌細菌 Arthrobacter globiformis のコリン酸化酵素遺伝子（codA）をシロイヌナズナへ導入し，耐塩性を強化したという報告がある．また，乾燥や塩ストレスに対する植物の防御反応を支配する転写因子（DREB）の遺伝子をシロイヌナズナへ導入し，乾燥耐性を強化したという報告もある．樹木へこれらの遺伝子を導入することで，耐塩性や乾燥耐性が強化される可能性は高く，ユーカリなどの樹木を対象に，裸地や砂漠の緑化を視野に入れた実用化研究が進められている．王子製紙では，シロイヌナズナの DREB1A を過剰発現する組換えユーカリを作出し，乾燥耐性の強化に成功している．また，日本製紙は，対塩性に関与するマングローブのマングリン遺伝子を導入した組換えユーカリや codA を導入した組換えユーカリを作出し，対塩性の強化に成功している．

b．環境汚染対策

グルタチオンレダクターゼは，硫黄酸化物や窒素酸化物，オゾンなどの大気

第5章　樹木のバイオテクノロジー　　*275*

汚染物質から生じる活性酸素を解毒するのに重要な役割を担っている．ポプラにグルタチオン還元酵素遺伝子を葉緑体で発現するように導入することで，活性酸素に対する耐性を向上させることに成功しているが，現在までの研究ではオゾンに対する強い耐性は示されていない．同様に，活性酸素の解毒に関わる

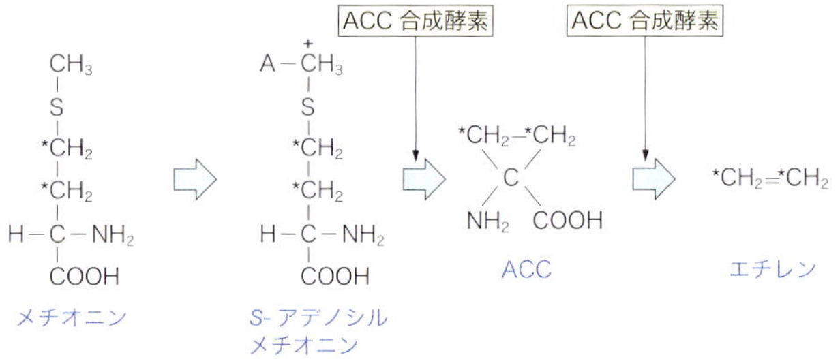

図5-20　植物のエチレン生合成経路

図5-21　オゾン処理後のオゾン耐性組換えポプラ（左）と野生型ポプラ（右）
野生型に枯死が観察されるオゾン濃度でも健全に生育することができる．

アスコルビン酸過酸化酵素を過剰発現したタバコにおいてもオゾン耐性は示されていない．これらの原因は，オゾンにより植物内の活性酸素だけでなく，植物ホルモンの一種であるエチレンの生成も促進されるためと考えられる．そこで，オゾンにより誘導されるエチレンの生成を抑制することで，高いオゾン耐性を持つ植物を作出できる可能性がある．エチレンは植物内ではメチオニンから 1-aminocycloplopane-1-carboxylic acid（ACC）を経て合成される（図 5-20）．オゾンにより誘導される ACC 合成酵素遺伝子の発現を抑制することで，エチレン生成を抑制し，オゾン耐性が付与できると考えられる．森林総合研究所では，ACC 合成酵素遺伝子を利用したオゾン耐性樹木の作出に成功している（図 5-21）[8]．反対に，ACC 合成酵素の発現を促進させることで，オゾン感受性組換えポプラの開発も進展している．

c．紫外線・放射線耐性の付与

紫外線や放射線の照射により生物の DNA にはさまざまな損傷が生じる．生物はこれに対するさまざまな修復機構を保持し，DNA の機能を維持している．光回復酵素（photolyase）は紫外線による DNA 損傷の一種であるピリミジン二量体を修復する酵素で，その遺伝子は比較的早い時期にシロイヌナズナから単離された．また，ヒトなどのほ乳類や酵母で発見された DNA 損傷の修復に関わる複数の遺伝子が植物でも相次いで発見され，植物もほ乳類と同様の DNA 修復機構を保持することが解明された．これらの DNA 修復に関わる遺伝子は，紫外線・放射線傷害が起こりにくい樹木の作出や，逆に紫外線や放射線に対する感受性を高めた環境指標樹木の作出に利用できる可能性がある．

d．病虫害耐性

マツノザイセンチュウによる松枯れ（マツ材線虫病）病などの病虫害は，林業や森林の保全において大きな問題である．これらの対策を目的として，耐虫性や耐病性を付与する研究が進められている．樹木に細菌 Bacillus thuringiensis の胞子に含まれる殺虫タンパク質（Bt トキシン）を生産する遺伝子を導入し，鱗翅目昆虫の幼虫に対する抵抗性を付与したという報告が多数あり，一部が中国で商業栽培されている．他にも，バレイショ由来のプロテアーゼインヒビターと呼ばれる昆虫の栄養摂取を阻害するタンパク質の遺伝子をポプラへ導入し，耐虫性を付与している．ポプラの耐病性の強化に関しては，コムギのシュウ酸酸化酵素遺

伝子の過剰発現によるカビに対する抵抗性の強化や，D4E1というペプチドを発現させることによる細菌に対する抵抗性の付与という報告がある．このD4E1遺伝子は米国農務省（USDA）により，植物の細菌および真菌性の病気に対する耐性を増強することが確認されている．

4）実用化に向けた技術開発

　シロイヌナズナなどの実験植物での研究成果が樹木へフィードバックされ，実用を視野に入れた研究が加速度的に進展しつつある．遺伝子組換え樹木の植栽に際しては，花粉や種子の飛散を通じた導入遺伝子の拡散による生態系の撹乱に対して細心の注意を払う必要がある．欧米での組換え樹木の野外試験は，開花以前に伐採することを条件に許可されるケースが多い．しかし，完全な遺伝子拡散防止には，開花抑制または花粉あるいは種子の不稔化が必須である．実験植物では，花芽形成を制御する遺伝子が多数単離されており，それらの遺伝子間相互作用についてもかなり解明されている（図5-22）．これらの遺伝子は，開花の促進，遅延や抑制の技術開発に利用できる可能性がある．また，スギアレルゲン Cry j 1, Cry j 2はその酵素活性から花粉の発芽や花粉管の伸長に関係すると考えられ，これらの遺伝子発現を抑制することにより，副次的に雄性不稔個体が作出できる可能性もある．

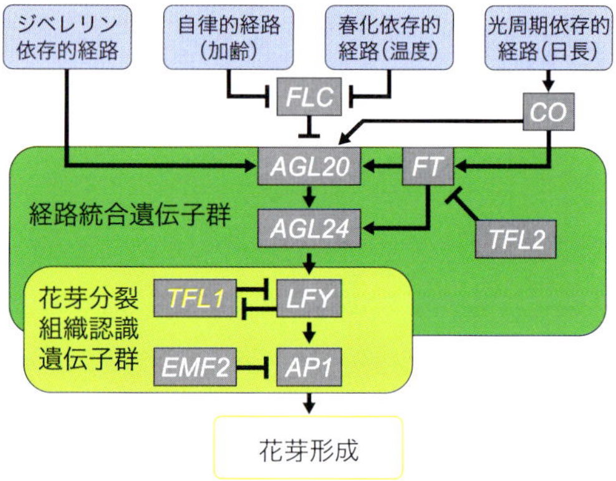

図5-22　実験植物シロイヌナズナの花成シグナル伝達経路

（1）花 成 制 御

　一般に，樹木は発芽してから開花結実するまでに長大な期間を要する．幼若期間と呼ばれるこの期間は，果樹などの育種を推進するうえでの大きな障害となっている．一方，スギ，ヒノキやシラカンバなどは，一度着花する樹齢に達すると毎年大量の花粉を大気中に放出し，花粉症を引き起こすとともに，着花するようになるとバイオマス生産量が減少する傾向にある．こうした現状から，果樹などの育種年限の短縮を目指す樹木の花成促進技術や，花粉症対策としての開花抑制技術の開発が求められてきた．気候変動枠組条約第9回締約国会議（COP9）で提案されているように，将来的にはさまざまな組換え樹木を利用し，地球温暖化対策，地球環境の保全や修復が行われると想定される．組換え樹木が導入された地域にもともと自生している植物種と交配することにより，生じる遺伝子撹乱など望ましくない事態を防止する手段として，開花抑制技術や不稔化技術の開発が必要といえる．

　実験植物や作物での研究成果の一部は樹木へフィードバックされ，この経路上の遺伝子のいくつかが果樹を含む樹木から単離されている．草本と木本に共通の花成シグナル伝達経路が存在することから，これらの遺伝子やその樹木での相同遺伝子が樹木の開花の促進・遅延・抑制技術に利用できる可能性が示されている．近年，リンゴやカンキツなど一部の果樹では，育種における世代促進技術の開発研究が加速度的に進展し，遺伝子組換えにより花成を促進し，短期間で後代を育成することに成功している．森林総合研究所では，花成抑制遺伝子（*TFL1*）の発現抑制や花成促進遺伝子（*FT*）の過剰発現によりポプラの早期開花誘導技術の開発に成功している．一方，開花抑制技術や不稔化技術に関しては，その評価自体が難しい．つまり，永久に開花しないのかということや，長い幼若期間のあとに開花したときに不稔性を示すのかなどを証明することが困難である．現状では，こうした措置を講じていない組換え樹木を，開花以前の伐採を条件に試験的に野外に植栽しているという状況に留まっている．しかし，地球温暖化対策，地球環境の保全や修復において有効と考えられる実用性のある有用形質を持った組換え樹木の作出は目前に迫っており，早急に遺伝子撹乱や生態系の破壊に対する防止策について検討する必要がある．

(2) 不 稔 化

　樹木の不稔化については，花の形態形成に関わる遺伝子の発現抑制や柱頭などの生殖器官特異的に RNA を分解する酵素を発現させる方法などが考えられる．また，スギアレルゲン Cry j 1，Cry j 2 は，花粉の発芽や花粉管の伸長に関係すると考えられている．したがって，スギにおいて，それらの遺伝子発現を抑制した場合に副次的に雄性不稔個体が作出できる可能性がある．さらに，そうした技術は，スギ花粉症問題など，樹木の花成に起因する諸問題の 1 つの解決手法としても利用可能である．

5）安全性の評価

　遺伝子組換えは，従来の手法と比較して非常に短期間で新品種が開発できることや種の壁を越えた品種の開発が可能であるが，安全性を保証する実績がないとして，樹木に限らず組換え植物を忌避する意見が根強い．組換え植物の安全性については，「実質的同等性」の概念に基づく議論が重要である．

　遺伝子組換え生物の生物多様性への影響に関しては，その取扱いや国境を越えた移動などについて，国際的な枠組みが定められている．「カルタヘナ議定書」と呼ばれるもので，「生物の多様性の保全」や「持続可能な利用」に対する悪影響を防止する目的で作成され，2010 年 11 月現在で 159 ヵ国と EU が締結している．日本では，この議定書に基づき「遺伝子組換え生物等の使用等の規制による生物の多様性の確保に関する法律（カルタヘナ法）」を制定し，具体的な基準を定めている．その基本的な考え方は，組換え生物であることによって非組換え体にはない多種との競合における優位性が高まることで，生物多様性に影響を及ぼすかどうかにある．

　遺伝子組換え植物の実用化に当たっては，実験室，温室，隔離圃場，一般圃場，大規模圃場と規模拡大の段階ごとに評価を行う必要がある．野外での評価を日本で行う場合には，カルタヘナ法に基づいて国に「生物多様性影響評価書」を提出し，承認を受けることが義務付けられている．2011 年 3 月現在，隔離圃場での栽培のため第一種使用が承認された遺伝子組換え樹木は，ユーカリ（*Eucalyptus globlus*）6 件，ギンドロ（*Populus alba*）2 件である．アメリカでは，100 件を超

える遺伝子組換え樹木の野外試験が実施されている.

　実用化を目的とする多くの組換え植物が作出されるようになり，そういった組換え植物のいくつかは，農業生産が開始され，日常的に目にする機会があるものもある．樹木では，中国の Bt トキシン生産ポプラが商業植林されているのみであるが，将来的には，多くの組換え樹木が野外植栽され，商業植林されるようになると考えられる．しかし，組換え樹木自体の有用性だけでなく，パブリックアクセプタンスの獲得や安全性の確保も実用化の段階ではきわめて重要である．したがって，国民の関心に的確に対応した情報を提供することや，常に最新の科学的知見に基づく安全性評価を実施することを念頭に入れた組換え樹木の管理体制の整備が必要であろう.

4．今後の展望

　森林の主な機能には，水源かん養，土砂の崩壊および流出の防止，木材生産などがあり，最近では二酸化炭素（CO_2）吸収による地球温暖化軽減に期待が高まっている．また，木材を建築物などに使用すれば，そこに炭素が貯蔵でき，CO_2 を放出することはない．木質バイオマスの利用も注目され，バイオエタノールや木の粉を固めた木質ペレットなどの燃料をつくるエネルギー利用，木材の成分からバイオプラスチックなどをつくるマテリアル利用が注目されている．一方，地球温暖化の進行に伴い，荒漠地（乾燥地，未利用地，耕作疲弊地など）の面積が増加し，全陸地の約 30％に達している．この広大な荒漠地を緑化できれば，農業生産と競合せず，地球温暖化の軽減や木質バイオマスの持続的利用に貢献することができる（図 5-23）.

　2003 年 12 月イタリアのミラノで開催された第 9 回気候変動枠組条約締約国会議（COP9）で，CO_2 吸収源として換算する植林に組換え樹木の使用が条件付きで認められた．わが国でも「環境保全に貢献するスーパー樹木の開発」が取りあげられ，遺伝子組換え樹木（genetically modified trees）の重要性が指摘されている.

　1983 年に植物の遺伝子組換えが初めて成功してから，これまでに樹木を含む数多くの植物種で遺伝子組換えが可能となった．組換え作物などの商業栽培が各

図 5-23 西オーストラリア荒漠地のユーカリの植林試験
この荒漠地はハードパン型乾燥地で, 雨量は年間 200 〜 300mm. (写真提供：田内裕之氏)

国で開始され, 組換え作物やそれらを利用した加工品が市場に出回っている. 日本では組換え植物の商業栽培は遅れ, 2009 年からサントリーの開発した「青いバラ」が岡山県で栽培されるようになった. 一方, 樹木のゲノム研究の進展により, 利用可能な有用遺伝子の情報は急増している. 最近, 中国は食葉害虫抵抗性組換えポプラを開発し, 世界初の商業植林を行っている. 組換え樹木の商業植林は人類に多大な恩恵をもたらす可能性がある. しかし, わが国はカルタヘナ議定書締約国である. 遺伝子組換えの成功例が報告されているポプラやカバノキ属など広葉樹 (ユーカリを除く) や針葉樹の多くは風媒花であり, 花粉の移動距離や在来種との交雑性などの生物多様性影響評価が重要である. また, 組換え樹木の実用化段階では, その有用性だけでなく, パブリックアクセプタンスの獲得もきわめて重要である. したがって, 国民の関心に的確に対応した情報提供や, 最新の科学的知見に基づく安全性評価の実施が必要である.

　真のスーパー樹木を開発するには, 1 つの有用形質だけでなく, 複数の有用形質を付与する必要がある (図 5-24). 例えば, 遺伝子組換え技術により, 乾燥耐性や耐塩性などの環境ストレス耐性, 高バイオマス生産性を付与し, さらに不稔性を導入できれば, 荒漠地の緑化が可能となり, 木質バイオマスの生産性が向上し, しかも在来種との交雑が防止でき, 生態系への組換え遺伝子の拡散を完全に

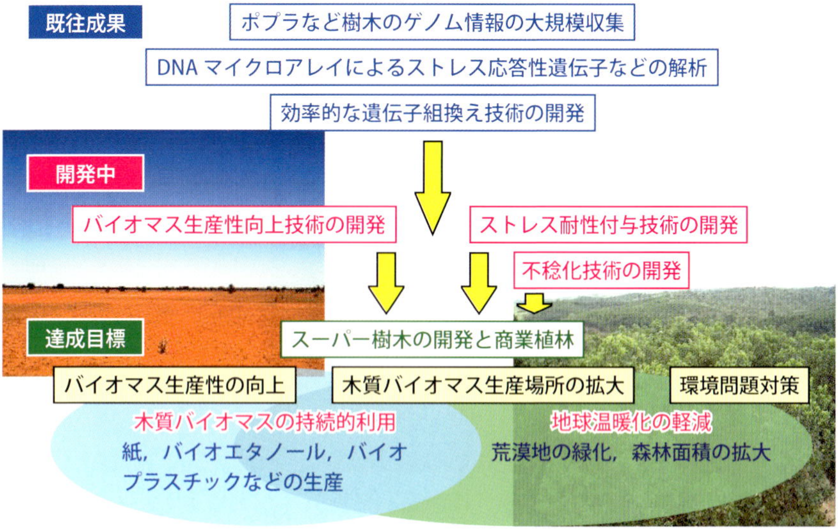

図5-24 環境保全に貢献するするスーパー樹木の開発

防ぐことができる．今後は，それぞれの有用形質を付与する際に利用する最適遺伝子を特定する必要があり，それにはさまざまな遺伝子を導入した組換え樹木を作製し，それぞれの組換え樹木の特性を比較することが重要である．

引 用 文 献

1．ゲノム研究

1）Tuskan, G. A. et al.: Science, 313, 1596-1604, 2006.
2）Fleischmann, R. D. et al.: Science, 269, 496-512, 1995.
3）Kelleher, C. T. et al.: Plant Journal, 50, 1063-1078, 2007.
4）International Rice Genome Sequencing Project: Nature, 436, 793-800, 2005.
5）Ohyama, K. et al.: Journal of Molecular Biology, 203, 281-298, 1988.
6）Shinozaki, K. et al.: EMBO Journal, 5, 2043-2049, 1986.
7）Wakasugi, T. et al.: Proceedings of the National Academy of Sciences of the United States of America, 91, 9794-9798, 1994.
8）Cronn, R. et al.: Nucleic Acids Research, 36, e122, 2008.
9）Hirao, T. et al.: BMC Plant Biology, 8, 70, 2008.
10）Hirao, T. et al.: Current Genetics, 55, 311-321, 2009.
11）Ralph, S. et al.: BMC Genomics, 9, 57, 2008.
12）Ralph, S. et al.: BMC Genomics, 9, 484, 2008.
13）Kirst, M. et al.: Plant Physiology, 135, 2368-2378, 2004.

14）Busov, V. B. et al.: Plant Physiology, 132, 1283-1291, 2003.

２．樹木の組織培養技術

1）Schmidt, A.: Botanisches Archiv, 5, 260-282, 1924.

2）Gautheret, R. J.: C. R. Acad. Sc. 198, 2195-2196, 1934.

3）Link, G. K. K. et al.: Botanical Gazettes, 98, 816?867, 1937.

4）Winton, L. L.: Science 160:1234-1235, 1968.

5）Wolter, K. E.: Nature, 219, 509-510, 1968.

6）最新バイオテクノロジー全書編集委員会：最新バイオテクノロジー全書「6」木本植物の増殖と育種, 農業図書株式会社，269pp, 1989.

7）Hakman, I. and Von Arnold, S.: Journal of Plant Physiology, 121(2), 149-158, 1985.

8）Cyr, D. R. et al.: Application of somatic embryogenesis to tree improvement in conifers(in Morohoshi, N. and Komamine, A. eds., Progress in Biotechnology, Molecular breeding of woody plants), Elsevier, 305-312, 2001.

9）丸山　毅：山林, 1492, 57-65, 2008.

10）Maruyama, E. et al.: Plant Biotechnology, 17(4), 281-296, 2000.

11）Murashige, T.: The impact of plant tissue culture on agriculture(in Thorpe, T. ed., Frontiers of Plant Tissue Culture 1978), International Association of Plant Tissue Culture, 15-26, 1978.

12）木下　勲：人工種子の未来 (齋藤　明編著：明日の組織培養), 林木の育種協会，123-144, 2001.

13）Sakai, A. et al.: Plant Cell Report 9, 30-33, 1990.

３．遺伝子組換え技術

1）Douglas, C. J. et al.: 152: 1265-1275, 1982.

2）Krens, F. A. et al.: Nature 296: 72-74, 1982.

3）McCabe, D. E. et al.: Nature Biotechnology 6, 923-926, 1988.

4）Gierl, A. and Saedler, H.: Plant Molecular Biology 19: 39-49, 1992.

5）Fillatti, J. J. et al.: Molecular and General Genetics 206, 192-199, 1987.

6）Ellis, D. D. et al.: Nature Biotechnology 11, 84-89, 1993.

7）Yamaguchi, S.: Annual Review of Plant Biology 59, 225-251, 2008.

8）Mohri, T. et al.: Plant Biotechnology 28, 417-421, 2011.

あとがき

　21世紀に入り，はや10年が経った．過ぎし20世紀を象徴的に表す言葉の1つに「知識の世紀」がある．より多くの知識集積をした人，組織，国家が優位に立てた時代である．これに対し，21世紀は「知恵の世紀」といわれる．

　20世紀後半に始まった林木育種と森林遺伝研究への組織的な取組みは，多くの知識や情報をもたらした．また，他の栽培植物の育種やゲノム研究に代表される遺伝学で得られた知識も，堰を切ったような激しさで森林遺伝育種分野に押し寄せている．林木でもすでにポプラやユーカリをはじめいくつかの樹種でゲノムの全DNA配列が決定されている．近年の第2世代シーケンサーの登場により，容易に全ゲノム情報を得ることが可能となってきており，多くの樹木で全ゲノムが解明される日もそう遠くはない．これらは，遺伝育種における知識集積の現状と今後を象徴しているように思える．

　林木育種はその特殊性ゆえに，多くの難問に直面している．単なる知識（技術）の模倣では大きな展開を遂げることはできないと思われる．これまでも，大きな期待のもと，いくつかの新技術が林木育種に導入されてきたが，果たして，これらの知識や技術は期待に十分沿うことができたであろうか．もし，十分な成果を達成できなかったとすれば，林木の特殊性を克服するための知恵絞りが希薄であったのかもしれない．

　今日，森林資源利用が急速に拡大している一方で，森林の持つ二酸化炭素吸収などの地球環境保全への貢献も高く評価され，森林蓄積増大への期待がさらに大きくなると思われる．森林を適切に管理し，保全していくための森林遺伝学と，森林資源の蓄積を著しく増大させることができる林木育種学との統合は，環境保全と資源利用の調和を図るうえでのキーテクノロジーを提供するであろう．1960年代，コムギとイネで行われた品種改良は大きな成果を収め，その後の世界の食糧生産能力は飛躍的に向上した．これは，「緑の革命」と呼ばれ，人類へ

の貢献が讃えられた．森林を舞台にした「緑の革命」を起こさなければならない．

厳しい地球環境の中にあって，森林遺伝育種学はこれまでに集積された知識を基に，世紀を越え，国境を越え，さらなる発展をしていかなければならない．それは，「知恵の世紀」に生きる若人に課せられたミッションと思われる．

1991年に出版された『林木育種学』（大庭・勝田 編）は，多くの方々に利用いただいた．その後の森林の遺伝と育種を取り巻く学術の進展には目覚しいものがある．とりわけ，森林の遺伝的多様性の評価，遺伝的構造の解明などでは大きな研究成果が得られてきた．森林遺伝育種学は，基礎遺伝学と同調して深化してきており，ますます専門化し，細分化されている．一方で，森林科学に貢献するために，それらの統合化が求められている．このような状況をふまえ，最新の知見を体系化し，『森林遺伝育種学』を刊行することにした．

本書が森林科学を専攻する学部学生や院生に，また林木育種に携わる研究者に，少しでもお役に立てばこのうえない喜びである．

なお，本書の出版に際しては，社団法人「林木育種協会」のご支援を賜った．記して感謝したい．

参　考　図　書

全　　般

森林総合研究所（編）：森林大百科事典，朝倉書店，2009.

日本育種学会（編）：植物育種学辞典，培風館，2005.

日本林業技術協会（編）：林業技術史，第 3 巻（造林編），日本林業技術協会，1973.

Hunter, M. L. Jr.（ed.）：Maintaing Biodiversity in Forest Ecosystems, Cambridge University Press, 1999.

White, T. L. et al.：Forest Genetics, CAB International, 2007.

遺伝および集団遺伝

鵜飼保雄：ゲノムレベルの遺伝解析 MAP と QTL，東京大学出版会，2000.

木村資生・太田朋子（訳）：Crow, J. F.・クロー遺伝学概説第 8 版，培風館，1991.

五條堀　孝・齊藤成也（訳）：根井正利・分子進化遺伝学，培風館，1990.

芹沢宏明（訳）：Hawaley, R. S. and Walker, M. Y.・バイオ研究に役立つ一歩進んだ遺伝学，羊土社，2005.

田中嘉成・野村哲郎（訳）：Falconer, D. S.・量的遺伝学入門（原著第 3 版），蒼樹書房，1993.

原田　光：林木の集団遺伝学入門，林木育種協会，2008.

中村圭子ら（監訳）：Alberts, S. ら・細胞の分子生物学第 5 版，ニュートンプレス，2010.

Hartle, D. L. and Clark, A. G.：Principles of Population genetics, 4th ed., Sinauer Associate, 2007.

生 態 遺 伝

種生物学会（編）：森の分子生態学－遺伝子が語る森林のすがた－，文一総合出版，2001.

津村義彦・陶山佳久（編）：森の分子生態学 2，文一総合出版，2012.

西田　睦・武藤文人（監訳）：Avise, J. C.・生物系統地理学－種の進化を探る－，東京大学出版会，2008.

西田　睦（監訳）：Frankaham, R. J. ら・保全遺伝学入門，文一総合出版，2007.

Isagi, Y. and Suyama, Y. (eds.)：Single-Pollen Genotyping, Springer, 2011.

林 木 育 種

浅川澄彦ら（編）：日本の樹木種子（針葉樹編），林木育種協会，1981.

大場喜八郎・勝田　柾：林木育種学，文永堂出版，1991.

勝田　柾ら（編）：日本の樹木種子（広葉樹編），林木育種協会，1998.

栗延　晋・久保田正裕：林木育種のための統計解析，林木育種協会，2012.

全国林業改良普及協会（編）：新版スギのすべて，全国林業改良普及協会，1983.

戸田良吉：今日の林木育種，農林出版，1979.

西尾　剛・吉村　淳（編）：植物育種学 第 4 版，文永堂出版，2012.

林　隆久（編）：森を取り戻すために② 林木の育種，海青社，2010.

古越隆信・谷口純平：林木の育種，農林出版，1982.

宮島　寛：九州のスギとヒノキ，九州大学出版会，1989.

Wright, J. W. ：Introduction to Forest Genetics, Academic Press, 1976.

Zobel, B. and Talbert, J.：Applied Forest Tree Improvement, John Wiley and Sons, 1984（Blackburn Pr, 2003）.

バイオテクノロジー

太田次郎（監訳）Brown, T. A・図解 遺伝子クローニングと DNA 解析，オーム社，2003.

岡崎康司・坊農秀雄（監訳）Mount, D. W.・バイオインフォマティクス ゲノム配列から機能解析へ第 2 版，メディカル・サイエンス・インターナショナル，2005.

最新バイオテクノロジー全書編集委員会（編）：木本植物の増殖と育種，農業図書，1989.

齋藤　明（編）：明日の組織培養，林木育種協会，2001.

ブッカーズ（編）：バイオプロセスハンドブック－バイオケミカルエンジニアリングの基礎から有用物質生産・環境調和技術まで－，エヌ・ティー・エス，2007.

村松正實・木南　凌（監訳）：Brown, T. A.・ゲノム第 3 版，メディカル・サイエンス・インターナショナル，2007.

索　引

あ

RNA ポリメラーゼ　36
アイソザイム　7，78
アクティベーションタギング　267
アグロバクテリウム　263
足きり選抜　150
アスコルビン酸過酸化酵素　274，276
アソシエーション解析　100，251
アデニン　31
アブシジン酸　256
アミノ酸　35，254
アレリックリッチネス　77
アレルゲン　271
アロザイム　7，76，78，106
アロ接合　46
安定化選択　55

い

鋳　型　33
閾値形質　67
育種価　63
育種基本区　187
育種集団　156，168
育種種苗　142
育種素材　144
育種素材保存園　226
育種年限　31

育種の波　155
育種プロジェクト　149
育種母樹　187
育種母樹林　187
育種目標　144，220
育成者権　159
育成品種　161
育成林業　142
育　苗　185
異質倍数体　129
移　住　53，54，95
一遺伝子一酵素説　35
一塩基多型　79，101
一代雑種　154
一代雑種育種法　169
一般組合せ能力　153，197
一般目標　145
遺伝暗号　36
遺伝獲得量　152
遺伝子　24，150
　―の距離　25
　―の重複　129
遺伝子型　20，62，151，208
遺伝子型値　62，63，65
遺伝子型頻度　42
遺伝子型分散　64
遺伝子型変異　151
遺伝子組換え　258，261
遺伝子組換え樹木　268，280
遺伝子組換え植物　263

遺伝資源　130，157，221
遺伝資源保存園　226
遺伝子座　41
遺伝子座当たりの対立遺伝子数　77
遺伝子資源　157，221
遺伝子多様度　43，80
遺伝子発現　40
遺伝子頻度　41
遺伝子ファミリー　129
遺伝子プール　41
遺伝子保存林　222，228，231
遺伝子流動　89，90，104，106，115
遺伝地図　26
遺伝的改良　143
遺伝的固定度　160
遺伝的侵食　149，157
遺伝的多様性　281
　―の維持機構　12，104
　―の地理的構造　11
　―の低下　115
　―の保全　10
遺伝的浮動　43，49，106，114，115
遺伝的分化　124
遺伝的変異　77
遺伝的劣化　4
遺伝分散　151，195
遺伝マーカー　78
遺伝率　60，64，69，152，

195

インドール酢酸　255
インドール酪酸　182, 255

う

ウイルスフリー株　261
ウラシル　36

え

栄養繁殖　160, 175
ACC 合成酵素遺伝子　276
液体培養　254
エピスタシス　63, 154
FFT アナライザー　207
F 統計量　82
エマルジョン PCR　245
MS 培地　254
エリートツリー　167
LP 培地　254
エレクトロポレーション法
　266
塩　基　31, 32
塩基置換　37, 95
塩基配列　31
遠交弱勢　133

お

応力波伝搬速度　207
オーキシン　182, 254
オート接合　46
オープンリーディングフレー
　ム　246
親子解析　107
オリゴヌクレオチド　34
Organelle capture　128
オルガネラゲノム　93
オルガネラ置換　128
オルテット　160, 175

開花抑制　277, 278
外植体　256
カイネチン　255
外来樹種　173
寡因子抵抗性　208
核ゲノム　248
核　酸　24
確率論的育種法　149
隔離圃場　279
家系管理　155, 156
家系図　46
花　成　278
開　花　278
花粉汚染　177
花粉管競争　105
花粉症　219
花粉飛散　104
ガラス化法　263
からまつ材質育種事業　205
カルス　254
カルタヘナ議定書　279
簡易凍結法　263
環境共分散　68
環境適応性　144
環境分散　64, 151, 195
環境変異　151
冠雪害　218
感染阻止型　208
完全任意配列法　191
完全優性　48
乾燥貯蔵　180
寒風害　216

き

キアズマ　25
器官分化　256
気象害抵抗性　145, 147,
　215

か

逆　位　95
逆遺伝学　251
逆転写　79
逆転写酵素　39, 241
QTL 解析　150, 151
QTL マッピング　69, 251
狭義の遺伝率　65, 196
局所管理　189
切接ぎ　183
近縁係数　48
近　交　154
近交係数　43, 46, 50, 52
近交弱勢　48, 105, 155,
　175
近親交配　45, 154, 175

く

グアニン　31
区間マッピング　71
組合せ能力　153, 197
組換え　25
組換え価　25, 27
組換え型　27
組換え DNA　238
組換え率　69
クラスター分析　120
グリシンベタイン　274
グルタチオンレダクターゼ
　274
クローン　151
クローン採種園　176
クローン識別　7
クローン増殖　159
クローン苗　16, 160
クローン林業　15, 154,
　163, 165

け

形　質　20, 150
形質値　70

索　　引　　**291**

形　態　22
形態的種　119
系　統　188
　－と環境の交互作用　192
　－の評価　194
系統関係　120
系統管理　155
系統樹　120
系統地理　93, 95
Categorical allocation　108
欠　失　37, 95
結実周期　180
決定論的育種法　148
ゲノム　26, 37
ゲノム解析　150
ゲノム解読　238
ゲノムスキャン法　99
ゲノム配列解析　240
ゲノムライブラリー　241
減数分裂　21
現地外保全　134
現地保全　133, 157
検定交配　23

こ

コアレセントシミュレーション　99
広義の遺伝率　64, 196
交互作用　154, 189
交　雑　146, 167
格子型配置法　192
抗生作用　165
高速フーリエ変換　207
行動観察　105
交配様式　84
個体間競争　16
個体再生系　263
個体識別　109
個体選抜　167
個体の選択　4

固定化　53
固定指数　43
コドン　36
孤立化　115
コルヒチン　171
コンティグ　244
コンテナ苗　185

さ

細菌人工染色体　238
材　質　203
採種園　6, 144, 154, 160, 176
採種木　176
採取林業　142
再生植物体　254
サイトカイニン　254
栽培品種　160
再分化　256
細胞培養　159
細胞壁　258
細胞融合　258
採穂園　144, 154, 177
採穂台木　177, 178
在来系統　175
在来品種　145, 161
サザンブロッティング法　78
挿し木　159, 160, 175, 181
挿し木造林　145
挿し木苗　160, 185
挿し穂　181
雑種強勢　154, 169
サブクローンライブラリー　244
産地試験　6, 14, 97, 143, 145, 174

し

シーケンサー　245
シイタケ原木育種事業　147
cDNA マイクロアレイ　98
cDNA ライブラリー　241
CD 培地　254
ジーンバンク　221
ジェネット　160
自家受精　45
自家不和合性　89, 105, 154
2,4-ジクロロフェノキシ酢酸　256
自己複製　33
自　殖　45, 175
自殖弱勢　155
自殖性植物　175
施設保存　223, 228
自然選択　53, 55, 58, 76, 78
子孫群　22
次代検定　149, 151, 153, 168
次代検定林　153
実験計画法　188
質的形質　28, 150
指定採取源　187
指定母樹林　160
ジデオキシ法　245
シトシン　31
ジベレリン　177, 179, 256
樹位性　182
雌雄異花同株　89
雌雄異株　89
雌雄異熟性　90
終結シグナル　36
終止コドン　36
集　団

－の遺伝的多様性　43
－の遺伝的分化　51, 53
－の有効サイズ　41
集団間
　－の遺伝的分化　92
　－の遺伝的変異　76
集団選抜育種　14, 147,
　148, 167, 200
集団平均への回帰　60
重　複　95
種間雑種　119, 121, 155
珠孔液　179
種　子
　－の豊凶　177
　－の保存　180
種子産地　146, 174
種子散布　85, 104, 113
種子繁殖　175
樹種選択　4, 13
主働遺伝子　62, 150
主働因子抵抗性　208
種内雑種　155
種苗配布区域　12, 136,
　146, 186
種苗法　159
順遺伝学　251
純化選択　57
順繰り選抜　150
純　系　151
純粋栄養系　161
純度（種子の）　181
少数遺伝子型　208
状態において同一　46
植物成長調節物質　182
植物ホルモン　254
除草剤抵抗性　272
ショットガン法　242
除　雄　179
人為選択　68
進化プロセス　130

人工交配　178
人工交配苗　193
人工種子　259
心材含水率　205
真性抵抗性　208
浸透交雑　121
森　林
　－の遺伝的管理　7
　－の断片化　117
森林遺伝資源　157, 222

す

水素結合　32
スーパーソレノイド　24
スギカミキリ抵抗性育種
　213
スギザイノタマバエ抵抗性育
　種　214
巣ごもり交配　198
ステップワイズ突然変異モデ
　ル　83
ストレス応答性遺伝子　274
ストレス耐性　274
スペーサー　120

せ

ゼアチン　255
精英樹　143, 167, 200
精英樹選抜育種事業　147
生化学的抵抗性　165
生活形　84
生活史特性　114
正規分布　59
制限酵素　238
制限酵素断片長多型　78
制限酵素断片フィンガープリ
　ント　243
生産集団　156, 168
成熟材　208
生殖隔離　119

生息域外保全　134
生息域外保存　222
生息域内保全　133, 157
生息域内保存　222
生存力　58
成長制御　269
成長調節物質　254
生物学的種　119
生物間相互作用　118
生物多様性条約　158
成分育種　164
雪圧害　217
雪害抵抗性　218
接種検定　210
繊維長　143
旋回木理　204
選好性　165
潜在的遺伝資源　158
染色体　24
選　択　146
選択的スプライシング　249
センチモルガン　27
セントラルドグマ　36
選　抜　6, 143
選抜育種　14
選抜強度　69
選抜限界　69, 153
選抜個体　144
選抜差　68
選抜指数　150
選抜マーカー　104

そ

総当たり交配　154
相加遺伝分散　64
相加効果　154
相加の遺伝子型値　63
相加的遺伝分散　177, 195
早期選抜　31
相互植栽試験　98

索　引　**293**

創始者効果　91
送受粉　104, 111
増　殖　143
増殖抑制型　208
早成樹育種　144
相同遺伝子　247
相同染色体　24
挿　入　37, 95
相補的 DNA　40, 79, 241
組織培養　159, 175, 185, 253
祖先において同一　46

た

ダーウィン選択　57
ダイアレル交配　154, 198
台　木　183
耐　性　165
耐虫性　276
大腸菌　238
多遺伝子座解析　99
耐病性　276
対立遺伝子　20
　－の数　43
　－の固定　115
対立遺伝子頻度　76
多芽体　253
多　型　43
多型サイト数　80
多型サイトの割合　80
多型的遺伝子座　77
Tajima's D　99
他　殖　175
他殖性　154, 175
他殖率　87
多数遺伝子型　208
WPM 培地　254
多様化選択　91
単因子抵抗性　208
単　型　43

単形質選抜　149
単交配　198
単純排除法　107
単純反復配列　243
弾性率　202, 203
短伐期林業　164

ち

地域虫害抵抗性育種事業　147
地域品種　160
地域目標　145
チジアズロン　255
地図距離　27
地方品種　160
チミン　31
着花促進　177, 179
中立遺伝子　59
中立説　58
中立変異　76
超優性　48, 57
地理的な遺伝的構造　76

つ

接ぎ木　159, 160, 175, 183
接ぎ木親和性　183
接ぎ穂　183

て

TR 率　186
Ti プラスミド　263
DNA クローニング　238
DNA 損傷の修復　276
DNA データベース　79
DNA バーコード　120
DNA フラグメント　124
DNA 分子マーカー　150
DNA ポリメラーゼ　33, 239

DNA マーカー　26, 78
DNA リガーゼ　238
T-DNA　263
抵抗性　165, 199
抵抗性育種　208
デーム　41
デオキシリボヌクレオチド　32
適応性　199
適応的変異　76, 95
適応度　58
適応度形質　58
適応度モデル　55
テルペン類　7
電気泳動　78
転　座　95
点突然変異　37, 95
天然品種　160
天然絞丸太　162
天然林生態系　10
天然林施業　12
天然林伐採　136

と

凍　害　216
統計遺伝学　151
凍結保存　263
同質倍数体　129
淘　汰　96
導入育種　173
特性評価　230
特定組合せ能力　153, 197
得苗率　186
特別母樹　187
特別母樹林　187
独立淘汰法　150
独立の法則　20
突然変異　34, 53, 146
突然変異育種　172
トランスクリプトーム　249

294　索　　引

トランスポゾン　95，264

に

二次目標　145
二重らせん構造　32
二倍体　170
二本鎖 DNA　33
任意交配　42，45
任意交配集団　41
任意配列ブロック法　191

ぬ

ヌクレイン　24
ヌクレオソーム　24
ヌクレオチド　32，33

ね

熱ショックタンパク質　274
根分け　160

の

乗換え　25

は

ハーディ・ワインベルク平衡
　42，43
パーティクルガン法　263，
　266
バイオインフォマティクス
　246
配偶子　21
排除分析　107
倍数化　95，129
倍数性育種　170
倍数体　146
バイナリーベクター法　265
配列タグ部位　243
発芽鑑定　180
発芽効率　181
発芽勢　181

発芽促進　180
発芽率　181
発　現　25
発現配列タグ　241
ハプロタイプ　124
繁殖成功　131
繁殖力　58
反　復　189
反復率　195

ひ

PEG 法　266
BAC クローン　244
BLP 法　194
B5 培地　254
BTM 培地　254
Bt トキシン　276
ヒストン　24
非相加効果　154
非相加的遺伝分散　195
ビタミン　254
必須目標　145
必要条件　145
微働遺伝子　62
表現型　20，58，151，167
表現型選抜　151
表現型値　69，70
表現型分散　151
苗条原基　254
病虫害抵抗性　145
ピリミジン塩基　33
品　種　159

ふ

ファコップ　207
フィッシャーの 3 原則　189
フェノロジー　97
複合栄養系　161
袋接ぎ　184
父性遺伝　78，124

普通母樹　187
普通母樹林　187
物理地図　242
物理的抵抗性　165
不定芽　254
不定胚　254，256
不定苗条　254
不稔化　277，278
プライマー　34
fractional allocation　108
プラス木　143，167
プラスミド　238
ブリッジ PCR　245
プリン塩基　33
フレームシフト突然変異
　39，95
不連続変異　150
ブロック　188
プロット　188
プロテアーゼインヒビター
　276
プロトプラスト培養　258
プロモーター　36
分散分析　193
分子系統樹　120
分子分散分析　84
分子マーカー　58，78
分集団　41
分集団化　49，53
分断選択　55
分布範囲　85
分離の法則　20

へ

平均遺伝子多様度　43
平均効果　62
平均ヘテロ接合度　43
β - ナフタレン酢酸　256
ベクター　238
ヘテロシス　154，169

ヘテロ接合体　23
ヘテロ接合度　43，80
　－の観察値　80
　－の期待値　43，80
変異の創出　143
ベンジルアミノプリン　255

ほ

方向性選択　55
方向性選抜　69
放射線　172
保湿貯蔵　180
母　樹　6
母樹齢効果　182
圃場抵抗性　208
ホスミド　238
母性遺伝　93，124
ボトルネック　90，126，
　131
ホモ接合体　23
ホモプラシー　125
ポリジーン　62
ポリネーター　105
ポリメラーゼ連鎖反応　78，
　238
翻　訳　36

ま

マーカー選抜　29，30，
　150
マイクロアレイ　99，250
マイクロインジェクション法
　266
マイクロサテライト　76，
　79，106，111
マイクロプロパゲーション
　261
マツ材線虫病抵抗性　209
マツノザイセンチュウ抵抗性
　育種事業　147

マテリアル利用　280

み

ミクロフィブリル傾角
　100，208
実生採種園　176
実生苗　185
未成熟材　207
密　度　202，203
密閉挿し　182
ミトコンドリアゲノム　93，
　247

む

無花粉スギ　22
無限対立遺伝子モデル　83
無作為化　189
無性繁殖　160
無病原体株　261

め

メタ解析　118
メンデル遺伝　20
メンデル集団　41
メンデルの法則　20

も

木質バイオマス　280
元親効果　153
戻し交雑　23

や

野外保存　223
ヤング率　203

ゆ

有限集団　50
有効集団サイズ　90，115
優　性　20
　－の法則　20

優性遺伝分散　64
優性効果　154
雄性不稔個体　277
雄性不稔スギ　219
優性偏差　63

よ

要因交配　198
容積重　143
容積密度　144
葉緑体ゲノム　93，247
葉緑体DNA　120

ら

ライト・フィッシャーモデル
　49
ラテン方格法　192
ラメット　160，175
乱塊法　191

り

リグニン含量　273
リボ核酸　36
リボソーム　36
量的遺伝子座解析　98
量的形質　29，59，150
林業種苗法　146
林業品種　159，160
林木育種　6，13，141
林木育種事業指針　147
林木遺伝資源保存林　222，
　225

る

類似性検索　246

れ

歴史的な集団動態　86
劣　性　20
レトロトランスポゾン　95

レフュージア　95
連　鎖　25
連鎖解析　26
連鎖群　26

連鎖地図　26，27，242
連鎖不平衡　44
連続変異　150

わ

早生分枝　253
割接ぎ　184

略 語 索 引

AFLP　76，79
AMOVA　84
BAC　239
BLAST　247
cDNA　40，79，241
CSO　176
D　84
DNA　24
DREB　274
eQTL　98
EST　79，241，248
F_{IS}　52
F_{ST}　51，52，53
GA_3　177，179

$GA_{4/7}$　177
GCA　153，197
G_{ST}　53，81
G'_{ST}　84
h^2　65，152
IBA　182
LOD　72
MAS　29，150，251
matK　120
Mfa　208
MOE　202，203
MOR　202，203
mRNA　36，79，241
Nm　54

ORF　246
PCR　34，78，238，239
QTL　28，29，69，98
RAPD　76，79
rbcL　120
RFLP　78
RNA　36
R_{ST}　83
SCA　153，197
SNP　37，79，101
SSO　176
SSR　76，79，243
STS　243
tRNA　36

森林遺伝育種学　　　　　　　　定価（本体 4,800 円＋税）

2012 年 10 月 20 日 初版第 1 刷発行　　　　　　　＜検印省略＞

編集者　井　　出　　雄　　二
　　　　白　　石　　　　進
発行者　永　　井　　富　　久
印　刷　㈱平　河　工　業　社
製　本　田　中　製　本　印　刷　㈱
発　行　**文永堂出版株式会社**
〒 113-0033　東京都文京区本郷 2-27-18
TEL　03-3814-3321　FAX　03-3814-9407
振替　00100-8-114601 番

© 2012　井出雄二

ISBN 978-4-8300-4124-2

文永堂出版の農学書

植物生産学概論 星川清親 編　¥4,200　〒400	野菜園芸学 金浜耕基 編　¥5,040　〒400	風害と防風施設 真木太一 著　¥5,145　〒400
植物生産技術学 秋田・塩谷 編　¥4,200　〒400	花卉園芸 今西英雄 他著　¥4,200　〒440	農地環境工学 山路・塩沢 編　¥4,200　〒400
作物学（Ⅰ）-食用作物編- 石井龍一 他著　¥4,200　〒400	"家畜"のサイエンス 森田・酒井・唐澤・近藤 共著　¥3,570　〒370	農業水利学 緒形・片岡 他著　¥3,360　〒400
作物学（Ⅱ）-工芸・飼料作物編- 石井龍一 他著　¥4,200　〒400	畜産学入門 唐澤・大谷・菅原 編　¥5,040　〒400	農業機械学 第3版 池田・茂田・梅田 編　¥4,200　〒400
作物の生態生理 佐藤・玖村 他著　¥5,040　〒440	畜産経営学 島津・小沢・渋谷 編　¥3,360　〒400	生物環境気象学 浦野慎一 他著　¥4,200　〒400
緑地環境学 小林・福山 編　¥4,200　〒400	動物生産学概論 大久保・豊田・会田 編　¥4,200　〒440	植物栄養学 第2版 間藤・馬・藤原 編　¥5,040　〒400
植物育種学 第4版 西尾・吉村 他著　¥5,040　〒400	畜産物利用学 齋藤・根岸・八田 編　¥5,040　〒400	土壌サイエンス入門 三枝・木村 編　¥3,864　〒400
植物育種学各論 日向・西尾 編　¥4,200　〒400	動物資源利用学 伊藤・渡邊・伊藤 編　¥4,200　〒440	新版 農薬の科学 山下・水谷・藤田・丸茂・江藤・高橋 共著　¥4,725　〒440
植物病理学 眞山・難波 編　¥5,460　〒400	動物生産生命工学 村松達夫 編　¥4,200　〒400	応用微生物学 第2版 清水・堀之内 編　¥5,040　〒440
植物感染生理学 西村・大内 編　¥4,893　〒400	家畜の生体機構 石橋武彦 著　¥7,350　〒510	農産食品 -科学と利用- 坂村・小林 他著　¥3,864　〒400
園芸学 金浜耕基 編　¥5,040　〒400	動物の栄養 唐澤 豊 編　¥4,200　〒440	木材切削加工用語辞典 社団法人 日本木材加工技術協会　製材・機械加工部会 編　¥3,360　〒370
園芸生理学 分子生物学とバイオテクノロジー 山木昭平 編　¥4,200　〒400	動物の飼料 唐澤 豊 編　¥4,200　〒440	
果樹の栽培と生理 高橋・渡部・山木・新居・兵藤・奥瀬・中村・原田・杉浦 共訳　¥8,190　〒510	動物の衛生 鎌田・清水・永幡 編　¥4,200　〒440	
果樹園芸 第2版 志村・池田 他著　¥4,200　〒440	家畜の管理 野附・山本 編　¥6,930　〒510	

食品の科学シリーズ

食品化学 鬼頭・佐々木 編　¥4,200　〒400	食品微生物学 児玉・熊谷 編　¥4,200　〒400	食品保蔵学 加藤・倉田 編　¥4,200　〒400
食品栄養学 木村・吉田 編　¥4,200　〒400		

森林科学

森林科学 佐々木・木平・鈴木 編　¥5,040　〒400	林業機械学 大河原昭二 編　¥4,200　〒400	林産経済学 森田 学 編　¥4,200　〒400
森林遺伝育種学 井出・白石 編　¥5,040　〒400	森林水文学 塚本良則 編　¥4,515　〒400	森林生態学 岩坪五郎 編　¥4,200　〒400
林政学 半田良一 編　¥4,515　〒400	砂防工学 武居有恒 編　¥4,410　〒400	樹木環境生理学 永田・佐々木 編　¥4,200　〒400
森林風致計画学 伊藤精晤 編　¥3,990　〒400	造林学 堤 利夫 編　¥4,200　〒400	

木材の科学・木材の利用・木質生命科学

木質の構造 日本木材学会 編　¥4,200　〒400	木材の加工 日本木材学会 編　¥4,179　〒400	木質科学実験マニュアル 日本木材学会 編　¥4,200　〒440
木質の物理 日本木材学会 編　¥4,200　〒400	木材の工学 日本木材学会 編　¥4,179　〒400	
木質の化学 日本木材学会 編　¥4,200　〒400	木質分子生物学 樋口隆昌 編　¥4,200　〒400	定価はすべて税込み表示です

文永堂出版

〒113-0033　東京都文京区本郷2-27-18　TEL 03-3814-3321
URL http://www.buneido-syuppan.com　FAX 03-3814-9407